专利文献研究

工业传感器

2019

国家知识产权局专利局专利文献部◎组织编写

知识产权出版社
全国百佳图书出版单位
—北京—

图书在版编目（CIP）数据

专利文献研究. 2019. 工业传感器／国家知识产权局专利局专利文献部组织编写. —北京：知识产权出版社，2020. 8

ISBN 978-7-5130-7067-6

Ⅰ. ①专… Ⅱ. ①国… Ⅲ. ①专利—文集 Ⅳ. ①G306-53

中国版本图书馆 CIP 数据核字（2020）第 129844 号

内容提要

本书呈现了国家知识产权局专利局专利文献部组织编写的 2019 年优秀专利文献研究成果集工业传感器专题的 9 篇论文，旨在通过对专题的深入研究，传播、共享专利局各审查部门、各地审查协作中心的专利审查员、专利信息分析人员、专利布局研究人员的最新专利文献研究成果，以期共同推进我国专利文献专题研究的深度及广度。

责任编辑：卢海鹰	**责任校对**：谷　洋
执行编辑：崔思琪	**责任印制**：刘译文
封面设计：博华创意·张冀	

专利文献研究（2019）
——工业传感器

国家知识产权局专利局专利文献部　组织编写

出版发行：知识产权出版社有限责任公司	**网　址**：http://www.ipph.cn
社　址：北京市海淀区气象路 50 号院	**邮　编**：100081
责编电话：010-82000860 转 8730	**责编邮箱**：cuisiq@126.com
发行电话：010-82000860 转 8101/8102	**发行传真**：010-82000893/82005070/82000270
印　刷：三河市国英印务有限公司	**经　销**：各大网上书店、新华书店及相关专业书店
开　本：787mm×1092mm　1/16	**印　张**：17.75
版　次：2020 年 8 月第 1 版	**印　次**：2020 年 8 月第 1 次印刷
字　数：365 千字	**定　价**：78.00 元

ISBN 978-7-5130-7067-6

出版说明

  2019 年，习近平总书记在第二届"一带一路"国际合作高峰论坛和中国国际进口博览会等重大场合，对知识产权工作作出一系列重要指示，知识产权在推进国家治理体系和治理能力现代化中扮演着更加重要的角色。当今，制造业已成为全球经济竞争的制高点，只有以创新驱动为核心，促进产业结构转型升级，增强我国制造业的核心竞争力，拓展制造业的市场占有率，才能切实推动供给侧结构性改革，助推"中国制造"向"中国智造"发展。

  为贯彻落实党的十九大精神，加快推动知识产权强国建设，挖掘专利文献价值，介绍各技术领域的最新发展态势和研究成果，发挥专利审查员在其所属领域的技术优势，服务国家经济发展与科技创新，《专利文献研究》系列丛书编辑部自 2017 年起紧密围绕重点领域，邀请国家知识产权局专利局相关领域专利审查员开展专利技术综述撰写工作。

  《专利文献研究 2019》丛书共分三册，收录了工业传感器、先进电子材料、宽带移动通信网、轨道交通四个技术领域的专利技术综述 28 篇。每篇专利技术综述均以作者检索到的特定技术领域的大量专利文献信息为依据，对该技术领域的发展路线、关键技术、重要专利申请人及发明人等信息进行分析整理，并在此基础上对该技术领域未来的发展趋势进行论述。

  当前，我国经济已由高速增长阶段转向高质量发展阶段，制造业处于由大到强的转变期，实现产业升级的根本是制造业能够发展重点领域的关键技术，实现创新驱动发展。衷心希望本书的出版可以为相关领域的制造业从业者和专利工作者提供支持，能够成为助力制造业、将创造力转化为生产力的有力工具。

《专利文献研究 2019》编辑部

2020 年 7 月

目　录

高端轴承测试中传感器技术的应用专利技术综述[*]

孔芳芳　徐欣歌[**]　兰　天

摘　要　　轴承作为常用于机械传动系统的重要零件，其性能对于机器的整体性能至关重要，轴承测试的必要性显而易见。精度和刚度是评价轴承性能的最重要指标。针对各种形式的轴承故障，目前使用的主要监测手段有振动分析法、声信号诊断法、温度监测法。随着技术的发展，轴承测试中传感器的应用越来越普遍。本文从专利文献的视角对轴承测试领域中传感器应用的发展情况进行了梳理分析，总结了与该技术有关的专利申请趋势、专利区域分析、主要申请人分析、技术构成分析以及技术活跃度情况，介绍了轴承测试领域中的各技术分支和发展历程，并绘制各技术分支的发展路线图，为企业在该领域的技术研发和专利布局提供参考，也帮助审查员在审查实践中利用技术综述快速定位并找出最相关现有技术。

关键词　　轴承测试　　传感器　　性能评价　　故障诊断

一、技术概述

高端轴承指具有高性能、高可靠性、高技术含量且能满足高端设备或武器装备等极端工况与特殊环境要求，对国民经济和国家安全具有战略意义的轴承，主要应用在航空航天、高速铁路、精密机床、高档汽车等领域。高端轴承作为高端装备制造业发展的重点，在全球经济发展中占有重要地位。正是由于高端轴承在工业中必不可少的重要地位，轴承的各项性能评价和故障诊断尤为必要，因此需要设计专门的检测系统对其进行测试。在检测系统中需要设置各种传感器来监测轴承的各项数据，通过采集这些数据并进行相应的数据分析，从而判断轴承的质量是否可靠、是否存在故障。因此有必要对高端轴承性能测试中传感器的应用进行专利分析。

中华人民共和国成立以来，特别是改革开放以来经济持续快速发展，我国轴承工业

---

　*　作者单位：国家知识产权局专利局专利审查协作广东中心。

　**　等同于第一作者。

已形成独立完整的工业体系。目前，我国已是世界轴承生产大国，但还不是世界轴承强国，产业结构、研发能力、技术水平、产品质量、效率效益都与国际先进水平有较大差距。加快建设世界轴承强国步伐，实现轴承产业转型升级就需要提高轴承的制造精度和测试手段。目前在该领域开展研究的高校主要包括西安交通大学、燕山大学、河南科技大学、上海建桥学院等，企业主要包括洛阳轴研科技股份有限公司、人本集团有限公司、AKF、NSK、NTN 株式会社等。

轴承作为常用于机械传动系统的重要零件，其性能对于机器的整体性能至关重要。轴承的性能测试主要集中在回转精度和刚度测试。针对轴系或轴承回转精度的测量，黄长征、李圣怡[1-2]设计了一种用于测量超精密车床主轴回转运动的机械装置，并设计了数据采集的硬件和软件。张景和、冯晓国等[3]介绍了采用反向法测试高精度轴系回转误差，并且总结出影响测量结果重复性的一些因素。基于轴系的测量和研究方法对滚动轴承精度研究，也同样适用于一般的回转副。单回转副精度测试最常用的方法是通过位移传感器测量得到被测回转轴的径跳与端跳[4-5]。

Guatafasson 和 Tallian 在 20 世纪 60 年代左右就开始使用传感器对滚动轴承的振动信号进行采集，然后对比正常轴承信号和轴承信号的峰值来判别轴承是否出现故障。此后，SKF 研发出了冲击脉冲化，将滚动轴承的故障检测水平提高到了一个新的阶段[6-7]。我国轴承故障诊断企业，相对于 SKF、NSK、KOYO 等国外轴承公司而言起步较晚、规模较小。目前我国已在洛阳轴承研究所、杭州轴承试验研究中心等单位建立了各自的轴承寿命及可靠性和性能试验基地[8]。

滚动轴承在安装、润滑、维护良好的条件下，由于大量重复地承受变化的接触应力，故正常失效形式是滚动体或内外圈滚道上的疲劳点蚀，轴承的寿命计算就是按疲劳点蚀失效进行的。轴承发生疲劳点蚀后，在运转时通常会出现较强的振动、噪声和发热现象。振动、温度是轴承状态检测的关键参数，振动和温度信号中包含着能够表示轴承状态的大量信息，对这些参数的监测能够很好地掌握轴承状态。针对各种形式的轴承故障，目前使用的主要监测手段有振动分析法、声信号诊断法、温度监测法。振动分析法是通过安装在轴承座和箱体上的振动传感器来监测轴承的振动信号，并对其进行分析和处理的方法。声信号诊断法是采用声压/声强传感器监测轴承的声信号，并对其进行分析和处理的方法，主要针对不易安装振动加速度传感器的机械设备，如高速汽车、列车等[9]。温度监测法是通过温度传感器监测轴承的发热情况，并对其进行分析和处理的方法。

二、专利数据检索及处理

（一）检索数据库的选择

本文的专利文献数据来自国家知识产权局专利检索与服务系统（Patent Search and Service System，以下简称"S 系统"），主要使用 S 系统的中国专利文摘数据库（CNABS，以下简称"CNABS 数据库"）和外文数据库（VEN，以下简称"VEN 数据库"）。其中 CNABS 数据库检索数据的国别范围是中国专利申请，VEN 数据库检索数据的国别范围是全球专利申请。检索日期截止到 2019 年 6 月。但由于 2019 年的专利申请数据统计不完整，当年的数据并不具备参考价值，因而后续的专利分析中仅考虑 2018 年以前的专利申请数据。

（二）技术分解

本文直接检索最相关、可直接采用或者可直接借鉴的技术，即涉及轴承测试中传感器应用方面的相关专利技术。针对轴承测试中的性能评价和故障诊断进行技术分解，其技术分支汇总如表 1 所示。

表 1 轴承测试领域技术分支表

领域	一级分支	二级分支	分类号及关键词
轴承测试	性能评价	回转精度测试	轴承、bearing?、游隙、间隙、跳动、偏移、clearance or、windage、 jump+、 offset、 deformation、 sense、 sensing、sensor?、monitor+、transducer?、传感 g01m13/04+、g01b+、g01c+、f16c+
		刚度测试	轴承、bearing?、刚度、stiffness、rigidity、位移、涡流、力、应变、激光、laser、测距、距离、displacement、movement、 current、 force、 press+、 distance、 sensing、sense、sensor?、传感、感测器、meter? g01m13/04+、g01m5/00、g01n3/08
	故障诊断	振动/声学	振动、震动、加速度、vibrat+、accelerat+、accelerometer、故障、诊断、寿命、耐久、疲劳、加速、声学、声镜、麦克风、acoustic g01m13/045、g01m7/+、g01m13/04+、g01h1/+、g01h11/+、g01h15/+、g01h17/+
		温度	Temperature、温度、sense、sensing、sensor?、monitor +、transducer?、传感、感测、测量、bearing?、轴承、fatigue、life、fault、diagnosis+、abnormal、故障、寿命、诊断、耐久 f16c+ or g01m13/04+

（三）数据检索

检索过程的主要思路是在限定领域的情况下，以二级技术分支涉及的分类号和关键词进行检索。考虑到存在技术交叉的情况，各二级技术分支的检索结果会进行最终的数据合并，之后进行去噪处理，以便于技术标引。

对于轴承测试中的性能评价——回转精度测试的相关专利申请，首先使用关键词表达轴承精度，然后再与轴承测试相关的关键词和分类号分别相"与"后合并数据，在CNABS数据库共检索到 789 件专利申请，在 VEN 数据库共检索到 744 件专利申请，具体检索过程如表 2 所示。

表 2　轴承测试中的性能评价——回转精度测试技术分支检索过程

编号	命中记录数	检索式
CNABS 数据库		
1	13447	（轴承 or bearing?）3d（游隙 or 间隙 or 跳动 or 偏移 or clearance or windage or jump+ or offset or deformation）
2	101958	（位移 or 涡流 or displacement or current）s（sense or sensing or sensor? or monitor+ or transducer? or 传感 or 感测 or 测量）
3	413	1 and 2
4	565	（/ic/cpc or g01m13/04+，g01b+，g01c+，f16c+）and（sense or sensing or sensor? or monitor+ or transducer? or 传感）and 1
5	789	3 or 4
VEN 数据库		
1	15980	（bearing?）3d（clearance or windage or jump+ or offset or deformation or error or deviation）
2	409470	（displacement or current）s（sense or sensing or sensor? or monitor + or transducer?）
3	294	1 and 2
4	534	（/ic/cpc or g01m13/04+，g01b+，g01c+，f16c+）and（sense or sensing or sensor? or monitor+ or transducer?）and 1
5	744	3 or 4

检索涉及轴承测试中的性能评价——刚度测试的相关专利申请，首先使用关键词表达轴承精度，然后再与刚度测试相关的关键词和分类号分别相"与"后合并数据，在CNABS 数据库共检索到 156 件专利申请，在 VEN 数据库共检索到 109 件专利申请，具体检索过程如表 3 所示。

表3 轴承测试中的性能评价——刚度测试技术分支检索过程

CNABS 数据库		
编号	命中记录数	检索式
1	131	（/IC G01M13/04+）and（轴承 or bearing?）and（刚度 or stiffness or rigidity）and（（位移 or 涡流 or 力 or 应变 or 激光 or laser or 测距 or 距离 or displacement or movement or current or force or press＋ or distance）s（sensing or sense or sensor? or 传感 or 感测器 or meter?））
2	34	（/ic/cpc g01m5/00 or g01n3/08）and（（轴承 or bearing?）3d（刚度 or stiffness or rigidity or performance or property））and（（位移 or 涡流 or 力 or 应变 or 激光 or laser or 测距 or 距离 or displacement or movement or current or force or press+ or distance）s（sensing or sense or sensor? or 传感 or 感测器 or meter?））
3	156	1 or 2
DWPI 数据库		
编号	命中记录数	检索式
1	94	（/IC G01M13/04＋）and bearing? and（stiffness or rigidity）and（（laser or displacement or movement or current or force or press+ or distance）s（sensing or sense or sensor? or meter?））
2	23	（/ic/cpc g01m5/00 or g01n3/08）and（bearing? 3d（stiffness or rigidity））and（（laser or displacement or movement or current or force or press+ or distance）s（sensing or sense or sensor? or meter?））
3	109	1 or 2

检索涉及轴承测试中的故障诊断——振动/声学测试的相关专利申请，首先使用关键词表达振动测试/声学测试，然后再与轴承测试相关的关键词和分类号分别相"与"后合并数据，在 CNABS 数据库共检索到 1454 件专利申请，在 VEN 数据库共检索到 3143 件专利申请，具体检索过程如表4所示。

表4 轴承测试中的故障诊断——振动/声学测试技术分支检索过程

CNABS 数据库		
编号	命中记录数	检索式
1	638	（/ic/cpc or g01m7/+, g01m13/04+, g01h1/+, g01h11/+, g01h15/+, g01h17/+）and（（（vibrat+ or 振动 or 震动 or 加速度 or acceleration）s（sensing or sense or sensor?））or accelerometer）s（轴承 or bearing?））
2	325	（/ic/cpc or g01m13/04+, f16c+）and（（轴承 or bearing?）s（声镜 or 麦克风 or 收音 or 收声 or acoustic＋ or microphone or mike or radio or（声 s 传感器）））
3	1454	（/ic/cpc g01m13/045）or 1 or 2

续表

VEN 数据库		
编号	命中记录数	检索式
1	1128	（/ic/cpc or g01m7/+，g01m13/04+，g01h1/+，g01h11/+，g01h15/+，g01h17/+）and（（（（vibrat+ or 加速度 or acceleration）s（sensing or sense or sensor?）））or accelerometer）s bearing?）
2	694	（/ic/cpc or g01m13/04+，f16c+）and（bearing? s（acoustic+ or microphone or mike or radio））
3	3143	（/ic/cpc g01m13/045）or 1 or 2

检索涉及轴承测试中的故障诊断——温度测试的相关专利申请，分别使用关键词和分类号表示温度测试手段，而后与轴承测试的相关关键词和分类号交叉相"与"后合并数据，在 CNABS 数据库检索到 1479 件专利申请，在 VEN 数据库检索到 869 件专利申请。具体检索过程如表 5 所示。

表 5　轴承测试中的故障诊断——温度测试技术分支检索过程

CNABS 数据库		
编号	命中记录数	检索式
1	1412	（（temperature or 温度）s（sense or sensing or sensor? or monitor+ or 传感 or 感测 or 测量））and（（bearing? or 轴承）s（fatigue or life or fault or diagnosis+ or abnormal or 故障 or 寿命 or 诊断 or 耐久））
2	454	（/ic/cpc f16c+ or g01m13/04+）and（fatigue or life or faul+ or diagnosis+ or abnormal or 故障 or 寿命 or 诊断 or 耐久）and（（temperature or 温度）s（sense or sensing or sensor? or monitor+ or 传感 or 感测 or 测量））
3	1479	1 or 2
VEN 数据库		
编号	命中记录数	检索式
1	782	（temperature）s（sense or sensing or sensor? or monitor+））and（bearing? s（fatigue or life or fault or diagnosis+ or abnormal））
2	359	（/ic/cpc f16c+ or g01m13/04+）and（fatigue or life or fault or diagnosis+ or abnormal）and（temperature s（sense or sensing or sensor? or monitor+））
3	869	1 or 2

（四）数据处理

在 S 系统中将 CNABS 检索结果与 VEN 检索结果进行合并，最终得到中文专利申请 3791 件，外文专利申请 3196 件。导出合并后的所有检索结果的公开号，将导出的公开号转库至 incoPat 数据库中进行检索并导出各分析字段，经数据去重去噪后，对每一件专利申请进行人工标引，对所有数据进行人工阅读、逐篇标引，得到中文专利申请 1124 件，外文专利申请 648 件，为专利分析提供准确数据基础。

三、专利申请分析

（一）专利申请趋势分析

1. 全球专利申请趋势

图 1 是轴承性能评价的全球专利申请趋势图。关于在轴承性能评价领域中采用传感器进行信号采集的专利申请首次由美国公司提出。1971 年 8 月美国公司（WATT G）提出专利申请 US3782171A，涉及通过电桥传感器的方式对轴承间隙进行检测，在轴承上安置电桥传感器，对轴承的间隙信号进行采集从而评价轴承的性能。同年 12 月，由苏联 的 公 司 （UKRAINSKIJ NAUCHNO ISSLEDOVATELSKIJ INSTITUT STANKOV I INSTRUMENTOV）提出专利申请 SU503121A1，采用传感器对轴承的径向间隙进行检测。自 1971 年起，以上述两件专利申请为代表，轴承性能评价技术，尤其是通过传感器方式进行的轴承性能评价，受到相关企业的持续关注，这也与全球发展工业制造的热潮有很大关系。

从 2000 年以后，专利申请量开始有了明显的提升。虽然偶有波动，但整体上呈现快速增长的趋势，且增长速度同样也是逐渐加快，这与中国在这一领域的专利申请量日渐增长有很大的关系。2018 年，该领域专利申请量达到峰值，但仍然只有 52 件专利申请。专利申请量始终不多，说明该领域的检测手段比较传统，没有新的技术创新点，并且企业、高校也并没有将研发精力投入该领域。

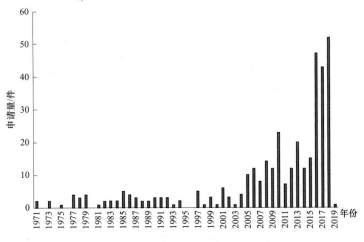

图 1　轴承性能评价的全球专利申请趋势图

图2是轴承故障诊断的全球专利申请趋势图。在1975年以前，虽然也存在相关专利申请，例如1959年由美国的西屋公司（Westinghouse Electric Corporation）提出的US2961875A涉及一种用于检测轴承温度的装置，但是，一是考虑到1975年之前的相关专利申请量非常少，二是考虑到检索使用的数据库中对早期外国专利申请的收录信息有限，缺乏摘要、全文等信息导致检索过程中无法准确命中这类专利申请，因此关于轴承故障诊断的专利申请分析选择以1975年后的专利申请作为基础。

1975年英国钢铁公司（British Steel Corporation）提出专利申请GB1536306A，涉及通过振动检测的方式对轴承进行故障诊断。通过在轴承上安置加速度传感器，将轴承的振动信号转换为可分析的电压信号。而通过温度检测的方式对轴承进行故障诊断，则体现在1976年由美国的特灵公司（Trane Company）提出的专利申请US4074575A。自1975年起，以上述两件专利申请为代表，轴承故障诊断技术，尤其是通过振动检测和温度检测的方式进行故障诊断，受到相关行业的持续关注。

从2000年以后，轴承故障诊断的专利申请量开始有了明显的提升。虽然偶有波动，整体上呈现快速增长的趋势，且增长速度同样也是逐渐加快，这说明该领域在全球范围内逐渐得到重视，对轴承状态的监测是目前的热门研究领域。在2017年，申请量达到峰值234件。

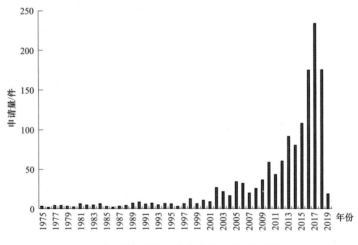

图2　轴承故障诊断的全球专利申请趋势图

2. 中国专利申请趋势

图3是轴承性能评价的中国专利申请趋势图。可以看出，相较于全球申请，中国在轴承故障诊断领域的相关专利申请起步较晚，首件专利申请CN87211853U在1987年由个人提出，涉及在轴承中使用电容传感器监测轴承顶间隙。在1993年，第二件相关的专利申请CN2160902Y是由国内科研机构——航空航天工业部第五研究院第五一〇研究所提出的，涉及在轴承中使用间隙传感器对轴承进行监测。但是直到2005年，有关轴承性

能评价技术的专利申请量都维持在一个较低的水平。这可能与当时国内的科研机构以及轴承公司对专利申请普遍不重视，还没有形成专利保护的意识有关。从 2005 年以后，轴承性能评价领域的国内专利申请量开始有了明显的提升，整体上呈现快速增长的趋势，且增长速度同样逐渐加快。值得注意的是，随着中国本土申请人提交的国内专利申请数量越来越多，国内专利申请已经逐渐成为该领域的主力军，由此可见国内申请人对于专利保护开始愈加重视。在 2018 年，中国专利申请量达到峰值 51 件。

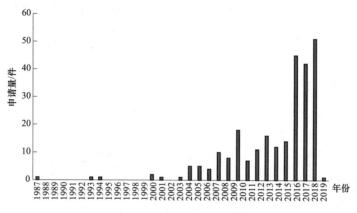

图 3　轴承性能评价的中国专利申请趋势图

图 4 是轴承故障诊断的中国专利申请趋势图。可以看出，相较于全球申请，中国在轴承故障诊断领域的相关专利申请的起步较晚，首件专利申请 CN1050442A 在 1990 年由航空航天工业部第六○八研究所提出，涉及在轴承、齿轮或其他传动机械中使用多传感器共振解调故障检测技术。但是，与全球申请类似，从 2000 年以后，专利申请量开始有了明显的提升，整体上呈现快速增长的趋势，且增长速度同样逐渐加快。在 2017 年，轴承故障诊断的中国专利申请量达到峰值 193 件。

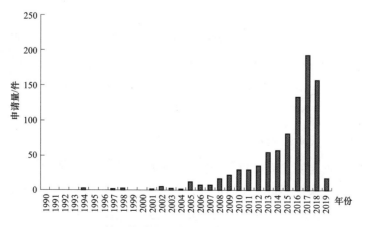

图 4　轴承故障诊断的中国专利申请趋势图

（二）专利区域分析

图 5 是轴承性能评价领域全球专利申请国家或地区分布图。其中，中国专利申请量占据了 70%，第二名是苏联，占比为 8%，第三名是日本，占比为 6%，随后则是美国、德国，占比均为 3%，韩国和法国也属于占比相对较高的国家。因此，中国、苏联、日本、美国、德国是轴承性能评价技术的主要技术市场，也是世界上第二产业，尤其是制造业较为发达的国家。

图 6 是轴承故障诊断领域全球专利申请国家或地区分布图。其中，中国占比为 62%，第二名是日本，占比为 15%，随后则是美国、德国，占比均为 3%。

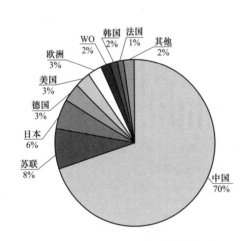

图 5　轴承性能评价领域全球专利
申请国家或地区分布图

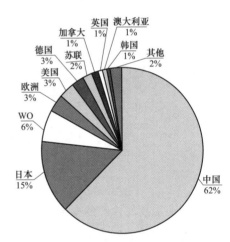

图 6　轴承故障诊断领域全球专利
申请国家或地区分布图

（三）主要申请人分析

图 7 反映了轴承性能评价技术主要申请人排名，轴承性能评价领域的全球前九名申请人均为国内申请人。可以看出，排名第一位的是洛阳轴研科技股份有限公司，拥有 13 件专利申请。洛阳轴研科技股份有限公司是我国航天轴承领域的主要研制单位，曾圆满完成了我国航天发展史上三个里程碑项目（即第一颗人造地球卫星、载人飞船和嫦娥探月卫星）的轴承配套任务，为我国的国防建设作出了突出贡献，并以较大的优势位居榜首；排名并列第二位的是国内企业浙江精雷电器股份有限公司和江阴吉爱倍万达精工有限公司，均拥有 9 件专利申请，其中浙江精雷电器股份有限公司是一家主营汽车零部件的公司，轴承作为汽车中非常重要的零部件，得到该公司的重视；紧随其后的则是西安交通大学，作为 "985 工程" 中的理工类高校，机械工程专业属于 "双一流" 建设学科和一级国家重点学科，拥有 8 件专利申请。综合前九名申请人来看，排名前三位的均为企业，而且都是我国老牌的轴承制造商。国内高校和研究院所有 4 家，说明了轴承作为

当今社会工业发展的重要部分，同样也引起了高校和研究院所的高度重视。

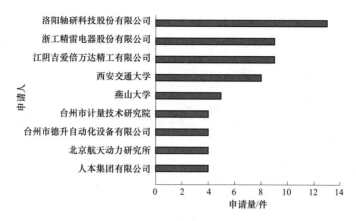

图 7   轴承性能评价技术全球主要申请人排名

图 8 反映了轴承故障诊断技术全球主要申请人排名。可以看出，日本精工株式会社以较大的优势位居榜首，拥有 86 件专利申请；排名第二位的同样是日本企业，为拥有 52 件专利申请的 NTN 株式会社；紧随其后的则是瑞典的斯凯孚，拥有 44 件专利申请。排名前三位的均为企业，而且都是老牌的轴承制造商。

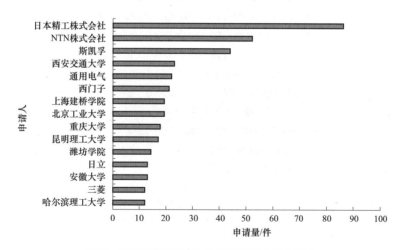

图 8   轴承故障诊断技术全球主要申请人排名

日本精工株式会社成立于 1916 年，截至 2012 年已在全球 20 多个国家或地区建立了 63 个工厂和 14 个技术中心；NTN 株式会社成立于 1918 年，目前在日本国内有 11 家制作所、25 家经营所和 3 家研究所，在国外则拥有 20 家独资生产厂和 2 家研究所；斯凯孚成立于 1907 年，目前在全球拥有超过 200 家分公司、80 家制造厂，以及位于瑞典哥德堡和荷兰新维根的全球技术中心 GTCE、位于印度班加罗尔的全球技术中心 GTCI 和位于中国上海的全球技术中心 GTCC。可见，处于第一集团的三家公司，不仅具有悠久的发展历史，而且积极充分地利用全球的资源进行技术研发和创新，是目前推动轴承故障诊断领域技术发展的中坚力量。

以22件专利申请位居第五的是美国的通用电气（General Electric），以21件专利申请位居第六的是德国的西门子（Siemens）。二者不像前述第一集团的三家公司以轴承作为核心产品，但这两家世界五百强企业涉足的产业和技术领域非常广，且具备强大的资本实力和研发实力。除此之外，日立（Hitachi）和三菱（Mitsubishi）两家日本企业同样也占据较为靠前的排名，它们的核心产品中都包括电梯，而轴承则是电梯的重要零部件。

虽然在图8示出的轴承故障诊断技术全球主要申请人排名中，前十位有一半都来自中国，但是它们与世界一流企业在研发能力上存在明显的差距。

图9反映了轴承故障诊断技术中国主要申请人排名。其中，西安交通大学以23件专利申请位居第一。由图9可以看出，中国在轴承故障诊断技术领域申请量前十位的申请人均为高校，这与由图8中反映出的国外主要申请人均为企业的现象有明显的区别。虽然国内的高校具备较强的研发能力，但是，高校与企业之间缺乏紧密的联系和有效的合作，在以专利的形式对产业发展提供贡献的方面，高校与企业还是存在较大的差距。

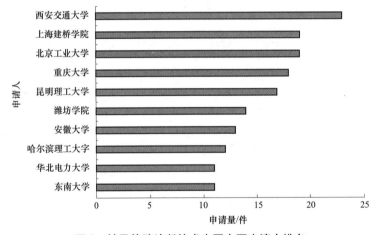

图9　轴承故障诊断技术中国主要申请人排名

四、专利技术分析

（一）专利申请趋势分析

1. 各技术分支申请情况分析

轴承性能评价技术主要分为两类：一类是轴承回转精度检测技术；一类是轴承刚度检测技术。从图10的轴承性能评价技术分支申请量年度分布来看，轴承刚度检测技术在 2004 年以前申请量都非常低；到了 2008 年后，技术发展相对较快，专利年申请量整体呈现平缓的增长趋势，但是也有回落现象。这说明轴承刚度检测领域发展呈现饱和状态，因为轴承刚度检测领域一直采用比较固定的检测方式，没有找出创新点，发展遇到了瓶颈。轴承回转精度检测技术相对轴承刚度检测技术的发展速度较快，专利申请量增长相对较快。这是因为轴承回转精度检测领域不断发展新的技术手段，越来越多地注重采用涡流传感器、位移传感器等工业传感器进行轴承监测，替代了以往传统的采用千分表进行检测的技术手段。

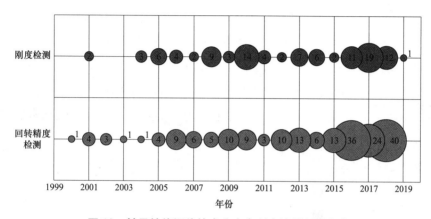

图 10　轴承性能评价技术分支专利申请量年度分布

注：图中数字表示申请量，单位为件。

在轴承故障诊断技术方面，该领域的技术人员通过振动/声学检测、温度检测两个方面对轴承故障情况进行监测和防治，如图 11 所示。2002 年之前，轴承故障诊断技术两类技术分支的专利申请量都较为接近，专利申请数量较少；2002 年后，振动/声检测

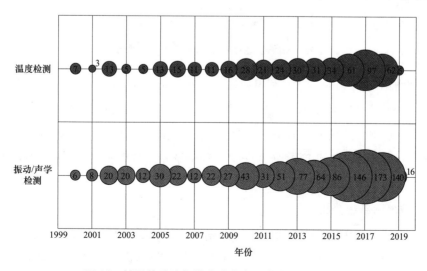

图 11　轴承故障诊断技术分支专利申请量年度分布

注：图中数字表示申请量，单位为件。

技术和温度检测技术专利申请量开始呈上升趋势。从图 11 中可以看出，轴承故障诊断的两个分支近年来都呈现出不断增长的态势，其中以振动/声学检测分支的专利申请量增长更为明显。轴承作为基础的零部件，在风电机组、齿轮箱、车辆等领域中发挥着至关重要的作用，轴承如果出现故障，比如磨损、裂缝等，那这些组件整体便不能正常工作。对轴承进行故障监测和诊断，就相当于对风电机组、齿轮箱、车辆等组件进行故障监测和诊断，所以近几年来全球对轴承的关注重点逐渐转移到故障诊断领域中。预期今后该领域专利申请量还会继续增长。

2. 轴承测试技术专利申请地域分布

图 12 为轴承性能评价技术专利申请地域分布。从图 12 中可以看出，轴承性能评价技术的两个主要技术分支为：回转精度检测分支和刚度检测分支。以上两种技术分支在中国、日本、苏联、德国发展较好，其次是美国、法国。从图中可以看出，回转精度检测分支专利申请量多于刚度检测分支的专利申请量，说明回转精度检测技术发展较刚度检测技术发展更活跃一些。

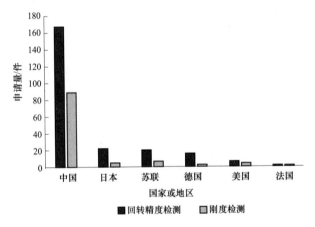

图 12　轴承性能评价技术专利申请地域分布

图 13 为轴承故障诊断技术专利申请地域分布。从图 13 中我们可以看出，轴承故障诊断技术的两个主要技术分支为：振动/声学检测分支和温度检测分支。以上两种技术分支在中国、日本、欧洲发展较好，其次是美国、德国。从图中可以看出，振动/声学检测分支专利申请量多于温度检测分支的专利申请量，说明振动/声学检测技术发展较温度检测技术发展更活跃一些。

（二）技术活跃度分析

专利年申请量和年申请人数量之间的关系曲线反映了专利技术的活跃度，通过该关系曲线可以分析专利技术生命周期，为技术产业的发展提供数据基础和理论依据。以下从轴承性能评价技术和轴承故障诊断技术两方面来分析技术活跃度。

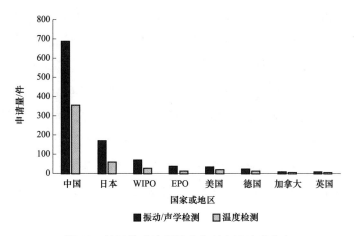

图 13 轴承故障诊断技术专利申请地域分布

图 14 是轴承性能评价领域专利年申请量和年申请人数量关系，反映了相关技术领域的技术活跃度。从图 14 能够看出，相应于图 1 的专利申请趋势，轴承性能评价技术自 1971 年开始经历了一个较为漫长的萌芽期，此阶段的特征表现为专利申请量较少，由于技术市场还不明确，只有少数几家具备实力基础的企业参与技术研究与市场开发，例如之前提到的美国公司（WATT G），且专利申请大多数是原理性的基础专利。相关技术将在后续技术演进分析部分进行详细讨论。从 2005 年开始，技术发展进入增长期。随着技术的不断发展，市场扩大，新进入的企业增多，技术分布的范围扩大，申请人数量和申请量都呈现一个稳定增长的趋势，但是在 2010~2015 年出现较大波动，申请量一度大幅下降，说明轴承性能评价领域发展遇到了新瓶颈。直到 2016 年开始，申请人数量和申请量才有了大幅提升，但是在 2017 年则出现了反向的波动，说明相关技术已经进入成熟期，由于市场有限，进入的企业开始趋缓，专利申请增长的速度变慢，相关行业期待着相关技术领域能够出现新的突破点。

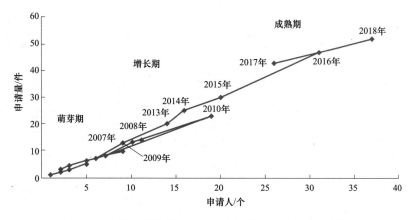

图 14 轴承性能评价领域专利年申请量和年申请人数量关系

图 15 是轴承故障诊断领域专利年申请量和年申请人数量关系，反映了相关技术领域的技术活跃度。从图 15 能够看出，相应于图 2 的专利申请趋势，轴承故障诊断技术自 1975 年开始经历了一个较为漫长的萌芽期，此阶段的特征表现为专利数量较少，由于技术市场还不明确，只有少数几家具备实力基础的企业参与技术研究与市场开发，例如之前提到的英国钢铁公司，且专利申请大多数是原理性的基础专利。相关技术将在后续技术演进分析部分进行详细讨论。从 2000 年开始，技术发展进入增长期，随着技术的不断发展，市场扩大，新进入的企业增多，技术分布的范围扩大，申请人数量和申请量都呈现一个稳定增长的趋势，虽然有所波动，但 2017 年之前的技术活跃度增长速度基本是稳定的。

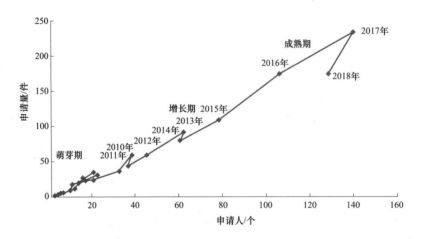

图 15　轴承故障诊断领域专利年申请量和年申请人数量关系

（三）技术发展路线

1. 轴承性能评价方面

图 16 是轴承性能评价领域技术发展路线，分别提取了 2000 年以前、2000~2004 年、2005~2009 年、2010~2014 年、2015~2019 年的重要专利申请。

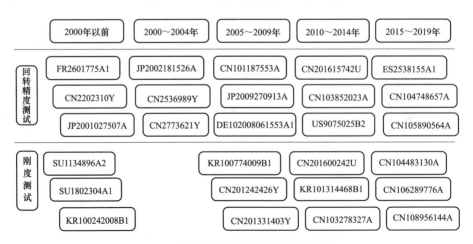

图 16　轴承性能评价领域技术发展路线

在轴承回转精度测试方面，早期使用较为简单的电容位移传感器和涡流位移传感器感测轴承的位移偏差，技术方案通常还包括轴承的载荷施加装置和简单的安装定位装置；随着传感器技术和信号处理技术的发展，逐渐引入光学位移传感器以及时频域分析法等，有效提高了轴承精度测试的准确性；引入电机、气缸等驱动装置以及更加精确的轴承卡装接口，快速准确地完成待测轴承和传感器的动态定位，使轴承精度测试逐渐实现自动化测试。

2000 年以前，测量对象主要集中于轴承的间隙，从原始的千分尺和游标卡尺等机械式测量方式开始逐渐引入涡流位移传感器和电容位移传感器，使用传感器的比例和种类都较少，电气化测试程度低。同时，技术方案注重轴承加载和驱动方面。公开号为 FR2601775A1 的专利申请提出了一种用于测量轴承的径向间隙的装置，位移测量系统在负载方向上测量外圈与内圈相比的径向位移，之后逐渐引入涡流位移传感器和电容位移传感器。公开号为 CN22032310Y 的专利申请提出了一种滚动轴承径向游隙机械测量装置，为无负荷自动找准沟底测量装置，在滑块上设置位移传感器，在径向伸出的支撑板上设置滑块，并在滑块上设置位移传感器。公开号为 JP2001027507A 的专利申请提出了一种轴承间隙测量装置，在轴承的外表面对称设置两个电涡流位移传感器。这一时期，使用传感器的比例和种类都较少，电气化测试程度低，同时，技术方案注重轴承加载和驱动方面。

2005~2009 年，针对现有引入的电涡流位移传感器，公开号为 CN101187553A 的专利申请提出了一种大型精密轴承轴向游隙的多功能自动测量仪，为传感器设置 A/D 转换和信号处理电路，同时，积极引入新的传感器种类。公开号为 JP2009270913A 的专利申请提出了在负载添加设备和外圈或内圈之间安装测力传感器。公开号为 DE102008061553A1 的专利申请提出了在外轴承环上周向固定光纤布拉格光栅传感器。

2010~2014 年，激光传感器在轴承精度测试领域中的应用更加广泛，技术方案上注重激光传感器与轴承精度测试的融合。由于激光传感器相对于被测轴承位置会对测量轴承游隙、跳动造成影响，专利申请中开始出现针对激光传感器和轴承的特殊定位和装配工具，其能够快速、准确地安装激光传感器和被测轴承，简化了轴承精度测试的操作过程。公开号为 CN201615742U 的专利申请提出了轴承负载自动加载的技术方案，公开号为 CN103852023A 的专利申请提出了激光传感器配合轴承自动卡爪，公开号为 US9075025B2 的专利申请提出了激光跟踪仪配合复杂光路测量轴承间隙的技术方案。

2015~2019 年，传感器信号处理方法进一步提升。公开号为 CN104748657A 的专利申请提出了通过 FFT 频域法进行误差分离得到纯轴向窜动误差，提取出准确的轴承精度数据。在传感器对准方面，引入电机实现自动接触，整体上朝着高精度和自动化的方向发展。公开号为 CN105890564A 的专利申请提出了位移传感器与待测轴承自动接触的技术方案。传感器主要包括电容测微仪和电感器等。公开号为 ES2538155A1 的专利申请提出了涡流传感器和电感单元测量轴承间隙的技术方案。

在轴承刚度测试方面，由于刚度测试领域总体申请量较小，技术更新慢，传感器使用方面主要涉及电磁传感器、电涡流传感器、位移传感器和振动传感器等。公开号为 SU1802304A1 的专利申请提出了比例传感器，用于监测组装的倾斜旋转支架在各种方向下的空气静压轴承刚度。公开号为 KR100242008B1 的专利申请提出了电磁铁测力传感器，用于测量施加到电磁铁上的力的大小，配合接近开关控制轴承载荷施加。公开号为 KR100774009B1 的专利申请提出的技术方案包括多个位移传感器，检测轴承空气距基座的参考表面的距离。公开号为 CN201242426Y 的专利申请提出了利用传感器探头分别在 0°、90°、180°、270°的位置上读出相应测量值，通过计算得到马达姿态角和轴承刚度。公开号为 CN201331403Y 的专利申请提出了通过径向和轴向组合加载机构对被试轴承施加载荷，数个差动变压器式位移传感器检测轴承位移。公开号为 CN103278327A 的专利申请提出了利用电磁激励方式提供动态激振力和稳定悬浮力，力传感器和电涡流传感器感测轴承载荷与形变。

随着空气轴承、电磁轴承、交叉滚子轴承等新型轴承的出现，诞生了具有针对性的轴承刚度测试技术方案。公开号为 CN108956144A 的专利申请提出的技术方案包括轴承温升测试机构、交叉滚子轴承角刚度测试机构、轴向刚度测试机构以及径向刚度测试机构，采用模块化结构设计，实现交叉滚子轴承的多项指标复合测试。模数转换、时频域分析技术、综合测控技术更多地应用于轴承刚度测试的后续信号处理与控制。公开号为 SU1134896A2 的专利申请提出的技术方案包括角度和力矩传感器，依次连接模拟放大器、滤波器，识别带载运行的轴承刚度。公开号为 CN201600242U 的专利申请提出了连续变化载荷的加载器结合检测连续变化载荷的力传感器的技术方案。公开号为 JP2011174824A 的专利申请提出了利用振动装置对轴承施加规定频率，从而确定具有从右到左不对称和垂直不对称的外圈形状的轴承的刚度。公开号为 KR101314468B1 的专利申请提出了空气喷射单元通过穿过主壳体单元和轴承壳体单元将空气喷射到空气轴承，通过使用外部压缩空气和涡轮驱动铲斗来驱动主轴，最小化噪声对测量信号的影响。公开号为 CN104483130A 的专利申请提出了压力传感器、位移传感器，经过 A/D 数据采集卡将位移和压力的变化值传送到工控机的技术方案。公开号为 CN106289776A 的专利申请提出设置动平衡参照组，利用一阶次傅里叶级数拟合获得响应数据，通过两组数据相减剔除磁悬浮轴承旋转过程中的干扰力。总体上，技术更新的动力主要来自轴承本身和信号处理技术的发展。

2. 轴承故障诊断方面

图 17 是轴承故障诊断领域技术发展路线，分别提取了 1995 年以前、1995~2005 年、

2006～2019 年的专利申请。

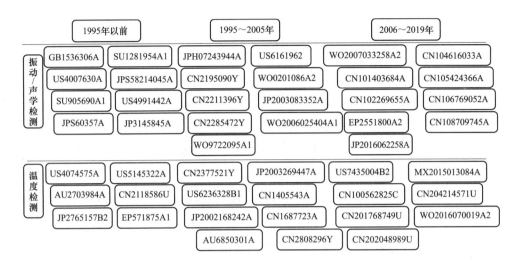

图 17　轴承故障诊断领域技术发展路线

20 世纪 70 年代前，关于轴承故障诊断的振动和声学检测方法均处于理论研究阶段。此外，自 1965 年，快速傅里叶变换（FFT）开始大规模应用，为振动信号的频域分析奠定基础。

从 1975 年之后，轴承故障诊断的振动和声学检测领域的技术发展主要分为三个阶段。第一阶段是 1975～1994 年，此阶段由于相关技术发展仍处于刚起步阶段，专利申请多集中于基础架构和基础原理。

对于轴承故障诊断的声学检测，苏联的 KAUN POLY 公司公开号为 SU905690A1 的专利申请首先提出了一种通过声发射 AE 技术对轴承故障进行诊断的基本方法，基本架构具备放大器、滤波器、阈值检测单元。相对于振动检测法，声学检测法受噪声影响明显，后续的研发主要集中于如何提高检测精度。例如，公开号为 JPS60357A 的专利申请提出了多个检测设备混合诊断以提高诊断结果的准确性，采用两组通过门电路连接的相同工作参数的声发射检测系统，并设置在不同位置，以消除噪声影响。公开号为 US4991442A 的专利申请提出了在信号采集阶段对声音信号进行筛选，在滚动轴承机构的内环和外环分别设置位置传感器，仅在满足设定位置的时候对信号进行采集。公开号为 JP3145845A 的专利申请提出了在信号处理阶段，综合使用波形整形和频谱包络进行噪声消除。

此外，随着各种轴承故障诊断技术的基础架构逐渐完善，出现了融合多种检测方式的诊断装置。例如，公开号为 SU1281954A1 的专利申请提出了同时采用声发射设备和加速度传感器对轴承进行故障诊断。公开号为 JPS58214045A 的专利申请提出了同时采用声发射设备和温度传感器对轴承进行故障诊断。

第二阶段是 1995~2005 年，随着底层基础技术和相关市场的逐渐成熟，专利申请逐渐开始着眼于产业应用和具体的产品。

针对特定应用领域的轴承诊断技术出现，在基本的振动/声学检测系统的基础上，根据具体应用领域的要求，在模块安装、工作环境、数据采集、噪声处理等方面进行调整。例如，日立电机株式会社公开号为 JPH07243944A 的专利申请针对直立式电梯，基于声发射技术设计了适用于慢速旋转机构的轴承诊断装置。东南大学公开号为 CN2285472Y 的专利申请针对国产 200MW 汽轮发电机组的#6 轴承，基于振动传感器设计了专门适用于汽轮发电机组轴承的状态监控器。天津铁路分局公开号为 CN2211396Y 的专利申请针对铁路客货车辆，设计了一种能够记录轴承内部摩擦状态的探测器。

为了更方便地对特定产品中所使用的轴承进行监测，轴承检测的方式由将产品拆卸后利用专门的检测设备对轴承进行诊断，逐渐向轴承诊断设备与产品或轴承本身结合，从而实现随时、便捷的轴承诊断。同时，随着集成电路的成熟和普及，诊断设备的体积不断缩小，也使这种轴承检测方式的转变成为可能。公开号为 WO9722095A1 的专利申请提出了具备多种监测功能的复合传感器作为配件，可以根据需要设置于轴承故障诊断系统中。公开号为 US6161962 的专利申请提出了传感模块内置于轴承内，使轴承本身具备故障检测和报警功能。公开号为 WO0201086A2 的专利申请提出了具有无线的自供电传感器单元的轴承，并可利用无线电发射器设备与其他设备通信。公开号为 JP2003083352A 的专利申请提出了特殊的机械结构设计以实现检测设备能够更灵活地在轴承上安装和拆卸。

第三阶段是 2006~2019 年，随着技术的进步，尤其是频域分析技术的发展，专利申请的重点又由产品回归到了方法原理，在分析方法上进行改进和优化。

利用频谱分析技术对轴承故障诊断进行优化。公开号为 WO2007033258A2 的专利申请提出了利用多尺度/多阶包络谱图信号处理优化状态监测过程。公开号为 CN101403684A 的专利申请提出了采用特征分解法对多故障的混合信号进行分析，采用独立分量盲分离算法对混合故障信号进行分离，对分离出的故障源信号分别进行归一处理并进行频谱、小波分析，提取出故障特征，从而提升诊断精度。公开号为 CN102269655A 的专利申请提出了采用形态学闭运算形式获得振动加速度信号的形态谱，通过上述步骤确定的形态谱，确定形态学结构单元的参数，提取出故障冲击序列，观察形态谱上是否在故障特征频率处存在明显的峰值，不需要对信号进行滤波，因而避免了加窗效应。

2010 年后，大数据技术、神经网络、深度学习等机器学习技术逐渐成为研发热点，将其运用到轴承故障诊断领域，能够优化故障识别时涉及的数据分析和误差处理。例如，公开号为 CN104616033A 的专利申请提出了基于深度学习和支持向量机的滚动轴承故障诊断方法，利用深度信念网络理论中成熟的学习算法完成故障诊断所需的特征提取任务，可以不依赖人工选择，由简单到复杂、由低级到高级自动地提取输入数据的本质特征。公开号为 CN105424366A 的专利申请提出了采用 EEMD 对加速度传感器采集的轴承原始振动信号进行分解，筛选出包含主要故障信息的 IMF 分量，以主要故障信息的 IMF 能量值作为 BP 神经网络的输入参数训练，建立轴承故障诊断 BP 神经网络模型。公开号为 CN106769052A 的专利申请提出了使用 EEMD 与 WPT 分解振动信号，以获取更多精细的轴承状态信息，并利用自权重法和 AP 聚类增加诊断的智能化。公开号为 CN108709745A 的专利申请提出了进一步优化机器学习算法，基于增强型 LPP 算法和极限学习机进行快速的轴承故障识别。

轴承故障导致结构发热。1995 年之前，通过检测温度的方式识别轴承故障正是基于上述原理。温度检测传感器方面采用热敏电阻、红外热辐射传感器检测温度，检测点设置于轴承密封圈内、冷却液流经处、机械结构外部等，并通过重复试验的方式提高准确性。

公开号为 US4074575A 的专利申请提出了负系数热敏电阻，用于轴承的组合温度和故障指示。公开号为 AU2703984A 的专利申请提出了红外辐射传感器，测量装有轴承的输送机表面温度，在输送机运行期间存储指示热点位置的数据，根据多次试验区分真正的热点和随机热点。公开号为 JP2765157B2 的专利申请提出了设置流量计和温度传感器，同时监控轴承的冷却水流速和温度。公开号为 US5145322A 的专利申请提出了温度探测器，设置于轴承的上方空间中，用于检测轴承空气/润滑油温度，并将异常温度发信号通知警告和系统关闭装置。公开号为 CN2118586U 的专利申请提出了单片机控制轴承温度检测电路。公开号为 EP571875A1 的专利申请提出了温度传感器插入轴承固定座圈的密封环形护罩内的方案。

1995～2005 年，基于温度测试的轴承故障识别在硬件和软件方面都有了一定的发展。在硬件方面，引入了针对温度传感器的无线充电装置和无线信号传输装置，实现远程测控，以及温度传感器与温控开关相结合，自动触发故障警报和停机保护。在软件方面，依托于温度值的最高值、变化率、差值等多种指标识别轴承故障。

公开号为 CN2377521Y 的专利申请提出了由受感部和处理器组成的复合传感器，受感部有高直流阻抗的压电型振动敏感器件和高交流阻抗的直流恒流型温度敏感器件。公开号为 US6236328B1 的专利申请提出了复合温度传感器和振动传感器。公开号为 JP2002168242A 的专利申请提出了设置多个温度测量元件监测轴承温度，若任何一个温度测量元件的输出温度超过预定值，判定轴承故障。公开号为 AU6850301A 的专利申请提出了无线充电装置为轴承温度传感器充电的方案。公开号为 JP2003269447A 的专利申请提出了温度传感器检测轴承装置的温度，当温度变化率超出阈值时，确定轴承装置为异常状态。公开号为 CN1405543A 的专利申请提出了温度传感器结合无线发射模块。公开号为 CN1687723A 的专利申请提出了一种新型轴承测温传感器，柔性连接感温部。公开号为 CN2808296Y 的专利申请提出了测温探头与报警器和温控开关相连，联合控制故障信号发送和停机保护。

2006~2019 年，轴承的故障识别需要采集轴承工作过程中的温度，对温度传感器的工作方式和数据传输方式要求较为苛刻。成熟的无线信号传输技术被用于传统温度传感器的数据传输，例如 WiFi、RFID、ZEGBEE 技术等。声表面波温敏谐振器，是一种无源无线温度监测装置，有效解决了轴承故障识别中温度传感器供能和信号传输问题，进一步降低故障识别对于轴承设备运行的影响。

公开号为 US7435004B2 的专利申请使用温度传感器和声学传感器分别测量轴承的温度和声学信号，输入轴承性能模型识别轴承故障。公开号为 CN100562825C 的专利申请提出了在微处理器控制下采集轴承座温度信号。公开号为 CN201768749U 的专利申请提出了热电偶将从精轧机油膜轴承处检测到的温度信号由调理模块转换成标准电信号，输入到数据采集卡，然后再输送到主控室的计算机上。公开号为 CN202048989U 的专利申请提出了使用数字温度传感器测量轴承温度和外部环境温度，根据所述轴承温度数据和外部环境温度数据进行温度超限诊断，并将结果发送给通信网络。公开号为 MX2015013084A 的专利申请提出了轴承温度监测系统，包括可安装到轴承壳体的壳体，温度传感器部件可以响应于温度的变化，在没有施加电流的情况下也以预定温度打开或关闭。公开号为 CN204214571U 的专利申请提出了无源无线温度监测，包括声表面波温敏谐振器。公开号为 WO2016070019A2 的专利申请提出了温度传感器，用于检测轴承温度并采用 RFID 技术传输数据。

五、总结与展望

自 19 世纪 70 年代出现关于轴承测试的专利申请以来，全球专利申请数量长期处于缓慢增长状态，2000 年以后增长速度逐渐加快。中国的轴承测试相关专利申请起步于 19 世纪 80 年代，年申请量较少，直到 2005 开始发力，成为全球的主要增长点。全球的专利申请集中在主要的几个工业强国手中，包括中国、日本、德国、美国和苏联等。重要申请人包括老牌轴承制造商日本精工株式会社、NTN 株式会社、斯凯孚，也包括世界五百强企业通用电气、西门子。国内重要申请人以西安交通大学为代表的高校为主，与国外主要申请人均为企业的情况存在明显区别。企业是实施专利的实体，建议国内企业加强研发投入，同时与高校展开合作，提高专利成果转化效率。

　　轴承测试主要包括性能评价和故障诊断两大分支。轴承回转精度检测领域不断发展新的技术手段，越来越多地注重采用涡流传感器、位移传感器等工业传感器进行轴承监测，替代了以往传统的采用千分表进行检测的技术手段，可能的技术创新点包括新型传感器在轴承回转精度检测领域的应用以及轴承和传感器的自动定位技术。轴承性能评价领域中的轴承刚度检测方面发展呈现饱和状态，没有突出的创新点，今后的发展动力主要来源于轴承本身和信号处理技术的发展。轴承故障诊断领域的技术方向主要有振动/声学检测、温度检测，是轴承测试领域中发展最快的分支之一。频域信号分析是近年来振动/声学检测领域的热点。温度检测领域的重点则在于温度传感器的应用，包括传统的热敏电阻、红外热辐射传感器，也有新型的声表面波温敏谐振器。国内的科研单位和轴承企业应当注意到轴承测试技术领域的上述发展趋势，合理配置研发投入。

参考文献

[1] 黄长征，李圣怡. 超精密车床主轴回转精度动态测试机构的研制 [J]. 航空精密制造技术，2002，38（2）：8-10.

[2] 黄长征，李圣怡. 超精密车床主轴回转误差运动动态测试的数据采集 [J]. 新技术新工艺，2004，8：15-16.

[3] 张景和，冯晓国，刘伟. 用反向法测量轴系回转误差 [J]. 光学精密工程，2001，9（2）：155-158.

[4] ASME. Methods for performance evaluation of computer numerically controlled machining centers：B5. 54-2005 [S]. Houston：American Society of Mechanical Engineers，2005.

[5] Test conditions for machining centers-Part 1：Geometric tests for machines with horizontal spindle：ISO 10791-1：2015. [S]. Geneva：ISO，2015.

[6] Measuring Shock Pulse another approach to Front Line Condition Monitoring. Louis Morando [C]. SPMInstrumen Inc，2004.

[7] 李少军. 滚动轴承故障诊断的多参数融合特征提取方法研究 [D]. 北京：北京交通大学，2011.

[8] 郭婧. 滚动轴承疲劳寿命综述 [J]. 甘肃科技，2006，22（4）：133-134.

[9] 于华森，黄民. 滚动轴承声信号故障诊断 [J]. 北京信息科技大学学报（自然科学版），2018，33（6）：72-76.

光栅干涉位移测量专利技术综述[*]

石小容　郝　敏

摘要　纳米位移测量技术是未来微电子、机械、航天技术等发展的技术基础。大量程、高精度、高分辨率的光栅干涉位移测量作为纳米位移测量的重要手段，对进一步提高机械加工制造业的水平以及国防工业的发展具有积极而深远的意义。

本文主要基于国内外光栅干涉位移测量的相关专利申请，分析了光栅干涉位移传感器的原理、主要构成部件，以及在位移测量方面的具体应用，对光栅干涉位移传感器发展阶段、改进过程和研究方向进行了重点分析，并给出了技术演进路线，最后为我国相关企业发展提供了建议措施。

关键词　光栅　干涉　衍射　莫尔　位移

一、概述

（一）研究背景

精密测量是机械精密加工的基础，是制造行业中影响制造精度的决定性因素之一，在当代机械精密制造领域应用广泛；而光栅干涉位移测量属于精密测量领域的一个分支，是光栅衍射与干涉相结合的一种技术，在精密位移测量领域占据重要地位。从表面上看，光栅干涉位移传感器与光栅莫尔条纹位移传感器十分类似，但是，在原理上有着本质的区别。光栅莫尔条纹位移传感器利用的是光的几何特性，光栅干涉位移传感器利用的是光的波动特性。目前，光栅干涉位移传感器发展出了多种结构形式，但是其基本原理均为激光器发出的光束入射到光栅上，并发生衍射，两束衍射光由于多普勒效应的作用，分别产生相反的频率变化，经过一系列光学元件，如反射镜、分光镜等，重新会合后产生干涉，即可获得频率和运动速度成正比的干涉条纹信号，即明暗相间的条纹，通过对信号进行处理和计数细分，可以得到光栅的位移和移动方向。

光栅测量法的测量基准是光栅栅距，随着光栅刻制技术的发展，高质量、高精度光

---

[*] 作者单位：国家知识产权局专利局专利审查协作四川中心。

栅尺的出现使光栅测量发展快速。基础系统是双光栅干涉系统和单光栅干涉测量系统，双光栅干涉系统主要采用了两根高线数的光栅，一根长度较短的光栅集成在读数头中，称之为参考光栅，另外一根较长的光栅单独封装，它的长度决定了测试量程范围，称之为标尺光栅；单光栅位移测量是利用单根大长度计量光栅代替闪耀光栅构成单光栅位移测量系统，合理选取光束入射角，借助光栅的两束高级次衍射光形成莫尔干涉条纹，进而构成具有高光学倍频数的光路系统。而二维/三维测量系统集合了一维测量的优点，同时扩展了测量的领域，减少了多个线性测量系统安装的阿贝误差。

基于光刻技术的发展对光栅的改进，发展出来如闪耀光栅、同心圆光栅、二维光栅等改进方向，并在此基础上提供了一系列的光栅干涉位移传感技术。同时，光学技术特别是光学元件制造技术的进一步发展，使得通过光路的设计可以获得更加精细的条纹细分成为可能，从而使光栅干涉技术在分辨率和灵敏性方面得到了进一步发展。

目前，随着人们对大量程、高分辨力和高精度的测量要求的不断提高，为适应制造技术对精密测量的需求，光栅位移测量技术正在受到越来越广泛的重视，光栅干涉式位移传感器由于其在大范围、高精度、高分辨率等方面的优秀表现，得到了国内外很多公司和研究所的深入研究，并发展出了很多优秀的产品；目前应用发展最为蓬勃的就是各种各样的改进型的光栅以及对光路的改进，以及由此延伸的细分方法。相比于其他高精度位移测量方法，光栅干涉位移测量在结构、光路、电路和数据处理方面都比较简单、紧凑，整个系统体积小、成本低、易于仪器化；同时，它以实物形式提供测量基准，稳定可靠，可以兼顾极小的零点漂移和对环境的低要求，实验研究和工程应用都非常方便，在测量领域具有广阔的发展前景。

（二）研究对象

光栅位移测量起源于 20 世纪 50 年代，1953 年 Ferranti 公司的爱丁堡实验室建立了第一个利用莫尔条纹测量位移的工作样机。1954 年，GUILD 在其著作 "The interference system of crossed diffraction grating" 中首次提出莫尔干涉的思想。1967 年，POST 首次根据 GUILD 提出的原理，把一块粗光栅和一块细光栅组合到一起，通过合理地选择衍射光的级次，实现了条纹倍增，得到了相当于采用 200line/mm 光栅的测量灵敏度。20 世纪 80 年代初期，POST 等人用 Lloyd 反射镜和光栅构造了一个简单的莫尔干涉系统，实现了相当于采用了 4000line/mm 光栅的灵敏度，这才使莫尔干涉位移测量真正走上了实用的阶段。

利用干涉型光栅尺进行位移测量的方法率先由德国海德汉公司推出，其采用衍射光栅实现纳米级测量，自此，干涉式光栅尺得到较快发展。国际上有一些生产和研究衍射光栅干涉系统的厂家和研究机构。国内目前对该技术的研究仍在起步阶段，工厂和车间仍是靠购买国外的测量系统来满足需求，或者仅对系统后期处理电路进行研究。

目前，德国的海德汉、英国的雷尼绍和日本的三丰、索尼等公司生产的光栅位移传感器产品已经广泛应用到各种高精密装备中。在相关的研究领域，日本东北大学研发的二自由度光栅测量定位系统的分辨率可以达到 0.5nm，中国台湾"中兴大学"研发的高精度光栅位移传感器的分辨率为 40nm，哈尔滨工业大学和国防科技大学的单光栅干涉系统、长春光学精密机械与物理研究所的绝对式光栅测量系统、合肥工业大学的二维光栅测量系统、重庆理工大学的时栅位移传感器等，都能获得约 10nm 的实测分辨率。

随着光学技术和计算机的飞速发展，光栅干涉位移测量技术无论在硬件、软件还是方法上都有了长足的进步。本文从专利申请的角度出发，分析了光栅干涉位移测量技术的全球和中国专利申请概况以及重要申请人情况，并对光栅、光路、细分算法三个技术分支进行了重点专利申请分析，可以一定程度上反映出光栅干涉位移测量技术在国内外的研究现状和发展趋势，对相关主体的技术研发、专利布局可以起到一定的参考作用。

二、研究方法

1. 检索工具及文献库的选取

（1）专利数据来源

本文采用的专利文献数据主要来自专利检索与服务系统（以下简称"S 系统"）。S 系统中设有中文专利文摘数据库（CNABS）、中文专利全文数据库（CNTXT）、外文数据库（VEN）、德文特世界专利索引数据库（DWPI）、世界专利文摘数据库（SIPOABS）等主要数据库。

（2）法律状态查询

中国专利申请法律状态数据来自中国专利电子审批系统（以下简称"E 系统"）案卷信息查询模块。

（3）引用频次查询

引文数据来自 DII（Derwent Innovations Index）数据库。

2. 专利文献的检索

本次采用分类号与关键词相结合的方式进行检索，并通过关键词进行去噪。

首先，采用 IPC 分类号与关键词相结合的方式进行检索。在测量领域中，"光栅"是一种准确的表达，绝大部分专利文件中，都使用该关键词指代相同的对象。同时，在IPC 分类号中，有相对准确限定使用光学手段测量位移的分类号 G01B 11/02、G01B 9/02、G01B 21/02，以及相关的分类号 G02B 5/18、G01D 5。因此，检索过程中首先使用该分类号及其上位扩展和关键词对专利文献进行范围限定，将其限定在使用光栅测量位移的范围，而不使用相关的如"位移"等关键词进行限定，以防止因表达方式不同造成漏检。因检测对象"位移"在专利文献中具有多种表达方式，如具体的包括长度、间隙、位置、内径等，很难仅用"位移"或其他关键词涵盖其全部范围。若仅用"位移"进行限定，由于大部分装置类专利其应用范围不只包括位移，会将很大一部分专利排除在外，很难找到一个准确的关键词涵盖所有的检索范围。

其次，有部分专利不会有指定的应用范围或检测对象，如"一种光栅干涉测量装置"，其只公开了使用光栅干涉原理进行测量的结构，对于多种情况都适用，可以毫无疑义地确定其适用于位移检测。根据以上原因，"位移"不作为主要的关键词进行检索限定，但在查全时进行补充检索。

最后，检索过程中分类号除通过使用光学法进行测量的 G01B 11/02、光干涉仪的 G01B 9/02，还扩展到了涉及位移测量的 G01B 21/02 和衍射光栅的 G02B 5/18 和 G01D 5。关键词扩展到光栅、干涉、衍射、条纹、位移、位置、长度、距离等；为了使检索结果准确而全面，检索过程中尝试寻找与光栅相关的 EC 分类号为 G01B 9/02G、G01B 11/25K、G01D 5/38。最终扩展的关键词包括：光栅、干涉、衍射、莫尔、摩尔、条纹、位移、位置、长度、距离、光源、激光、光束、反射、透射、X 向、Y 向、Z 向、grating、raster、planar、displacement、distance、remove、space、interval、intervene、interference、interfernmetry、interferometer。

在经过检索去噪后，确定出待分析的中外专利文献范围为 6000 余件，并从中选出 200 件左右重要专利文献进行重点分析及数据标引。

3. 相关事项和约定及术语解释

（1）数据完整性约定

本次检索日期截止到 2019 年 7 月。由于部分专利申请可能需要 18 个月之后公布，少量 2018 年、部分 2019 年提交的专利申请可能存在尚未公开的情况，在 DWPI、CNABS 等数据库中均不包括这部分没有公开的专利申请，本文的专利分析仅基于已经公开的专利申请。因此，在实际数据采集中会出现 2018 年和 2019 专利申请量少于实际申请量的情况，同时考虑到 2018 年的专利申请量受尚未公开的情况影响较大，部分专利技术分析中仅截止到 2017 年。

（2）对专利"件"和"项"数的约定

项：同一项发明可能在多个国家或地区提出专利申请，DWPI 数据库将这些相关的多件申请作为一条记录收录。在进行专利申请数量统计时，对于数据库中以一族（这里的"族"指的是同族专利中的"族"）数据的形式出现的一系列专利文献，计算为"1 项"。一般情况下，专利申请的项数对应于技术的数目。

件：在进行专利申请数量统计时，例如为了分析申请人在不同国家、地区或组织所提出的专利申请的分布情况，将同族专利申请分开进行统计，所得到的结果对应于申请

27

的件数。1 项专利申请可能对应于 1 件或多件专利申请。

（3）重要专利的定义和筛选

重要专利筛选规则如下：

a. 根据被引用频次进行选择。

专利文献的被引用频次具有以下特点：专利文献的被引用频次与公开时间的年限成正比，公开越早被引用的频次就越高；被引用频次相同的专利文献，公开时间越晚，重要性越高；同一时期的专利文献，被引用频次越高，重要性越高。根据专利被引用频次的统计，选取引用频次较高的专利。

b. 根据同族数量选取。

关注同族数量较多的专利申请，尤其是同族专利申请涉及不同国家或地区的情况。它既可以反映该技术潜在的市场和经济潜力，并且也反映了申请人对该技术的预期和重视程度。

c. 具有较为突出的进步性专利。

在重要专利选取过程中，注意专利的发明点和解决的技术问题。应选取具有突出贡献或引领了本领域技术发展的专利，即在本专利之前该技术从未出现或在本专利之后相同的改进增多并对结果有了长足的改进的专利。

d. 专利申请时间。

由于本文重在总结先进的生产技术，对于一些早期的专利，有些技术已经淘汰，有些专利内容早已经是行业公知技术，因而，在进行介绍时，相对侧重于 2000 年以后的专利，而早期专利的比重相对较少。

三、光栅干涉位移测量专利统计分析

本节将从全球、中国两个层次，对光栅干涉位移测量的专利申请情况进行总体分析，主要内容包括专利申请量分析、专利申请区域分析以及申请人分析。

（一）专利申请状况

1. 全球专利申请状况

以申请日计算，1954 年 7 月 8 日，JAMES DYSON 申请了第一件光栅干涉位移测量的专利，公开号为 GB782831。自此以后，光栅干涉位移测量技术经过了 60 多年的发展，截止至 2019 年 7 月 20 日，该领域专利申请量已有 6505 项。

（1）全球专利申请趋势分析

图 3-1 为光栅干涉位移测量技术全球专利申请量随年份变化的分布图。从图中可以看出，该技术在发展初期，即 1968 年前，每年只有少量的专利申请，该阶段为技术起步

阶段。1968 年之后，该技术得到了稳步发展，每年专利申请量持续上升，结合之后的分析可知，这与美国、中国和日本在该方面研发力度较大有关。从上述趋势可以看出，光栅干涉位移测量技术的发展目前仍比较活跃，每年都有大量的专利技术产生，专利申请量保持了较快的增长速度。

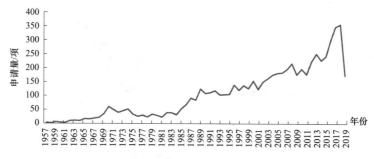

图 3-1　光栅干涉位移测量全球专利申请量时间分布图

（2）全球专利申请的区域分布分析

图 3-2 为按优先权统计的光栅干涉位移测量全球专利申请区域分布图。由于技术来源地的申请人一般会先在所属国家或地区提出专利申请，随后再以此优先权向其他国家或地区提出专利申请，因此，专利申请优先权的国家或地区可以反映技术来源地。从图中可以看出，排名前三位的为中国、日本和美国，占全球份额的 78%。这与日本和美国拥有在该技术领域处于领先地位的多家重点企业（例如日本三丰、日本索尼、日本佳能），以及中国在光学技术发展起来后，多个研究所和企业在该领域上进行大量研发投入有关。但是，从中国专利申请来看，在前沿高精尖技术的专利布局方面，还需要进一步加强。

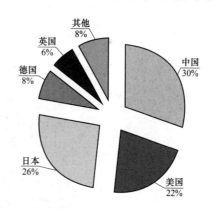

图 3-2　光栅干涉位移测量
全球专利申请区域分布图

由图 3-3 可以看出，1985 年之后，日本在光栅干涉位移测量技术方面的专利申请量迅速飙升，且明显高于其他四国，该趋势一直持续到 2001 年。2005 年之后日本专利申请量逐渐下降。英国最早提出光栅干涉位移测量专利申请，因此，早期的专利申请基本都是英国的，但是，其专利申请量一直没有较大增长。德国专利申请量一直处于平稳阶段，虽然其间有些波动，但是申请量一直不大。中国在 20 世纪 80 年代后期才开始有少量专利申请，不同的是，中国在 2005 年以后，申请量大幅激增，这与国内开始重视该项技术有密切的关系。而美国专利申请量在 1995 年以后虽有小幅上涨，但和中国相比仍然较少。可以看出，虽然中国技术水平在短时间内还不能达到日本、美国和德国的水平，但是技术发展后劲十足。

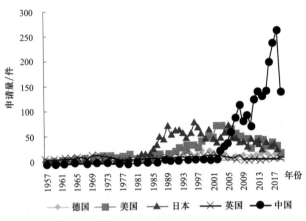

图 3-3　光栅干涉位移测量五国专利申请量时间分布图

由图 3-4 可以看出，初期全球专利申请份额被英国占据，这与该技术首先出现在英国有关。1969 年之后开始出现日本专利，且开始抢占德国、英国和美国在全球专利申请量中的份额，且其所占份额数十年间一直居高不下。到 2003 年以后，中国开始占据大量申请份额。此外，也可以看出，英国、美国和德国技术起步早，但申请量一直没有较大增长；日本起步稍晚，但是申请量份额较大；中国虽然起步较晚，但研发力度较大，后期申请量增长速度远远超出其他四个国家。

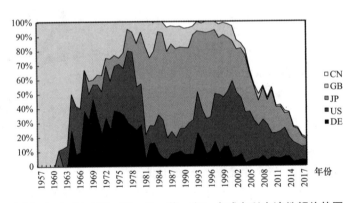

图 3-4　五国（德、美、日、英、中）全球专利申请份额趋势图

（3）全球专利申请的申请人分析

从图 3-5 的统计结果来看，光栅干涉位移测量分析领域专利量排名第一位的为日本佳能。排名第二位、第三位的依次为德国海德汉和日本三丰。8 位申请人中，3 家都为日本企业，足见日本在该项技术中投入的研发力度之大。国内主要的研究力量来自各大学和研究所，如中国计量大学、哈尔滨工业大学、长春光机所等。国外在该领域的专利申请人，主要来自日本、英国、德国和荷兰。其中，日本的佳能、三丰、尼康排位靠

前，这与日本企业在光学领域处于领先地位相关。其次，海德汉是世界领先的高精度测量仪器跨国集团公司，其在光栅干涉位移测量方面有长度计、光栅尺、旋转编码器和角度编码器等，主要有 LC 系列、LS 系列、LF 系列以及 LIF、LIC、LIP 系列等。该全球专利申请主要申请人排名与各公司在光栅干涉位移测量仪产品市场的份额排名基本一致。

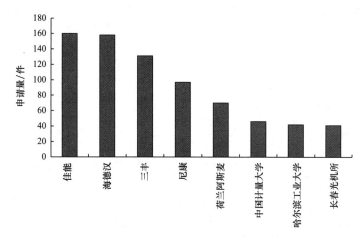

图 3-5　光栅干涉位移测量全球专利申请主要申请人排名

2. 中国专利申请状况分析

（1）中国专利申请趋势分析

自 1985 年日本索尼提交在该领域的首件中国专利申请（CN85102930A）起，中国在该领域申请数量一直处于数量不多且较为平稳的状态，申请量维持在 1~4 件/年。但从 2003 年开始，中国专利申请量呈现爆发式增长状态。且由图 3-6 可以看出，2003 年之前国外来华专利申请量占较大的份额，占 80% 左右，表明 2003 年之前中国本土光栅干涉位移测量技术的发展较为被动。2003 年之后中国本土在该技术领域的发展较快，本土申请量占中国专利申请的份额大大提升，至 2015 年已占到中国总申请量的 85%。

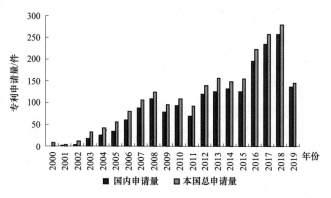

图 3-6　光栅干涉位移测量中国专利申请量时间分布图

（2）中国专利申请的申请人分析

从图3-7来看，本土专利申请中排名前三位的分别为清华大学、哈尔滨工业大学、上海光机所，说明中国本土在光栅干涉位移测量技术领域的研发目前主要集中在大学和研究所，需要进一步加强产学研的结合和转化。国外来华专利申请量较多的国家仍为日本和荷兰，国外来华排名前三的申请人依次为荷兰阿斯麦、日本尼康、德国海德汉。

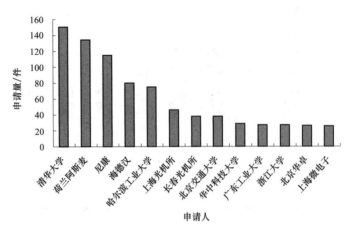

图3-7 光栅干涉位移测量中国专利申请主要申请人排名

（二）重要申请人技术情况

从光栅干涉位移测量技术的现有技术发展状况，结合上述统计结果分析可知，在光栅干涉位移测量领域中，全球申请量排名前十的申请人主要来自日本、德国和中国，其中，日本申请人在申请量方面走在前列，并且其技术优势十分明显，掌握了大部分关键技术，其代表申请人为佳能和三丰。日本佳能从1990年开始申请大量衍射光干涉方面的专利，不断发展位置传感器，ML系列线性传感器在10mm范围内线性精度达到±0.08μm。日本三丰创立于1934年，向全球范围内提供千分尺、卡尺等量具以及三坐标测量机、形状测量系统、视像测量系统和光学仪器等系统精密测量仪，是世界上最大的综合长度测量仪器的制造商，其产品包括AT500系列、AT542/543系列、539系列等。而光栅技术起步较早的德国，虽然后期申请量有所下降，但是基于前期专利布局和掌握的成熟技术，仍占据着技术制高点，在市场中也牢牢占据了相对多的份额，其代表为海德汉。海德汉于1963年申请了第一件采用双光栅进行位移测量的装置，自此开始了在该领域的快速发展，并且基于该专利申请，开始生产直线光栅尺，1987年推出了LIP系列光栅尺，该公司仍是该领域中认可度最高的光栅尺和编码器厂家。而中国作为后起之秀，相对来说，在光栅干涉位移测量领域的研究起步较晚，并且多为研究所和大学的相关机构，其代表申请人为哈尔滨工业大学、清华大学，近年来在该领域发展势头良好。从专利申请实际涉及的技术内容上说，德国海德汉和日本佳能作为光栅尺产业全球实力一流的公司，其技术相对侧重于光路结构和光栅的改进上，也在细分方法上进行了一定的专利布局；清华大学和哈尔滨工业大学也是重点聚焦于光路和光栅结构的改进。

四、光栅干涉位移测量技术发展路线分析

光栅干涉位移测量技术作为一种较为成熟的测量技术，具有简单快速、准确度高、精密度好等特点。光栅干涉位移测量技术的发展经历了几十年，从第一台光栅干涉位移测量装置的产生，到现今多种光栅干涉法在位移测量领域的应用，其在结构和功能上都有了很大改进。为了适应各种不同测量对象、量程、灵敏度，以及为了满足高精度和低误差要求，光栅干涉位移测量装置也经历了从简单到复杂、从分析速度慢到分析速度快、从低精度到高精度的发展过程。纵观光栅干涉位移测量技术的一系列发展，主要改进点在于通过不同的光路搭建和光栅改进，更好地进行条纹细分，以及高精度、高灵敏度和光栅尺寸之间进行协调，使之具有更高的分辨率和测量能力，以适应现代制造业对精度的要求。相关发展路线参见图4-1，概述如下。

（一）光栅技术发展路线

英国 JAMS DYSON 提交了一件公开号为 GB782831 的专利申请，为一种用于测量小位移的设备。其采用了双光栅的结构，使用从光源出发的光束经过两次衍射后进行干涉，或者使用棱镜将从光源发出的光束经过光栅的一个位置衍射后从光栅的另一个位置出射，经过两次衍射的光束进行干涉，经探测器接收后可以进行微小位移的测量，其相比现有技术中的位移测量装置，分辨力更高。其后，海德汉也提交了一件使用双光栅进行位移测量的专利申请（GB1063060）。

德国海德汉在其提交的公开号为 US4776701 的专利申请（优先权申请为 GB8413955）中提出了，光束通过折射光栅和反射光栅后实现相干叠加与光学移相的方式测量 X 方向位移的方法。该方法利用光栅本身的结构参数调整实现了干涉信号移相，同时测量结果不受 Y 方向和 Z 方向位移的影响。由于该方法不需要额外的移相元件，因此系统体积小，但是该方法只能用于 X 方向的位移测量。海德汉在随后还提出使用激光利用多个光栅进行衍射后干涉（专利申请公开号分别为 DE3810165、DE3836703、EP89117891），以提高测量精度，以及通过使用阶梯光栅解决双光栅系统对栅距的依赖（GB8320629）。

双光栅系统第二光栅必须位于第一个光栅的 Talbot 平面内，两光栅之间的安装误差小于 Talbot 周期的 10%，在实际应用中，光栅周期不能小于 $10\mu m$。由于受较长的高线数光栅制作工艺的限制，成本较高，进一步推广难度较大。荷兰 ASML 公司提出了一种利用光栅衍射编码和干涉原理测量标尺光栅在 X 和 Z 方向的位移的测量装置

（US7362446），通过特殊的棱镜结构，将分光移项、合光等组成一个整体，减小了装置的尺寸和体积，并能同时实现 X、Z 方向的位移测量。

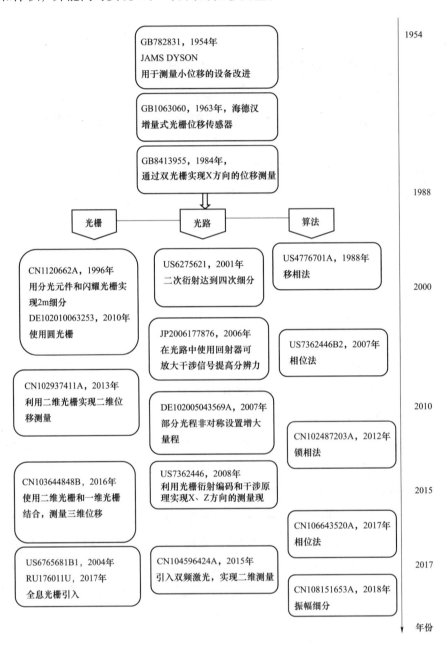

图 4-1 光栅干涉位移测量的技术发展路线

随着科技的发展，在一些精度要求较高的领域，例如精密制造业中的相关检测、航天航空方向的检测等，传统的位移测量仪已不能满足人们的需求。为了解决双光栅系统中大量程测量时灵敏度的问题，提出了使用非对称双级闪耀光栅进行位移测量。中科院长春光机所提交的公开号为 CN1120662A 的专利申请提供了一种测量位移量的光学细分干涉方法，在一个分光元件上完成光束的分束和合束，利用闪耀光栅使出射光束仅具有+m 级和-m 级，从而实现 2m 倍的光学细分来提高测量灵敏度，降低了对光栅位移传动装置的传动要求，减轻了光学元件的调整难度。海德汉的专利申请 DE102005043569A1 公开了一种干涉位置测量装置，具有两个部分光束非对称的部分光程，其用于干涉得到的行程长度差别在量级方面可以达到几个毫米。但是该系统也存在一些问题：非对称双级衍射光的产生，要求光束的入射角必须在一定的偏差范围内，因此光路调整困难；受光栅制作技术的限制，光栅闪耀角难以精确控制，当闪耀光栅线数增加时，非对称双级衍射光的强度相差较大，影响条纹对比度，因此，实用的非对称双级闪耀光栅位移测量系统的光学分辨率受到限制。此外，细光栅之间的距离调整直接影响莫尔条纹的有无，对安装要求苛刻。

为了解决非对称双级闪耀光栅测量方法对安装定位的特殊要求，提出了单光栅测量系统。海德汉的专利申请 DE3905730 提出了使用反射镜对光束进行偏转，从使光束两次穿过同一光栅的不同位置得到二次衍射光并进行干涉，可以很好地克服光栅的旋转和倾斜带来的误差，但是该系统引入了相移元件。日本三丰的专利申请（公开号分别为 JP1-185415、JP2003247867A）和国防科技大学的专利申请 CN1070152C 均提出了一种大量程纳米级光栅位移传感器，采用一个长光栅，通过使用分光镜，对光源进行分光，使分光的两束光在一个光栅处进行衍射，获得了高倍数光学细分，实现了纳米级分辨率的测量，采用了低线数的光栅以及简捷的光路设计，降低了成本。同时，也可以采用另外一种方式，即将被光栅衍射的光束使用反射镜或回射器进行二次衍射，从而对干涉信息进行多次细分，提高了位移测量的分辨力（JP2006177876）。

另外，为解决高精度位移测量对高精度的测量基准标尺的依赖，即对光栅空间刻线分布的依赖，重庆大学机械传动国家重点实验室的彭东林教授于 2000 年首次提出了"时栅"的概念，提出了精密位移测量可以依赖另一个基准，即时间基准，研究出了一种新型的智能传感器——时栅位移传感器（CN101082507A、CN102425987A、CN102288100A），时栅位移传感器的特点在于用时间替代空间刻线，运用时间测量空间，从而得到位移。其与现有的光栅干涉位移测量技术存在区别，是位移测量的另一个发展方向。

但是，在光栅干涉位移测量系统中，由于整个系统灵敏度与栅距成正比，与衍射光级次成反比，提高灵敏度的方式为使用细栅距光栅或高级次衍射光。而当栅距小于入射光波长时，将只存在零级衍射光，因此，要求系统中光栅的最小栅距只能与波长相等。虽然理论上可以使用任意高级次衍射光，但是由于衍射光功率随衍射级次的增加而快速减小，衍射光级次的选取必须满足信噪比的要求，具有一定的局限性。

（二）光路技术发展路线

随着光学技术的发展，在光栅干涉位移测量领域中，提出另一种发展方向——可以采用二次衍射来达到四次细分，从而可以实现更高倍数的条纹细分。公开号为US6275621B1 的专利申请公开了一种使用莫尔条纹测量层间位移的系统和方法。公开号为 CN102679888A 的专利申请公开了一种莫尔条纹的高倍细分方法及装备，可用于解决大量程精密位移测控中高分辨力、高速度、大量程之间的矛盾。海德汉提出的利用二次衍射光干涉进行机床运动位移测量的系统。准直光束 β 垂直入射到光栅尺上发生第一次衍射，正负一级衍射光通过直角棱镜回折到光栅上发生二次衍射，二次衍射光经过偏振分光镜后产生干涉，获得两路相位相差 90° 的信号。当光栅尺有一个栅距的位移时，光电检测器得到 4 个周期的信号，即达到四细分的目的。

泰伯干涉仪的出现对利用光栅测量位移提供了便利。公开号为 KR0124058B1 的专利申请（同族申请公开号为 US2005459578A）公开了一种使用圆光栅测量位移的方法和装置。海德汉公开号为 DE102010063253A 的专利申请公开了一种使用圆光栅进行位置测量的系统，该方法具有精度高、对噪声不敏感、数据处理速度快等特点。公开号为 US2012162646 的专利申请公开了一种使用圆光栅进行位移测量的设备，其通过采用将圆光栅的轴垂直于光栅分度层面以及将光栅分度层与光轴圆柱对称、栅线正交等布置方式，可以解决圆光栅污染敏感性，并具有大的加装和运行容差，可以使扫描光程中的干扰波前失真最小化。但是光栅间隔的不均匀性及两圆光栅存在的刻线线数差（理想情况是两圆光栅同直径长度、同刻线数、对称性）、测量分度对衍射线波前的影响等因素带来的误差很大，寻找到两块非常吻合的光栅也具有一定的难度。

在进行二维测量时，可以通过折射光栅和反射光栅实现相干叠加和移相来进行二维测量，并且通常是设置两路/三路一维光路进行二维/三维测量（US7362446B2），而随着光刻技术的发展，二维光栅应运而生，二维光栅测量系统集合了一维测量的优点，一个二维光栅就能将光束四分。因此，将二维光栅在光栅干涉位移测量中的应用得到迅速发展。清华大学的专利申请（CN102937411A）利用衍射光栅原理设计二维光栅测量系统，并引入双频激光产生拍频信号，在实现二维位移测量的同时，增加了信号的抗干扰能力。日本三丰的专利申请（US8604413B2、CN10286581A）提出了一种二维传感器，可以实现二维测量。哈尔滨工业大学的专利申请（CN104596424A）提出了一种使用双频激光和光栅的二维位移测量装置，可以解决双频激光干涉系统易受环境影响以及体积大、价格高的问题。使用二维光栅和一维光栅相结合，可以测量三维位移（CN103644848B）。

但由于光栅加工质量等因素，当使用光栅的栅距较小时，输出信号的质量较难保证，难以实现高倍周期信号细分。因此，在选用光栅时要考虑系统分辨力和光栅线密度的相互制约关系。

除了在光栅蚀刻技术上寻求发展，以及通过对相移技术的探索可以使光栅干涉位移测量技术得到进一步提高外，研究人员还作了多方尝试，如将光栅技术与其他光学技术进行结合，以期能在本领域技术中得到突破。国防科技大学的专利申请 CN102353327A 提出了一种双频激光光栅干涉测量方法及系统，其通过利用双频激光器输出双频激光，使普通光栅干涉测量的直流信号转变为交流信号，然后让双频激光通过一分光镜以形成参考光路和测量光路，再通过光栅的运动使测量光路光学拍干涉场的拍频发生变化，最后用数字相位测量法将各光学拍干涉场得到的高倍数光学细分信号进行高倍数电子细分，完成测量。其可以解决现有光栅干涉位移测量系统中的光强波动会干扰测量的问题，可以保证零点漂移小，减少温度对测量精度的影响，具有抗干扰能力强、稳定性好、测量精度高等优点。在光路中加入双折射晶体（US20180003480）基于偏振和不同的光程长度实现微分相移；全息光栅的出现及其在位移测量领域的应用（US6765681B1、CN201476761、RU176011U），使光栅干涉位移测量得到了迅速发展。

在光栅干涉位移中，由于机械运动会引入部分误差，日本佳能（US5038032、US5146085、US4912320）、美国 ZYGO（US8300233、US114061、US194824）都提出一些光栅干涉测量的光路改进方式。美国 IBM 于 1995 年提出衍射光栅干涉系统读数头结构（US5442172）。该结构添加了球面透镜，当入射光偏离球面透镜光轴 L 时，则衍射 0 级光反射回来偏离光轴 2L，不能进入系统，即避免回射到激光器。1X 望远镜系统有以下作用：假设光栅旋转 1 弧度，衍射光同样旋转 1 弧度，1X 望远镜可以补偿光程的改变，使得正负一级衍射光仍然可以共线地入射到检测元件上。不同研究者均试图通过光路的改进解决光栅测量系统中读数头与光栅尺体之间运动误差对测量精度的影响。上海光机所也提出了一种自适应共光栅干涉仪（CN104048597），通过采用完全共光路的方式消除读数头与光栅尺体之间的运动误差，从而提高测量精度和分辨率。

公开号为 CN106052569A 的专利申请提出了一种二自由度外差光栅干涉仪位移测量系统，基于外差光栅干涉技术兼具光栅抗环境扰动和外差干涉信噪比高等优点，可以进一步降低测量噪声。尽管外差光栅干涉仪能够同时测量水平方向大行程和垂直方向位移（CN103307986A、CN105823422A），以及可以利用整体光学镜组代替分立的角锥棱镜实现二次衍射的光学四细分结构（US2013/114062A1），然而双频激光共轴入射的外差光栅干涉仪仍然受到外差干涉引起的周期非线性误差的影响，并且存在双频激光偏振分光不完全引起的光学混叠现象，在实际中，需要对这一纳米量级的误差予以补偿或者消除。为了从原理上消除由光学混叠引起的周期非线性误差，哈尔滨工业大学提出了抗混叠的双频激光光栅干涉测量系统（CN106152974A、CN103604375A）。

（三）细分算法技术发展路线

受制于光栅自身栅距分辨率的限制，只靠读取干涉条纹的数量变化来测量位移只能实现与光栅周期数量级相同的分辨力。因此，需要对光栅传感信号予以细分处理，以实现纳米级分辨率的测量，包括机械法、光学法、电子法和微机细分法。

微机细分法是按光栅信号的理想表达式进行细分的（US4225931A），其缺点是不能消除光栅信号质量对细分精度的影响，所有理论上细分数（分辨率）虽然可以做到很高，但是提高细分精度是困难的。在此基础上，公开号为CN1068417A的专利申请按光栅信号的实际表达式进行细分，通过对实际光栅信号及其特征值的实时检测，补偿和细分融为一体，消除了光栅信号对细分精度的影响。

而随着电子技术的进一步发展，电子细分成为一个关键的技术，其主要由两类组成：直传式细分和平衡补偿式细分。直传式细分电路就是由若干环节构成，输入信号输入到系统后经过中间的一系列环节，依次向末端传递信息，最常用的是电阻链分相细分方法。平衡补偿式细分方法主要有相位跟踪细分（US4776701A、US7362446B2、CN106907999A、CN106643520A）、幅值跟踪细分（CN108151653A）和锁相倍频细分（CN106907999A、CN102487203A）等。无论采用何种细分方式，为了提高细分精度，理想的光栅信号应具有稳定、正弦、等幅、正交等特性，事实上，由于光栅干涉测量系统中，存在振动、光路装调偏差、噪声以及环境干扰等因素，采集到的干涉信号中无法避免存在高斯噪声、漂移以及振幅波动等，从而影响细分精度。公开号为CN101162139A的专利申请通过将原始输出位置设置在细分电路的输出位置，确定光栅尺的细分位置所对应的误差补偿数据，从而获得高精度的位置信息。公开号为CN1036043073A的专利申请利用在信号中调制小波基的相位，对调制后的信号进行小波变换，通过脊最大对应的相位得到光栅位置值，解决了信号波形质量要求高、速度慢、误差分离与修正困难等问题。另外，针对时栅位移传感器，公开号分别为CN201311269A、CN106338234A的专利申请提出了一种栅位移测量方法，在传感器内部建立"匀速"运动的参考系，将空间位移差转换为运动系时间差后进行测量，通过构建一个匀速运动参考系对参考点与被测点进行扫描，得到两者时间差，便可以换算得到相应的位移。

五、主要结论和措施建议

（一）专利分析总体结论

1. 市场方面

目前市场上占有率较高的光栅干涉位移传感器品牌主要来自海德汉、尼康、佳能、三丰、索尼等企业，国内品牌来自标普纳米测控技术股份有限公司、上海微电子装备有限公司等主要企业。国内品牌在市场上不占优势的主要原因在于我国光栅干涉测量技术起步较晚。但是，经过几代人的努力，我国的光栅干涉测量技术已经有了很大的发展，这从近几年突飞猛进的专利申请量增长趋势可以看出。

工业测量领域最近几年发展快速，并且日渐成熟。随着光学技术的发展和光刻技术的成熟，出于对高精度、高分辨率、大量程、低误差等的需求，位移测量被广泛应用于电子、飞机、超精密机械等众多领域，行业规模巨大，对机械、光学等行业具有重大影响。

2. 技术方面

通过以上专利分析可知，根据位移测量的特性，光栅干涉位移测量主要集中在高精度、低误差、大量程的实现以及光路的改进上。同时，与其他检测手段的结合也是其发展方向之一。其技术发展方向如下：

提高光栅制作技术。针对光栅刻线环境条件要求高、高刻线密度光栅制作困难的现状，光栅制作应开放新的技术，以制作高刻线数、大量程的衍射光栅。

设计新的测量系统。现有成熟的光栅位移测量系统多应用对称式光路，光路位置误差严重影响测量结果，为此应研究新的测量原理，结合其他光学元件，设计简捷实用的测量光路。

融合多元件特性，开发新型光栅元件。光栅测量不仅局限于传统光栅元件，开发结合其他元件，制作新型光栅，发挥各自的优越性也是光栅干涉位移测量技术的发展方向之一。

发展多维测量技术。现有光栅干涉位移测量技术发展成熟，在工业等领域大规模使用，但是多维测量处于实验室和测试分析阶段，需要在保证精度及分辨力的情况下，实现动态条件下的多维位移测量。

误差理论分析和补偿。结合光栅制作误差、系统装调误差、环境误差、电子细分误差等，量化分析整体误差的产生机制与消除方法，研究补偿技术。

简化光路结构。结合多维光栅的结构，设计新的简单有效的编码算法用于多维位移测量光路中，通过算法的应用来降低维度、减小误差，简化测量光路的结构。

（二）建议措施

1. 积极引入国外优秀人才，引进国外先进技术

光栅干涉位移测量技术国外研究起步早，我国目前以科研机构和大学研发为主。新兴企业想要快速提高自主研发能力，对外可引入优秀人才，引进国外先进技术；对内可鼓励引导研发团队重视以及利用各国专利文献信息，尤其很多当年的核心技术在国内和国外都已过专利保护期，可以直接利用。直接利用一些无效专利，可以提高研发起点，

加快研发步伐，进行二次创新。

2. 加强各院校、研究机构与企业的合作交流

光栅干涉位移测量分析技术在我国首先起源于科研院所和实验室，高校和科研院所具备较好的研究条件，拥有较多优秀研究成果。然而高校并不具备将技术成果直接市场化的能力，新兴企业具备直接市场化的能力，但缺少核心技术以及先进的研究条件或设备。因此，一方面，高校可与企业积极交流，促进研究成果的产业化；另一方面，企业可主动寻求与高校、科研院所合作研发，整合资源，提高自身自主研发能力。

3. 重视光刻技术与光学领域的相关技术的发展，关注与其他技术的联合

目前，光栅干涉位移测量技术是实现高精度位移检测的主要方式。优化关键部件几何设计，开发高灵敏度、高分辨率、测量速度快的光栅干涉测量装置成为目前国内外研究的热点。我国在光栅刻蚀技术以及透镜制造技术领域都取得了重要进展。另外，光栅干涉位移测量技术与其他技术的联合能在一定程度上弥补其检测缺陷。我国也应该在各技术联合上施以关注，以充分利用各种检测技术的优点，开发出更好的产品。

4. 扩宽国内市场，开展海外专利布局

从国外在华专利布局情况来看，美国、日本等国的申请人20世纪80年代已经开始在华进行专利布局。一直到20世纪90年代后期，国外来华专利在国内专利申请总量中一直占较大份额，国内在这方面的发展相对欠缺。值得庆幸的是，近几年随着国内研发力度的加大，我国专利申请量有了突飞猛进的增长。但是，国内企业在国际上的市场及影响力都还较小。因此，国内企业可根据我国自身的国情和需求进一步扩宽自身技术覆盖范围、专利布局范围，扩宽国内市场。同时，也应放眼全球，开展海外专利布局，引导自身产品进入海外市场。

参考文献

［1］印建平. 原子光学基本概念原理技术及应用［M］. 上海：上海交通大学出版社，2012：111-129.

［2］束名扬. 基于相位光栅干涉传感的位移测量系统研究［D］. 哈尔滨：哈尔滨工业大学，2016.

［3］楚兴春. 纳米光栅干涉位移测量关键技术的研究［D］. 长沙：国防科技大学，2005.

［4］殷纯永. 现代干涉测量技术［M］. 天津：天津大学出版社，1999：8-53，188-192.

［5］叶盛祥. 光电位移精密测量技术［M］. 成都：四川科学技术出版社，2003：1-24.

海洋作业机器人专利技术综述*

周寒梅　王　振**　蒲　鑫**

摘　要　本文在全面分析海洋作业机器人近年全球专利申请情况的基础上，重点对海洋作业机器人的导航、通信和控制三个技术分支的专利申请情况、技术发展脉络进行梳理，并详细分析了其中的重点申请，剖析了重要申请人的情况，从总体上把握该领域重点技术分支的重点专利及其布局，以期为我国相关科研机构和企业开展研发、进行专利布局、应对国外的专利壁垒提供参考。

关键词　海洋　机器人　导航　通信　控制

一、概述

（一）研究背景

从 19 世纪开始，人类便开始了对海洋的探索，进入 21 世纪以后，海洋尤其成为各国重要的竞争场所。海洋作业机器人作为开发海洋的一个主要手段，一直都得到广泛的研究，其研制能力也代表了一个国家的最高科技发展水平。随着海洋开发进程的加快，能够探索水下未知环境并执行特定水下作业任务的海洋作业机器人已成为当前一个发展热点[1]。

海洋作业机器人技术直接关系到我国海洋强国建设和海洋安全，领先的海洋作业机器人核心技术和良好的产业应用有利于提升保卫国家海洋安全和开发海洋资源的能力。中国在海洋作业机器人方面的研究开发和起步较晚。虽然国内科研机构，尤其是中国科学院自动化研究所，在这方面做了很多工作，但是仍然没有形成规模化生产，与国外相比还有很大的差距。国外在海洋作业机器人方面布局了大量专利，以保护其研发的创新成果。这些专利给中国海洋作业机器人的发展造成了重大的知识产权风险，因而有必要开展国内外海洋作业机器人的专利发展趋势、技术特点和区域分布等的研究。

---

　*　作者单位：国家知识产权局专利局专利审查协作四川中心。
　**　等同于第一作者。

（二）海洋作业机器人关键技术分支及技术发展概况

表 1-1 为海洋作业机器人技术分支及分支含义的相关解释，依据现有的研究重点和难点展开，具体包括导航、通信和控制系统三个一级分支。以上三个一级分支均进一步细分出二级分支，在二级分支中，有缆通信、无缆通信和控制算法下还进一步细分出三级分支。

表 1-1　海洋作业机器人技术分支及解析

一级分支	二级分支	三级分支	技术分支解释
导航	航位推算导航		通过测量移动距离和方位推算下一时刻位置
	匹配导航		采用导航信息匹配技术，与载体已经存在的导航数据匹配，以估算出载体位置信息
	声呐导航		通过在水下布放基阵，利用声脉冲间的时间差或者相位差进行定位
	惯性导航		依据牛顿惯性原理完全依靠自身设备进行导航
通信	有缆通信	光纤通信	采用光纤缆绳实现信息传输
	无缆通信	非相干水声通信	用不同频率信号的能量变化或其组合来传输信息
		相干水声通信	利用信号的相位变化来传输信息
		正交频分复用 OFDM	多载波的相干通信
		其他通信方式	其他方式归入此类
控制系统	控制算法	常规算法	常规反馈控制、PID、模糊控制、滑模控制
		智能算法	神经网络、遗传算法
	系统架构		控制系统中控制信号输入、处理、输出所依托的硬件架构
	执行机构		在控制信号作用下执行受控运动的机构

1. 导航技术发展概况

海洋作业机器人在长时间、大航程的工作过程中，导航系统的精准是保证其安全稳定工作的关键。导航过程主要涉及机器人的定位与路径规划两个方面，定位的准确程度使机器人能够知道自己确切的位置和准确的环境地图，路径规划决定机器人能否顺利避开障碍物，并顺利抵达目标。但由于电磁波在水中信息传输的特性，在水中传播难以超过 100m，故而传统的高精度 GPS 导航定位系统不能应用于水下导航。为了应对海洋作业机器人的导航问题，经过多年的发展，众多学者相继提出并深入研究了航位推算导航、声呐导航以及应用广泛的惯性导航系统等[2]，上述导航方法各有优劣。

惯性导航系统是完全依靠自身设备进行导航的一种无源系统，20世纪初才发展起来，基本工作原理以牛顿力学定律为基础，利用陀螺仪建立空间坐标基准（导航坐标系），利用加速度计测量载体的运动加速度，将运动加速度转换到导航坐标系，再经过两次积分运算，最终可以确定出载体的位置和速度等运动参数。由于其与外界不发生任何联系，不受环境的干扰影响，从而能够在相对"封闭空间"内进行较高精度的导航，具有隐秘性好的优点。目前，惯性导航系统是水下导航最主要的导航方式之一[3]。

声呐导航系统最先应用于军事，由于海洋开发、探测以及资源开采的需求，后期逐步应用于商用、民用工程，在很长一段时间内都是一种主流的导航方法，因为这种方法有其他方法不可比拟的效果。但是它也受限于工作环境，在浅水区时水声定位所需要的声学设备会受到各种噪声的干扰，致使导航精度随着环境的不同而产生不同的结果，而且水声定位所用到的声学设备成本价格太高[4]。

航位推算导航是一种最为传统而且广泛使用的方法，早在16世纪航位推算法就已经被提出，但当时很少在水下使用。由于该方法简单、经济，目前仍然是水下导航重要的手段。海洋作业机器人只需配备深度计、速度计、姿态传感器等，在给定海洋作业机器人初始导航位置信息的前提下，通过推算系统完成推算就可构建一定精度、可靠、实时的水下自主导航系统。但航位推算导航精度有限，其导航精度受传感器数据测量精度影响比较大，且会存在累计误差，另外还比较容易受海况的影响。

匹配导航主要涉及地形和地磁匹配导航技术。机器人利用对环境的感知信息对现实世界进行建模，自动构建一个地图，并通过对观测的信息进行匹配来推算机器人的位置[5]。20世纪末多波束测探技术的出现才让地形匹配导航技术真正开始发展，其主要传感器测探测潜仪精度要求非常高。而我国在该领域技术方面起步较晚，发展较慢，在制造工艺方面相对落后，国产测探测潜仪目前还不能满足地形匹配导航的要求。地磁导航技术主要是利用地球磁场所形成的天然坐标系来完成对舰船的姿态控制和定位，具有简单、可靠的优势。世界上的军事强国一直以来都比较重视对地磁导航技术的研究。为了实现利用地磁场在空间和海洋进行自主导航，美国与英国联合研制了世界地磁模型。

2. 通信技术发展概况[6-7]

海洋作业机器人要实现工作，必须要求有感知系统，并通过遥控或自主操作的方式完成水下复杂环境中的作业任务，而对于海洋作业机器人在水下进行作业，必须通过通信系统对其进行控制才能实现正常作业。通信技术就是通过某些技术的支持实现良好的信息传递。就海洋作业机器人的通信技术而言，主要的方式有水声通信、电缆通信、蓝绿光通信以及庞大的通信系统构成的通信网络等。据此可将海洋作业机器人进行归类，分为有缆机器人和无缆机器人。有缆机器人使用范围受到极大的限制，不能完成很多复杂的浅水环境的工作。无缆机器人控制灵活，能够适应复杂的浅海环境中的各项探测考察任务，因此无缆机器人获得广泛的应用。

有缆通信主要应用于有缆水下机器人（ROV），其依靠母船与水下机器人进行连接的电缆进行通信，主要由操作控制台、电缆绞车、供电装置等水上设备和中继器，水下机器人本体等水下设备组成。有缆水下机器人都是遥控式的，根据运动方式不同可分为拖拽式、移动式和浮油式三种，但都是通过缆绳传递通信信号。目前，有缆通信主要集中在光纤通信方面，相对于无缆通信来看，有缆通信技术目前发展得更加成熟。

无缆通信主要应用于自主水下机器人（AUV），在没有人工进行实时控制的情况下，能够完全进行自主的决策，完成自己控制。目前无缆通信已从简单的遥控模式向监控式发展，由母船的控制器和水下机器人的控制器实行递阶控制，能够对收集的信息进行加工，建立环境和内部状态模型，操作者通过人和机器的交互系统，通过信号下达命令，并完成作业。无缆通信技术主要集中在水声通信方面，将声波作为传输信号的载波，在海水介质中实现信息的传输。水声通信系统的工作分为三个部分：一是信源编码，将文字、语音、图像等信息转化为数字化的信息；二是信道编码，在原始的比特信息中加入一些冗余比特，并交换比特数字信息的位置，使其成为适合信道传输的信息；三是调制发射，将数字信息通过调制后，成为适合信道传输的模拟信息，然后通过换能器，转换为声信号进行传输。当前的水声通信已从早期的单向信息传递到双向的信息传递，不仅能够从母船上向水下机器人进行信息传输、发布执行命令，机器人本身也能够将监测的温度、环境等多个参数数据进行上传，在声学传输上支持多种通信协议，可以实现模拟传感器数据、模拟输入信息或数字输入信息等信息的发送和接收。此外，还出现了光学与声学结合进行通信的应用，例如使用稳定或闪烁的 LED 光和使用图像屏幕（LCD、LED 等）以及光学投影来传送信息。此外，还能够通过通信技术与先进海底监测技术的结合进行勘探，提升水下机器人的性能。

3. 控制系统发展概况

海洋作业机器人控制难度较大，不仅其自身就是一个复杂的非线性系统，难以获得精确的数学模型和水动力系数，在搭载不同设备进行不同海洋作业时其运动模型还会改变，而且工作环境恶劣，风、浪、涌、流、深水压力等各种复杂的海洋环境对海洋作业机器人的运动和控制干扰严重。因此，海洋作业机器人控制系统设计需要较高的鲁棒性和在线调节能力。本文对控制系统进行技术分解，得到包括控制算法、系统架构和执行机构三项技术分支。

控制算法是基于受控系统的数学模型确定的控制规律。目前已经应用的海洋作业机器人的控制算法主要包括：比例积分微分（PID）控制、模糊控制、滑模控制、神经网络控制、遗传算法[9]。PID 控制简单实用，应用广泛，然而难以适应复杂非线性系统；

模糊控制鲁棒性强，适应非线性时变系统，然而会产生稳态误差和自激振荡，缺乏在线调整能力；滑模控制响应快速，对参数变化和扰动不灵敏，鲁棒性强，但是其会产生抖振现象；神经网络控制能够适应非线性系统，具有较强的自学习能力，然而神经网络控制系统的计算复杂，对控制系统硬件需求较高；遗传算法鲁棒性强，可在路径优化问题上求出全局最优解，且扩展性强，可与其他算法结合，然而，其收敛速度慢，局部搜索能力差，后期计算费时且无确定的终止准则，较为依赖经验信息。可见，现有的控制算法都具有各自的优缺点，需要根据自身的应用场景选择合适的控制算法。

系统架构是控制系统中控制信号输入、处理、输出所依托的硬件架构。早期海洋作业机器人主要是采用机械、液压控制元件进行运动、姿态控制。机械、液压控制元件结构复杂，体积较大，仅能实现较为简单的反馈控制。随着半导体技术的发展，基于半导体二极管、场效应管等半导体器件设计的模拟运算电路可以实现较为复杂的控制运算，然而模拟信号在多次加工、放大过程中信号电流波形会改变，容易失真，控制参数难以调整，并且若要实现较为复杂的控制运算，其基于模拟运算电路搭建的模拟控制器也会异常复杂。随着微电子技术的迅速发展，以微处理器为核心的数字电路控制逐渐成为包括海洋作业机器人控制系统在内的技术主流。数字控制电路基于模拟控制电路发展而来，其控制精度高、抗干扰能力强、功能强，可以实现非常复杂的控制规律运算。此外，可擦除存储设备的运用，使数字控制系统的控制算法可以根据软件程序调整，灵活性大，控制算法的实现相较模拟运算电路更加方便[10]。

执行机构是在控制信号作用下执行受控运动的机构。海洋作业机器人主要通过螺旋桨、泵喷机构、可调配重来调节自身姿态和运动，也可通过履带机构在海底面行走。随着机电控制技术的发展，各种执行机构变得越来越复杂、精巧，出现了包括矢量喷口、升力阵面、可变油囊等推进和浮力补偿机构，基于仿生学研究成果的摆动推进机构以及刀锋腿式海底行走机构，有效提高了海洋作业机器人的运动控制效率，增强了对于海洋作业环境的适应能力。

（三）研究对象和具体方法

本文以德温特世界专利索引数据库（DWPI）、中国专利文摘数据库（CNABS）为主展开检索，辅以 incoPat 商业软件结合分析，检索截止日期为 2019 年 7 月 1 日。基于涉及水下作业设备或水下舰艇的分类号 B63C 11/00、B63G 8/00 和涉及导航的分类号 G01C 21/00 及对应的部分下位组，分别结合海洋作业机器人（载人水下机器人、AUV、ROV 等）、导航（主要包括匹配导航、航位推算、惯性导航、声呐导航）、通信（光纤、非相干水声、相干水声等）、控制（PID 控制、模糊控制、神经网络控制等）的中英文关键词扩展，简单合并同族后共得到专利申请 1816 项。

二、专利申请总体情况

（一）全球专利申请情况分析

通过对全球专利数据的分析，绘制了海洋作业机器人在控制、通信、导航方面总的专利申请趋势。从图2-1可知，全球专利申请主要分为三个阶段：

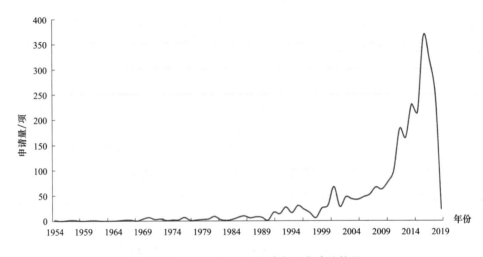

图2-1 海洋作业机器人全球专利申请趋势图

（1）技术萌芽期（1989年以前）

在1989年之前，全球每年仅有个位数的相关专利申请，申请的总体数量较少，增长也较为缓慢。其中，在这一阶段，专利的申请量有限，各国关于海洋作业机器人的专利较少，也缺乏代表性的专利技术。

（2）缓慢增长期（1990~2005年）

1990~2005年，专利申请量在波动起伏中实现了缓慢的增长。在这一阶段出现了关于海洋作业机器人的代表性专利技术，这主要与海洋作业机器人行业的发展有一定的关系。随着科技进步，全球对海洋深水的探索和开发的趋势不断强化，专利的申请量也随之增加。这一阶段，全球关于海洋作业机器人的专利申请量每年在二三十项，相对来看，专利的申请数量还较少。

（3）快速增长期（2006年以后）

2006年以后，关于海洋作业机器人的专利申请数量出现快速增长，从每年二三十项逐渐增加到每年300余项。这与机器人技术的快速发展和当前海洋大开发的热潮有关。海洋开发与机器人是具有广阔发展前景的技术领域，因此，相关科研机构和商业公司争相进行这方面的专利布局。

海洋作业机器人全球专利申请国家/地区分布如图 2-2 所示。虽然美国和日本一直是海洋作业机器人研发强国，在该领域的专利申请量和重要专利布局一直占据相对重要的位置，然而在近十几年，中国越来越重视海洋作业机器人的研发和应用，专利申请量也明显增加，且在全球申请总量中占据了越来越重要的位置。具体通过分析全球专利申请中各国专利申请量所占比例得出，中国的专利申请占比 37%，排名第一位；排名第二位和第三位的分别是美国和日本，其中美国占比 26%，日本占比 12%，另外，韩国、德国、俄罗斯、法国和英国依次占 7%、2%、2%、2%、2%。

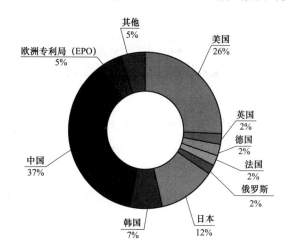

图 2-2　海洋作业机器人全球专利申请国家/地区分布图

（二）国内专利申请情况分析

由图 2-3 可以看出，海洋作业机器人中国专利申请趋势增长过程可以分为三个阶段。第一阶段（2000 年以前），我国海洋作业机器人专利申请还处于萌芽期，申请量极少，在海洋作业机器人方面的研究还处于初步探索阶段；第二阶段（2000~2010 年），专利申请量开始缓慢增加，在此期间，更多国内大学和研究机构开始投入研发，但研发基础能力还较薄弱；第三阶段（2011 年至今），进入申请量快速增长时期，国家提出"十三五"规划（2016~2020 年），党的十九大指出我国要加快海洋强国建设，对促进我

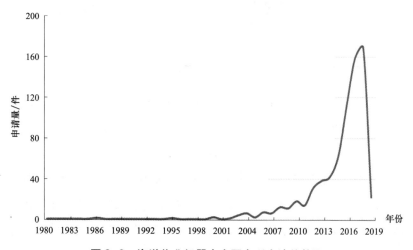

图 2-3　海洋作业机器人中国专利申请趋势图

国海洋作业机器人产业快速发展起到了良好的引导作用，专利申请量保持快速增长的态势。我国在该领域的研发蓬勃发展，自主研发的深渊设备使万米深海已不再是我国海洋科技界的禁区。

三、全球和国内重点申请人专利申请情况

（一）全球重点申请人分析

由表 3-1 可以看出，海洋作业机器人全球申请量排名前十名的申请人中，中国占 3 个，其他 7 个申请人均为国外申请人，国外重要申请人主要为三菱重工、美国海军部、IHI 株式会社、荷兰海底地质解决方案公司、美国海洋工程公司、德国阿特拉斯电子公司和法国地球物理公司。下面对国外重要申请人申请情况进行介绍。

表 3-1　海洋作业机器人全球排名前十位重点申请人

排序	申请人	专利申请量/项
1	哈尔滨工程大学	52
2	三菱重工	39
3	美国海军部	37
4	中国科学院沈阳自动化研究所	34
5	浙江大学	30
6	IHI 株式会社	25
7	荷兰海底地质解决方案公司	21
8	美国海洋工程公司	20
9	德国阿特拉斯电子公司	18
10	法国地球物理公司	18

三菱重工（MITSUBISHI HEAVY IND LTD），创始于 1884 年，至今已经有一百多年的历史，是日本最大的军工生产企业，其涉及海洋作业机器人控制的重要专利申请有 JP2019025928A、JP2017206154A、JP2016088348A、JP2013140449A、JP2013139185A 等。

美国海军部（THE UNITED STATES OF AMERICA AS REPRESENTED BY THE SECRETARY OF THE NAVY），每年投入数百亿美元用于海军舰船科技的研发工作，产生的许多科研成果及专利涉及国家安全或属于尖端科技范畴，其中大部分属于保密专利，其涉及海洋作业机器人方面的重要公开专利申请有 US8919274B1、US8437885B1。

IHI 株式会社（IHI CORP），曾称为"石川岛播磨重工业"，是日本一家重工业公

司，亦为日本重要的军事防务品供应商，其涉及海洋作业机器人的重要专利申请有 JP2019043289A、JP2018130998A、JP2018008537A、JP2018010335A、JP2017165333A、JP2015200925A 等。

荷兰海底地质解决方案公司（SEABED GEOSOLUTIONS B. V.），是著名海洋地球物理解决方案提供商法国 CCG 物探公司和荷兰辉固公司共同出资建立的海洋物探公司，总部位于荷兰海牙，在美国休斯敦和阿联酋迪拜设有办事处，其涉及海洋作业机器人的重要专利申请有 US20170137098A1、US20180222560A1、US20160046358A1、WO2016066719A1 等。

美国海洋工程公司（OCEANEERING INTERNATIONAL INC），是世界上最大的遥控潜水器制造商，提供海洋平台服务、海底硬件工程服务，也涉及美国国防、航空航天工程项目，其关于海洋作业机器人方面的重要专利申请有 US10336417B2、US201700959371A1、US10107058B2、US20170271916A1。

德国阿特拉斯电子公司（ATLAS ELEKTRONIK），是德国著名海洋防务公司，给多国潜艇和水面作战舰艇提供声呐、鱼雷和通信设备，其涉及水下作业机器人的重要专利申请有 WO20130568931A1、DE102014113984A1、DE10201310919A1。

法国地球物理公司（CGG SERVICES SA），是石油天然气行业设备及服务供应商，其总部位于法国，其在水下作业机器人方面也进行了大量的专利布局，代表性的专利申请有 AU2012314398A1、WO2016038453A1、US9487275B2、WO2014029789A1、WO2014122204A1，其专利主要集中于海洋地震的检测、应对、资源勘查等方面。

（二）国内重点申请人分析

通过分析国内申请发现，如图 3-1 所示，国内排名前十位的重点申请人集中在大学

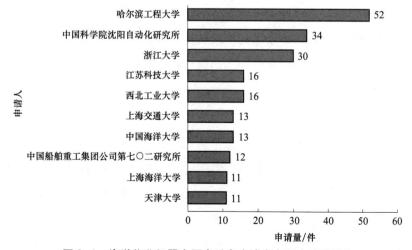

图 3-1　海洋作业机器人国内重点申请人专利申请量排名

和研究所，没有涉及企业，其中大学占 8 席，研究所占 2 席。排名第一位的哈尔滨工程大学拥有水下机器人技术国防科技重点实验室，该重点实验室面向国家海军装备建设和海洋发展战略的重大战略需求，在建设运行的十余年来不断创新技术和培养高层次人才，该校学生多次获得"国际水下机器人大赛"冠军。排名第二位的中国科学院沈阳自动化研究所设有水下机器人研究室，我国第一台有缆遥控潜水器和第一台无缆自治水下机器人均诞生于此，该研究所水下机器人（包括海洋作业机器人）各个阶段的技术成果代表了我国在这一技术领域的发展历程。特别是中国科学院沈阳自动化研究所与俄罗斯合作的 6000m 潜深的 CR-01 和 CR-02 系列预编程控制的水下机器人，已经完成了太平洋深海的考察工作，达到了实用水平。

由于引证频次可以在一定程度上客观反映出专利的重要程度，因而对国内重点申请人的专利数据进行引证频次分析。引证频次大于 15 且相关技术具有一定代表性的专利申请共 14 件，其中浙江大学有 5 件，哈尔滨工程大学有 4 件，上海交通大学有 3 件，中国科学院沈阳自动化研究所和天津大学各 1 件。

浙江大学于 2010 年提交的专利申请 CN101823550B，公开了一种海底观测网络节点平台。该平台包括盒体，盒体上装有使平台悬浮于海底的浮体以及与海底外接设备连接的接口，盒体内设有光电分离装置、接线板、高压电源腔体、低压电源腔体和控制系统腔体，接线板上设置有高电压湿插拔组件、光纤湿插拔组件、外接设备湿插拔组件。光电分离装置的输入端通过光电复合缆连接海岸基站，控制系统腔体通过外接设备湿插拔组件与海底外接设备通信连接。节点平台附近的海底外接设备可以通过外接设备湿插拔接头连接到节点平台上，从节点平台内获取不同电压的电能，可以和节点平台进行多种通信协议的数据交换，同时节点平台通过光电复合缆的光纤与基站进行数据交换，从而实现海岸基站和海底外接设备之间的实时通信。

哈尔滨工程大学在海洋作业机器人控制系统方面作出了多项深入研究。例如，哈尔滨工程大学于 2008 年提交的专利申请 CN101337578B，公开了一种三油囊调节的水下机器人及其定深控制方法。其中，三油囊调节的水下机器人包括艇体，在艇体艉部设有轴向主推力器，在艇体的艏、舯、艉部分别设有由油囊、储油罐和连接在油囊与储油罐之间的输油管道与油路控制机构组成的油囊浮力调节装置，获取深度、纵向速度、姿态角度信息的传感器安装在各自相应的部位。具体的定深控制方法包括通过相应传感器获取深度、纵向速度、姿态角度信息输入主控计算机，主控计算机根据这些信息发出指令决定静态下潜或运动下潜。若指令为静态下潜，艏油囊浮力调节装置、舯油囊浮力调节装置、艉油囊浮力调节装置同时从其油囊中抽油，减少油囊排水体积，使海洋作业机器人从总体上浮力小于重力，实现下沉；若指令为运动下潜，轴向主推力器开动，加速进入定速运动状态，艏油囊浮力调节装置的储油罐从艏油囊中吸油，减少艏油囊排水体积，从艉油囊浮力调节装置的储油罐向艉油囊内排油，增大艉油囊排水体积，海洋作业机器人从零纵倾变为艏重状态，轴向运动耦合埋艏运动，实现有纵倾下潜。静态上浮或运动上浮时，吸排油动作与之相反。

另外，哈尔滨工程大学于 2008 年还提交了一项专利申请（公告号为 CN101386340B），公开了一种船体检测水下机器人。该水下机器人包括水下机器人主体，在水下机器人主体上安装有环境感知设备、运动感知设备和运动执行设备，环境感知设备包括超声测厚仪、图像声呐、水下微光摄像机；运动感知设备包括光纤罗经、深度计；所述的运动执行设备包括导管螺旋桨、三自由度云台；所有设备接入水下机器人本体耐压舱内一台PC/104 计算机中；将控制程序嵌入 PC/104 计算机中，PC/104 计算机采集环境感知设备和运动感知设备信息后和水面主控计算机进行混合数据的大数据量网络通信，把水面主控计算机的控制指令输出给螺旋桨。当其作业时，可将 TV 的电视信号、图像声呐的声图像信号和测厚仪探测数据打包，经过光纤转换的网络信号，传至母船主控计算机。该系统采用了便于调试和监测的 Sever-Client 模式。机器人载体中自带水下工控机 PC/104，采用实时操作系统 VxWorks，整个程序嵌入在工控机中。水面控制机采用 Linux 下的 SGIPerformer 建立控制主程序及监控界面。两者通过光线传输的快速以太网进行数据传输，带宽可达到千兆。

上海交通大学于 2007 年提交的专利申请 CN101070091A，公开了一种深海太阳能潜水器。该潜水器包括潜水器主体、滑翔翼或太阳能电池板、主推进器和垂直稳定尾翼。滑翔翼或太阳能电池板安装于潜水器主体背部，主推进器设置在潜水器主体的尾部中纵轴内，还包括潜水器主体外部的透水壳。透水壳内有浮力调节系统、重心调节系统和耐压舱，其靠近头部位置有测速仪、深度计、声呐应答器，而其下部靠近艉部的位置有高度计，其下部靠近艉部的位置有声呐换能器。

四、海洋作业机器人关键领域技术路线及重点专利分析

（一）导航技术发展分析

1. 技术发展脉络分析

通过梳理不同时期的海洋作业机器人导航技术专利申请文件，从构成该技术的四个子分支（航位推算导航、匹配导航、声呐导航和惯性导航）进行技术演进分析，得到如图 4-1 所示的技术发展脉络图。

	2000年之前	2000~2010年	2011年至今
航位推算导航	**GB2215281A** 声呐系统包括一个双视场反射器或一个测高元件和一个双频分类器 **WO9200220A1** 沿着声呐的搜索光线自动或手动遥控搜索单元明向选定对象	**WO02084217A2** 使用多普勒速度计和罗盘的航位推算	**KR101435106B1** 应用扩展卡尔曼滤波器实时估计位置 **JP2017105306A** 误差设定初始目标，通过模拟仿真计算最佳路径 **US20190127034A1** 结合激光雷达系统再使用高级航位推算系统以减少误差设定初始目标，通过模拟仿真计算最佳路径
匹配导航	**JP10054732A** 通过惯性导航装置、多层多普勒电流计和修正算术装置测量	**US7798086B2** 水下航行器具有地形轮廓匹配系统	**US20140152455A1** 获取重力梯度和磁场梯度，结合地理测量点点数据进行地球物理分析 **US9746444B2** 几何磁系这种被动导航技术能够至少与地磁匹配或地磁通过速度实现
声呐导航		**JP2005246578A** 通过超声波声呐获得周围的状态 **US20090031940A1** 窄波束声呐阵列安装在轴对称馈线系统上，并包括多个换能器	**CN103057679A** 定位系统包括多普勒速度声呐、超短基线换能器、超短基线处理机等 **CN106428485A** 采用光学与声学的双向导引对接，提高定位精度和对接长距离对接引导能力
惯性导航		**JP2006224863A** 惯性传感器由3轴加速度传感器和陀螺仪构成 **CN101436074A** 惯性导航子系统中的传感器包括光纤陀螺仪、加速度计和数字罗盘	**CN105159320A** 通过北斗定位模块和姿态仪初始定位，根据姿态仪修正陀螺仪偏差 **CN108163164A** DSP光纤陀螺捷联式惯性导航系统

图4—1 海洋作业机器人导航技术发展脉络图

从图 4-1 中可以看出，航位推算导航方面朝着更复杂化、精度更高的方向发展。最初的航位推算导航中仅使用加速度计、磁罗盘、陀螺仪等，为了提高导航精度，逐渐加入其他探测设备，或优化算法，或非相似导航的组合等以进一步减小误差。

在匹配导航方面，水下机器人的匹配导航包括多种辅助导航技术，近年的研究热点主要集中在地形匹配、地磁匹配和重力匹配导航技术，而早期的匹配导航中运用算法较单一，导致匹配导航技术面临精度和可靠性不高的问题。由于水下环境的复杂性，需要通过不断优化算法、建立模拟仿真系统等方式提高匹配精度。

在声呐导航方面，随着 20 世纪 70 年代后开始形成的民用水下定位需求和军用定位导航需求，逐渐出现长基线、短基线和超短基线等水下定位系统，但采用上述系统的导航方式需要在预定工作海域布设导航基阵，在复杂的海洋环境受到较大的局限。另一类采用声学测速设备，包括声相关速度声呐和多普勒声呐两种，声相关速度声呐在浅水、低速情况下测速效果一般不佳，误差较大，而多普勒声呐是近年来水下机器人最常用的，也是最可靠的水声测速设备。

在惯性导航方面，由于其最主要问题是随着航行时间的增大，其误差也不断增大，因而该方法一直需要采用其他系统对航行位置进行修正，空间、能源和成本都导致该方法受到较大的限制。但是，近年来，研究重点主要集中在提高光纤、激光等新型陀螺的精度，因此惯性导航设备的成本、体积、精度、可靠性、能耗指标均得到了较大改善。

2. 重点专利分析

通常可以从引用频次和同族数量等维度评价专利的重要性，以下为导航技术领域具有代表性的重点专利申请。

（1）航位推算

由于航位推算导航精度有限，为进一步提高其在水下导航的精度，通常对航位推算的算法进行改进或结合其他导航部件进行完善。

申请人首尔科学技术大学校产学协力团于 2012 年 11 月提交的专利申请 KR101435106B1，公开了一种水下机器人的定位系统。如图 4-2 所示，该定位系统中包括了位置估计装置（140）和航位推算计算部分（142）等，其中位置估计装置（140）包括惯性测量装置（141a）和压力传感器（142b），航位推算计算部分（142）计算水下机器人（100）运行的由编码器（130）提供的累积距离，使得水下机器人（100）准确到达预期的位置。扩展卡尔曼滤波器利用运动学的关系，消除水下机器人在水平方向上累积的移动距离误差，能够防止水下机器人偏离预定路径。

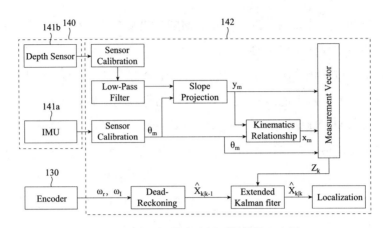

图 4-2　水下机器人位置测量装置示意图

（2）匹配导航

相对而言，匹配导航能够克服传统导航技术中需不断更新修正数据、隐蔽性差等缺陷，在拥有完善且能够及时更新电子海图的前提下，海底地形匹配导航是非常高效和高精度的导航方式。

艾尼股份公司于 2011 年 10 月提交的 PCT 专利申请 US20140152455A1，公开了一种用于采集地球物理学数据的自安装的水下航行器，优先权日为 2010 年 10 月。该自安装的水下航行器包括磁力梯度仪（4），磁力梯度仪（4）由 3 个标量磁力计（12）组成，3 个标量磁力计（12）定位在航行器外壳（1）一体的特定支座（11）上一定距离处。同时，该水下航行器还包括在其内部设置的重力梯度仪 Tzz（5）、供电系统（7）和可编程的控制系统（6），重力梯度仪能够揭示不能在水面上测量的重力异常，磁力梯度仪能够提供具有低扰动和高精确度的技术。通过采集存储由重力梯度仪和磁力梯度仪等收集的与地理测量点相关的数据来完成下层土的地球物理学分析（参见图 4-3）。

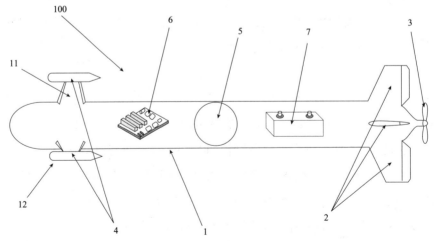

图 4-3　自安装的水下航行器剖视示意图

（3）声呐导航

电磁波在水中衰减很严重，许多工作需要由声波来完成。水中声呐就如同空气中的雷达，图像声呐、多普勒声呐、定位声呐等多种声呐导航技术不断更新，国内声呐技术的迅速发展也逐渐开始引起世界上一些海洋作业机器人制造公司的重视。

中国船舶科学研究中心于2016年11月提交的专利申请CN106428485A，公开了一种用于长距离声光双向导引捕获回收AUV的新型潜水器。如图4-4所示，潜水器包括支撑框架（1），作为潜水器设备支撑安装的载体，起到保护潜水器上的设备的作用。支撑框架（1）具有可容纳AUV（11）的套腔，支撑框架（1）中安装有水平推进器（2）、垂直推进器（3）、固定夹紧机构（9）及声学收发换能器（6），AUV（11）置于支撑框架（1）中后，固定夹紧机构（9）将AUV（11）夹紧；AUV（11）的端部设有与声学收发换能器（6）对接的声学应答器（12）；支撑框架（1）中还安装有控制器（4），声学收发换能器（6）、水平推进器（2）及垂直推进器（3）均与控制器（4）连接；AUV（11）根据声学应答器（12）的信号，修正自身的前进方向以与潜水器对接。其中，水平推进器（2）包括设置在潜水器支撑框架（1）上的多个，左右、前后均设有，可以实现潜水器的水平面的前进与转向，垂直推进器（3）设置在支撑框架（1）的上下两侧，实现潜水器的升沉运动。

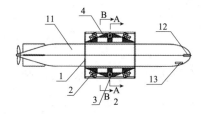

（a）潜水器剖视图示意图（AUV不剖）

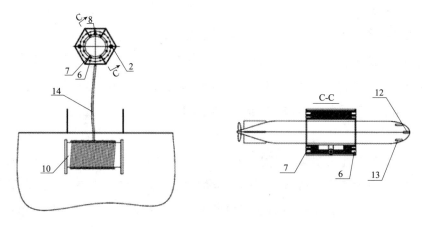

（b）潜水器右视图及C-C剖视图

图4-4 用于长距离声光双向导引捕获回收AUV的新型潜水器

（4）惯性导航

惯性导航是所有导航体系之中唯一真正意义上能够实现自主导航的系统，但其主要问题在于精度能满足要求时，往往价格过于昂贵，定位误差随时间而增大，长期精度差。

株式会社日立制作所于 2005 年 2 月提交的专利申请 JP2006224863A，公开了一种用

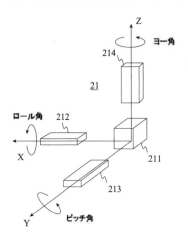

图 4-5　惯性传感器的布置说明示意图

于水下航行器的位置姿态控制装置和方法。如图 4-5 所示，该水下航行器配备有惯性传感器（21），其包括的三轴加速度传感器（211）在前后方向（X 轴）、左右方向（Y 轴）和上下方向（Z 轴）这三个垂直的方向上具有灵敏度，三个陀螺仪（212、213、214）用于监测三个轴向方向上的角加速度，即绕 X 轴的角加速度（滚动率）、绕 Y 轴的角加速度（俯仰率）和绕 Z 轴的角加速度（偏航率）。首先，三轴加速度传感器（211）检测在平行于三个正交轴的方向上的加速度，其次，陀螺仪（212、213、214）分别检

测水下航行器的滚动、俯仰和偏航率。

（二）通信技术发展分析

1. 技术发展脉络分析

通过对各个时期的海洋作业机器人通信技术专利申请文件进行分析和梳理，从构成海洋作业机器人通信技术的两个子分支进行技术演进分析，得到如图 4-6 所示的专利技术演进路线。从图 4-6 中可以看出，海洋作业机器人控制技术大致经历了如下发展：

在有缆通信方面，从 1990 年以前的常规有缆通信发展到后来的水下光纤通信和 ROV 有缆 RF 传输通信，到 2006 年以后出现了水下实时探查装置，使水下通信的质量和速度以及稳定性有了进一步的提高，而且在通信协议 TCP/IP 方面有了进一步的发展。整体来看，相对于无缆通信而言，有缆通信技术目前发展得更加成熟。

在无缆通信方面，主要通信专利还是应用于 AUV，在没有人工进行实时控制的情况下，能够完全进行自主的决策，完成自己控制。早期的无缆通信主要依赖于水下无线视频实时通信技术和水下水声通信结合 GPS 定位技术。到后期，水声通信出现了更加复杂的应用，例如采用水声通信进行海底开发监测、多传感器多接收的 AUV 无线通信。当前的水声通信以从早期的单向信息传递到双向的信息传递，不仅能够从母船上向水下机器人进行信息传输、发布执行命令，机器人本身也能够将监测的温度、环境等多个参数

数据进行上传，在声学传输上支持多种通信协议，例如 OOK、FSK 等，可以实现模拟传感器数据、模拟输入信息或数字输入信息的发送和接收。此外，还出现了光学与声学结合进行通信的应用，例如使用稳定或闪烁的 LED 光和使用图像屏幕（LCD、LED 等）以及光学投影来传送信息。此外，还能够通过通信技术与先进海底监测技术的结合进行勘探，提升水下机器人的性能。

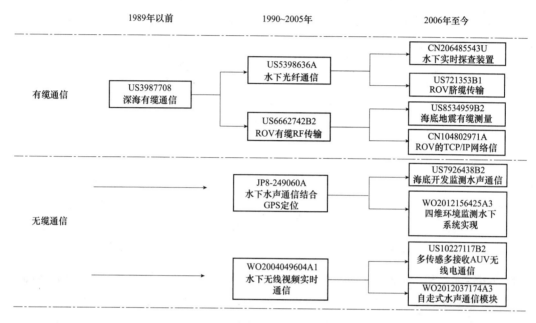

图 4-6　海洋作业机器人通信技术发展脉络图

总的来看，有缆通信相对发展比较成熟，而目前的研究主要集中在无缆通信方面，一方面是将水声通信与其他无线通信技术相结合，强化通信效果；另一方面是将水声通信从应用的角度进行拓展，与多个其他元件组合进行工作，提升综合通信能力。

2. 重点专利分析

通常可以从引用频次和同族数量等维度评价专利的重要性，以下为通信技术领域具有代表性的重点专利申请。

（1）有缆通信

申请人美国海军部于 2016 年提交的专利申请 US5398636A，公开了一种新型横向臂式光缆捕获机构实现水下光缆耦合的系统，如图 4-7 所示。潜艇（10）具有连接于该系统上的后端端部的第一光纤缆线（20）、水下交通工具（30），例如自主式潜航器 AUV 具有与其第一端相对的端部，该端部与第一光纤缆线（20）连接，水下交通工具（30）具有装置（35），其用于响应海底自走装置（25），从而实现对水下交通工具（30）的导航和操控，光缆能够实现发送适当信号，该信号从水下交通工具（30）中的检测装置（32）传送至潜艇（10）。

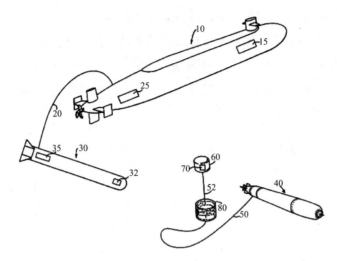

图 4-7　水下光缆耦合系统示意图

申请人浙江省水利水电勘测设计院于 2016 年提交的专利申请 CN206485543U，公开了一种水下实时探查装置，如图 4-8 所示，包括移动工作站、通信电缆和海洋作业机器人。移动工作站主要包括电脑主机，电脑主机（101）通过通信电缆（2）和水下作业机器人（3）相连接，通信电缆（2）为移动工作站和水下作业机器人（3）建立通信，水下作业机器人（3）包括有动力系统、控制系统、传感器系统、图像系统和 2 套蓄电池，水下作业机器人（3）配置了 6 个水下推进器，可完成水下 6 个自由度的任意方向矢量移动，具有快速灵活运动且运动稳定、航向精准保持和位置悬停等优点，具备良好的水下观测平台，并解决了现有小型海洋作业机器人水下姿态不够稳定、线缆没有零浮力设计、没有实时通信接口的技术问题，尤其适合水利工程领域中各类水泵、闸门的复杂水下隐患探查及故障探查。

（2）无缆通信

申请人普拉德研究及开发股份有限公司（Schlumberger Technology Corporation）于 2007 年提交的专利申请 US7926438B2 公开了一种无线通信水下机器人装置，如图 4-9 所示。该系统可以用于水下资源勘探、监测、维护和施工作业等，可以适应 ROV、AUV 和其他自主、半自主移动机器人，该系统包括通信站（11）、通信浮标（21）、对接站（13）、高空通信中继装置（22）、维护机器人（30）以及系统服务机器人载体，如遥控潜水器等。通信站（11）连通属下环境中的机器人装置，在大气中利用电磁信号进行通信，而水下通信链路则主要依靠采用低频声信号，从而实现在从陆地基站发送命令到机器人装置，同时也可以将环境状况和状态的数据等信息传回陆地或母舰。该装置系统主要是利用低频声信号实现水下无线通信信号的传输。

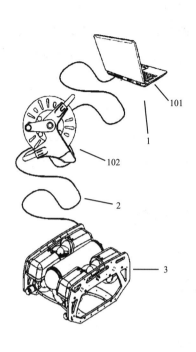

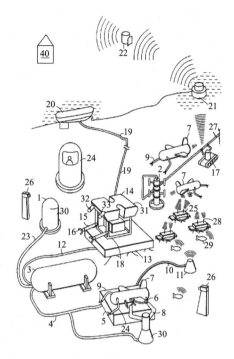

图 4-8　水下实时探查装置示意图　　　图 4-9　无线通信水下机器人装置示意图

　　申请人艾尼股份公司（Gasparoni Francesco）于 2012 年提交的专利申请 WO2012156425A3 公开了一种用于 4D 环境监测的自主水下系统，如图 4-10 所示。其具有综合水下站点（101）、至少一个模块式自主水下机器人（102），所述机器人在待被监测区域（107）内沿着指定路径（106）运动，还具有能连接到所述机器人（102）的至少一个外部仪器设备模块，综合水下站点（101）和所述机器人（102）之间的接口系统由无线通信装置构成，由该无线通信装置实现机器人（102）和站点（101）之间的数据通信，从而实现将由传感器测量的温度、导电性、溶解氧饱和度、浊度、pH、溶解气体浓度等数据实现传输交换。

　　申请人伊斯特林公司（Jacob Easterlinq）于 2017 年提交的专利申请 US10227117B2 公开了一种用于辅助潜水员的自主水下航行系统，如图 4-11 所示，包括自主水下航行器 AUV，其具有 AUV 声学收发器（38、40），多个 AUV 传感器（24），推进单元（42）等。AUV 可以使用多种技术与潜水员进行通信。在声学上，该系统支持多种通信协议（如 OOK、FSK 等），可以实现模拟传感器数据、模拟输入信息或数字输入信息等信息的发送和接收。在光学上，可以使用光（例如稳定或闪烁的 LED）来发送信号，可以使用图像屏幕（LCD、LED 等）以及光学投影来传送信息，AUV 可以使用光学指示器向潜水员传输诸如电池寿命、氧含量水平、可用时间等由 AUV 传感器（24）检测和分析的相关信息。潜水员身上或附近携带的传感器（64）还可以将监测到的潜水员的生命体征信息（例如心率）传送至 AUV。此外，传感器（64）还可以检测罐内空气压力、深度数据、加速度数据等。在实现传输方面，AUV 以周期性间隔发送频率不同于潜水员用于检测的脉冲串的超声脉冲串。在发送信号时，AUV 启动回波定时器，计算在发射和随后的反射之间的时间延迟，一旦 AUV 接受到响应，进而可以计算到反射邻近对象的距离。多个反射可以反映出附近的多个物体，通过多路复用声换能器电路实现跟踪和障碍物检测。

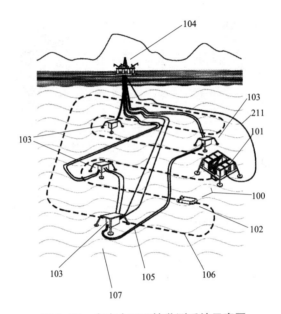

图 4-10　自主水下环境监测系统示意图

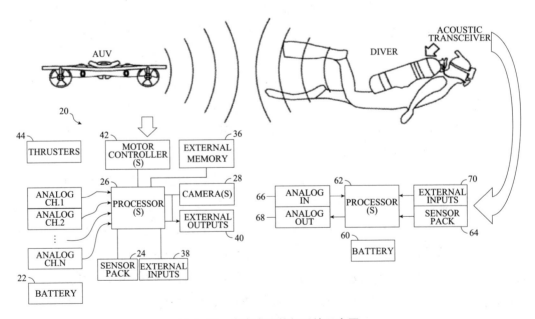

图 4-11　自主水下航行系统示意图

申请人因库博实验室公司（Incube Labs Llc）于 2011 年提交的专利申请 WO2012037174A3 公开了一种自走式用于监测浮标的水下物体的系统，如图 4-12 所示，可以实现对水下机器人、潜艇等水下物体进行监测，浮标能够自行推进并实现检测。其包括一个或多个信号处理设备、浮标（100）、声学通信模块（102）、通信设备（90），浮标（100）包括耦合到水下机器人的声学通信模块（102）、监视模块和推进控制器，通信模块（102）通过与水下机器人（80）的通信设备（90）建立关联从而实现声学通信，通信设备（90）可以包括水下使用的计算机、潜水计算机、潜水手表、智能手机、个人数字助理（PDA）、声呐设备等。浮标（100）包括带有声学发送器和接收器（103）的声学通信模块（102），其可以与水下机器人（80）通过发送器和接收器（103）进行通信，发送器和接收器（103）可以包括单个声学元件（103′）或分离的声学元件（103′），声学通信模块（102）与通信设备（90）建立连接或链接，通信设备（90）可以发送唯一标识或标记符的信号通知来实现通信，标记符为声学标签，声学通信可以是连续的，也可以以脉冲等离散形式存在，浮标（100）还可以通过各种声呐方法确定位置信息（114），例如利用信号飞行时间和波束形成等信息。

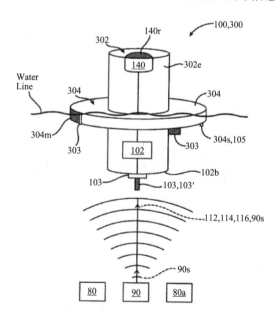

图 4-12　自走式用于监测浮标的水下物体示意图

（三）控制系统发展分析

1. 技术发展脉络分析

通过对各个时期的海洋作业机器人控制技术专利申请文件进行分析和梳理，从构成海洋作业机器人控制技术的三个子分支进行技术演进分析，得到如图 4-13 所示的专利技术演进路线图。从图 4-13 中可以看出，海洋作业机器人控制技术大致经历了如下发展：

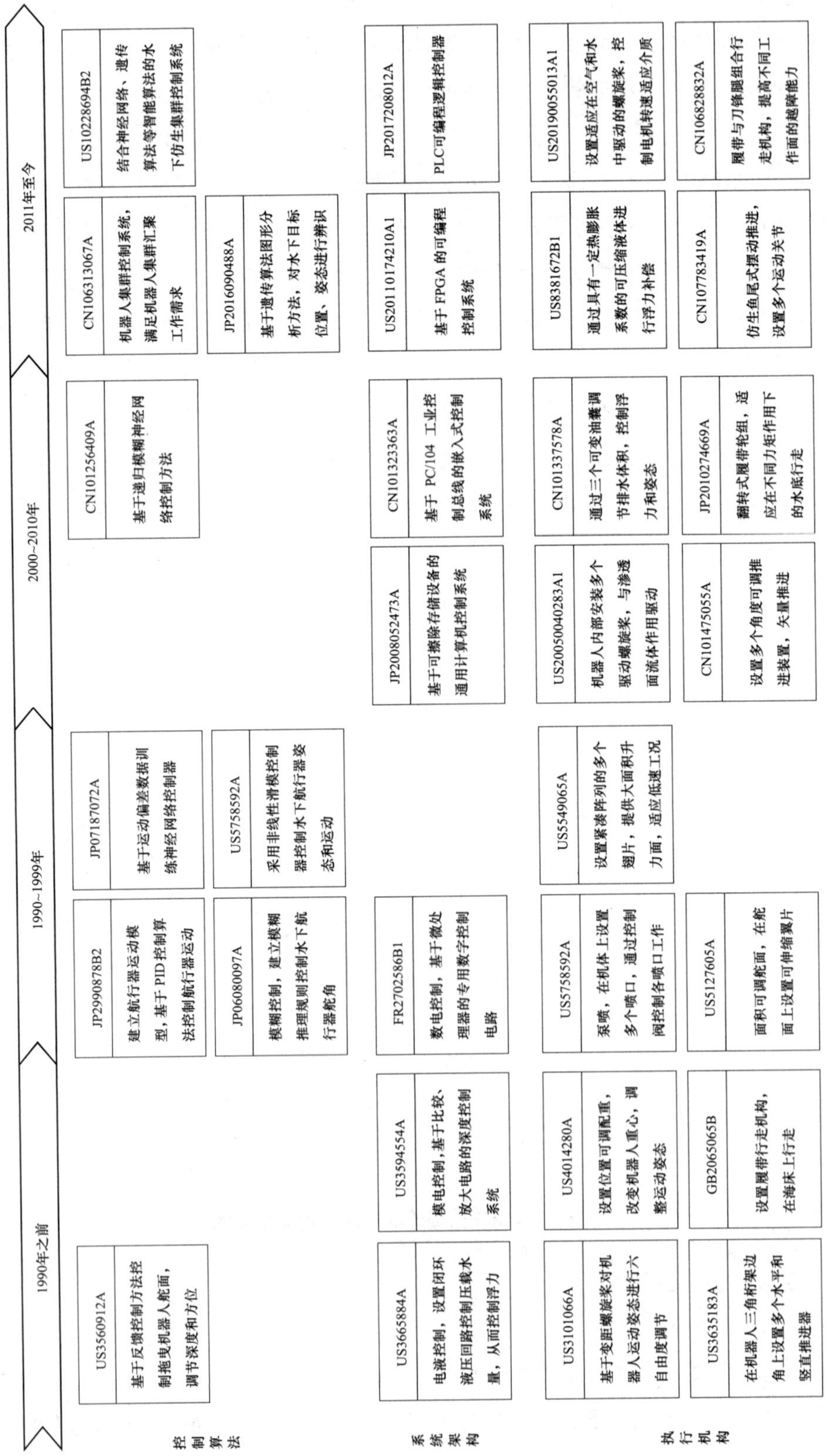

类别	1990年之前	1990~1999年	2000~2010年	2011年至今
控制算法	US3560912A 基于反馈控制方法控制拖曳机器人舱面，调节深度和方位	JP2990878B2 建立航行器运动模型，基于PID控制算法控制航行器运动；JP06080097A 模糊控制，建立模糊推理规则控制水下航行器舵角；JP07187072A 基于运动偏差数据训练神经网络控制器；US5758592A 采用非线性滑模控制器控制水下航行器姿态和运动	CN101256409A 基于递归模糊神经网络控制方法	CN106313067A 机器人集群控制系统，满足机器人集群汇聚工作需求；JP2016090488A 基于遗传算法图形分析方法，对水下目标位置、姿态进行辨识；US10228694B2 结合神经网络、遗传算法等智能算法对水下仿生集群进行控制的系统
系统架构	US3594554A 模电控制，基于比较放大电路的深度控制系统	FR2702586B1 数电控制，基于微处理器的专用数字控制电路	JP2008052473A 基于可擦除存储设备的通用计算机控制系统；CN101323363A 基于PC/104工业控制总线的嵌入式控制系统	JP2017208012A PLC可编程逻辑控制器；US2011017 4210A1 基于FPGA的可编程控制系统
执行机构	US3101066A 基于变距螺旋桨对机器人运动姿态进行六自由度调节；US3665884A 电液控制，设置闭环液压回路控制压载水量，从而控制浮力；US3635183A 在机器人三角桁架边角上设置多个水平和竖直推进器；GB2065065B 设置履带行走机构，在海床上行走	US4014280A 设置位置可调配重，改变机器人重心，调整运动姿态；US5127605A 面积可调舵面，在舵面上设置可伸缩襟片；US5549065A 设置桨叶阵列的多个翅片，提供大面积升力，适应低速工况；US5758592A 泵系，在机体上设置多个喷口，通过控制各喷口阀门控制运动	US2005004283A1 机器人内部安装多个驱动螺旋桨，与渗透面流体作用力；CN101475055A 设置多个角度可调推进装置，矢量推进；CN101337578A 通过三个可变油囊调节排水体积，控制浮力和姿态；JP2010274669A 翻转式履带轮组，适应在不同工作面使用下的水底行走	US2019005013A1 设置适应在空气和水中驱动的螺旋桨，控制电机转速适应介质；US8381672B1 通过具有一定热膨胀系数的可压缩液体系统进行浮力补偿；CN107783419A 仿鱼尾式摆动推进，设置多个运动的关节；CN106828832A 履带与刀锋腿组合行走机构，提高不同工作面的通障能力

图4-13 海洋作业机器人控制技术专利演进路线图

（1）控制算法朝着复杂化、智能化的方向发展。最初的控制算法通常是基于简单负反馈控制的闭环控制系统，有的也直接采用开环控制。20 世纪 80 年代末 90 年代初，人们开始将基于水动力理论建立的水下航行器运动模型与逐渐发展成熟的各类常规控制算法相结合，例如常规的 PID 控制、模糊控制等，有效提高了海洋作业机器人的控制水平。同一时期，以人工神经网络为代表的智能控制算法也开始被应用到海洋作业机器人控制技术中，出现了基于运动偏差数据训练的海洋作业机器人神经网络控制器的专利申请。神经网络控制器的应用极大地提高了海洋作业机器人的自治能力，海洋作业机器人控制技术进入智能时代。进入 21 世纪，人们通过将神经网络与传统的 PID、模糊控制、滑模变结构控制相结合[11]，实时调整控制器参数，使得系统在具有良好动态特性的同时还兼具较高的鲁棒性。近年来，基于智能控制算法的 AUV 集群控制逐渐成为研究热点，AUV 集群能够在控制中枢的控制下，实现信息共享、编队协同和任务动态分配，发挥不同 AUV 的作业优势，有效提高水下作业效率[12]。此外，遗传算法等新型智能算法也逐渐应用到海洋作业机器人的运动控制、路径规划和动态避障过程中，海洋作业机器人对于复杂海洋环境的适应能力越来越强。

（2）在控制系统架构方面，尽管各类控制系统现在都保持着旺盛的生命力，但总体来看，仍朝着数字化、集成化的方向发展。早期的机械、液压、电液控制系统结构复杂，体积庞大，造成海洋作业机器人体积臃肿，控制难度大，并且控制系统的自动化程度较低，仅能实现开环和简单反馈控制，难以适应复杂的海洋环境。随着半导体技术的发展，基于半导体器件设计的模拟运算电路使得复杂的控制运算得以实现。然而，模拟信号在多次加工、放大中容易失真，实现复杂控制运算的模拟控制电路也异常复杂，并且模拟电路功耗较高，难以满足海洋作业需求。20 世纪 80 年代末 90 年代初，以微处理器为核心的数字电路控制系统逐渐应用到海洋作业机器人控制系统中，并迅速成为技术主流。数字控制电路控制精度高、抗干扰能力强、集成度高、可靠性好，可以实现复杂控制运算，然而此时数电控制系统通常是根据需求设计的专用数字控制电路（ASIC），扩展性和通用性较差，难以对控制算法进行调整。进入 21 世纪，人们开始尝试将基于可擦除存储设备的通用计算机控制系统应用到海洋作业机器人控制中，通用计算机控制系统的控制程序能够根据需求实时更改，灵活性强，控制参数调整十分方便。与此同时，采用 PC/104 总线、CAN 总线等工业控制总线的嵌入式工控机也得到广泛应用，同通用计算机控制系统相比，嵌入式系统只针对特定任务，可靠性好，能够有效降低成本、尺寸，非常适合内部空间狭小的海洋作业机器人。为了满足人们对编程灵活性和控制器性能的多重需求，以 PLC、FPGA 为代表的可编程器件也开始应用到了海洋作业机器人的控制系统中，PLC 可靠性高，而 FPGA 处理速度极快，二者都可以实现无限重新编程，其在海洋作业机器人控制系统中均具有广阔的应用前景。

（3）控制系统的执行机构则呈现百花齐放的发展态势，机构设计越来越多样、精巧。早期，变距螺旋桨、多点设置的固定推进器和重心调节配重是实现海洋作业机器人运动姿态的主要手段，还出现了基于履带装置的海底行走机构。进入 20 世纪 90 年代，泵喷技术逐渐成熟，人们在机体上设置多个喷口，单泵驱动，通过控制阀件控制各喷口协同工作，实现机器人在各个自由度上的运动。为了适应低速工况下海洋作业机器人的平稳运动，出现了设置在机器人外部机体的翅片阵列或栅格舵，可以在低速工况下提供大面积的升力面。而为了对单个舵面的升力面积进行调整，出现了基于可伸缩翼片的面积可调舵面。进入 21 世纪，控制执行机构发展更加迅速，有人将涵道螺旋桨安装在海洋作业机器人内部，通过在机体表面设置渗透面，流体通过渗透面进入螺旋桨涵道作用推进，改善海洋作业机器人水动力性能。矢量推进技术也在这一时期在海洋作业机器人上实现了成熟运用，通过直接调整推进器的推进方向，从而对机器人整体运动姿态进行调整，使得机器人可以在狭小运动空间中灵活调整姿态。同时，可变油囊技术的应用提高了浮力调节的快速性和可靠性，翻转式履带轮组在海底行走机器人上的应用改善了机器人对海底地形环境的适应能力。近年来，海洋作业机器人控制执行机构发展更加迅猛，有人尝试使用具有一定热膨胀系数的可压缩液体进行浮力补偿，取得了良好的控制效果；仿生设计也开拓了人们对于水下运动的思路，设置多个机械摆动关节的仿生鱼尾摆动推进装置也得到了实际运用；甚至还出现了可以同时适应在空气和水中同时作用的螺旋桨，通过控制电机转速、改善整体结构设计，实现在不同介质中进行跨介质运动；而履带和刀锋腿组成的组合行走机构使得机器人在海底不同工作面的越障能力进一步提升。

综合上述对海洋作业机器人控制系统涉及的三个技术分支发展的论述，我们可以看出，尽管各领域技术发展演进规律和速度并不相同，但总体节奏保持一致。20 世纪 90 年代之前海洋作业机器人的控制技术已经得到了较为充分的发展，但此时的控制系统控制算法简单，控制架构复杂，执行机构也不成熟，属于海洋作业机器人控制技术的发展初期。20 世纪 90 年代到 21 世纪的前十年是海洋作业机器人控制技术发展的成熟时期，得益于数字电路和工业计算机技术的进步，在海洋作业机器人中可以实现各种较为复杂的控制计算；人工神经网络的运用给海洋作业机器人的控制技术带来了革命性的变化，机器人的水下自治能力得到有效提升；通用计算机和总线工控机可以适应不同的控制需求，而矢量推进技术也提高了海洋作业机器人的水下机动能力。2011 年至今是海洋作业机器人控制技术的快速发展时期，海洋作业机器人集群控制技术的成熟提高了海洋作业能力和效率，PLC 和 FPGA 的快速发展使得机器人的控制架构更加精简，集成度更高。各种新型执行机构的出现也丰富了海洋作业机器人的控制手段，人们对海洋作业环境的适应能力正变得越来越强。

2. 重点专利分析

通常可以从引用频次和同族数量等维度评价专利的重要性，以下为控制技术领域各技术分支具有代表性的重点专利申请。

　　申请人日本冈山大学于 2014 年 11 月提交的专利申请 JP2016090488A，公开了一种水下航行器控制系统。如图 4-14（a）所示，该专利公开了一种能准确地识别物体形状并能对水下航行器（10）进行位置和姿势精确控制的水下航行器控制系统。该控制系统（100）包括图像输入单元（21），用于接收水下航行器设置的复眼照相机（2）成像的图像；模型存储单元（22），用于存储包含目标对象的特征信息的模型；匹配计算单元（23），用于计算预定的匹配函数，以确定关于输入图像对模型的匹配度；遗传算法执行单元（24），基于匹配函数执行遗传算法，创建对象的遗传信息并给出指令电压，控制水下航行器推进系统（3）输出的推力，实现对水下航行器的位置和姿态的精确控制。如图 4-14（b）所示，经过多代演进后，输入图像与模型匹配度达到最高，水下航行器到达预定位置。

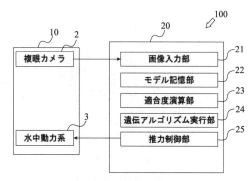

（a）水下航行器控制系统示意框图

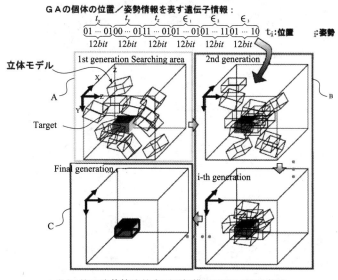

（b）基于遗传算法的水下目标模型匹配过程示意图

图 4-14　一种水下航行器控制系统

美国个人申请人 Bruce H. Storm 和 Lance I. Fielder 于 2012 年 2 月提交的专利申请 US2012210926A1 公开了一种直流驱动的 ROV 及其脐带系统。如图 4-15（a）所示，该专利公开了包括母船设备在内一整套采用直流电源驱动的 ROV 系统，由母船（15）上设置的缆绳释放回收系统（LARS）将 ROV（100）以及与 ROV 同时部署的系绳管理系统 TMS（50）同时释放在海中进行作业。如图 4-15（b）所示，整套 ROV 系统控制系统分为三个子系统，均采用 PLC（305v/305t/305r）作为主控制器，分别对包括 LARS 在内的水面设备、TMS 以及 ROV 本体进行控制。水面控制台的 ROV 操作员发出的操作指令由 PLC（305v）转换为控制信号后，控制 LARS 绞盘（31）进行缆绳收放，调整 TMS 在水下的位置，并且控制信号经双工器 DIX（315v）将直流功率信号和控制信号合并为复合信号，经由脐带（200u）将复合信号传输至 TMS 以及 ROV。TMS 的 PLC（305t）在接收到 DIX（315t）分离出的控制信号后控制 TMS 的绞盘（51）进行缆绳收放，调整 ROV 在水下的位置。ROV 的 PLC（305r）经脐带（200t）接收到 DIX（315r）分离出的控制信号后，控制 ROV 各执行机构执行水下机动。

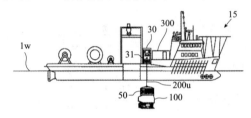

（a）包括母船设备在内的 ROV 系统示意图

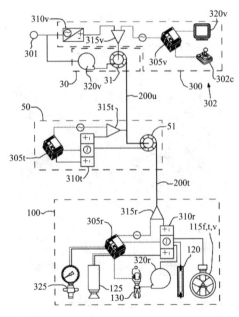

（b）ROV 与母船和 TMS 之间的电源、数据通信示意图

图 4-15 一种直流驱动的 ROV 及其脐带系统

　　申请人美国约翰斯·霍普金斯大学于 2018 年 8 月提交的专利申请（公开号：US20190055013A1），公开了一种可以在介质间跨越的航行器控制系统。如图 4-16（a）、（b）所示，该专利公开了一种可以在大气（300）和水中（310）进行跨介质运动的航行器（100），包括经过特殊设计的螺旋桨（110）、可快速变速的高速电动机（115）、控制电路（150）、致动器（120）、飞翼（105）、襟翼（125）以及内部设置的多种传感、导航、存储设备。控制电路可操作地连接电动机并通过致动器连接襟翼，接收用于该航行器进行跨介质运动的控制指令，经过控制电路计算获得航行器在跨介质运动时的混合轨迹，并根据混合轨迹控制电动机和襟翼操纵航行器进行跨介质运动。

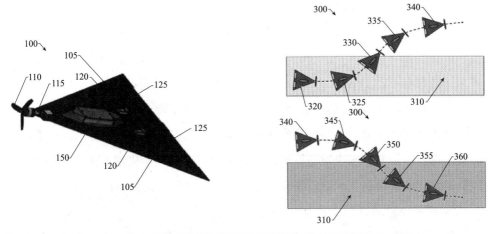

（a）跨介质航行器外观以及其进行跨介质运动示意图

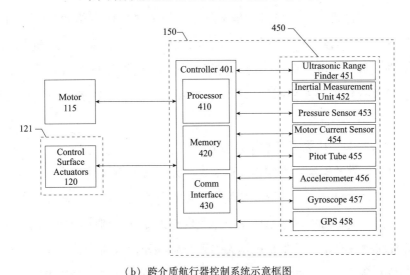

（b）跨介质航行器控制系统示意框图

图 4-16　一种可以在介质间跨越的航行器控制系统

五、结论与建议

（一）结论

本文重点分析了海洋作业机器人全球专利申请趋势、重要专利申请人、专利技术发展的脉络以及重要专利，着重剖析了海洋作业机器人在导航、通信、控制三个技术分支专利申请的技术发展情况。从整体上来看，尽管近年来上述三个技术领域的研究均取得了较明显的进步，但仍存在较大的提升空间，并且美国、日本等发达国家在该领域专利申请中仍处于技术领先地位。具体结论如下。

1. 通信技术突破性创新太少

现有的水下远距离通信方式仍然主要依靠水声通信，然而水声信道受海水介质影响较大，声波在传播方向上衰减严重，通信带宽受限。在 100km 左右的远距离通信系统中，可用带宽只有不足 1kHz。此外，海洋背景噪声对水声信道的干扰、水下复杂时变的多径效应、浅海水声传输的空间选择性衰落等因素都对水声信号传输效率提出了严峻的挑战。尽管人们近年来通过采用单载波频域均衡技术、正交频分复用技术（OFDM）、时间反转技术等有效提高了水声通信性能，但并未出现突破性的进展，现有的通信技术专利也仅是对常规水声通信技术的应用和改进，通信技术的短板效应日益明显。

2. 智能控制技术的应用将成为未来的发展方向

水下恶劣的通信环境对海洋作业机器人的自治能力提出了较高的要求，而智能控制技术能够帮助海洋机器人适应各种极端环境。以人工神经网络为代表的智能控制技术具有较强的学习、自组织和自适应能力，已经广泛应用于海洋作业机器人的运动控制、路径规划、行为决策等领域，应用智能控制技术的海洋作业机器人专利申请量也逐年增多。随着近年来智能控制技术的快速发展，海洋作业机器人也将会变得越来越智能。

3. 美国、日本等发达国家产业优势明显

美国、日本等发达国家对海洋作业机器人研究保持着持续性的投入，获得了丰富的研究成果。美国是世界上最先开展海洋作业机器人研究的国家，其海洋作业机器人具有明显的军事用途，美国海军部在全球海洋作业机器人专利申请中排名前列，掌握着最先进的海洋作业机器人技术。日本是机器人强国、海洋开发强国，其海洋作业机器人专利申请量大、技术覆盖面广，在海洋资源开发机器人领域具有较强的技术实力。而我国在海洋作业机器人领域起步较晚，且申请人多为高校和科研院所，技术产业化存在明显劣势。

（二）建议

由于我国相关研究起步较晚，与美国、日本等发达国家的技术水平差距较大。为尽快缩小差距，提升我国海洋作业机器人技术研发水平和产业化能力，进一步加强专利布局和避开专利壁垒，笔者提出以下建议。

1. 重视水声通信技术的研究和应用

水声通信仍然是水下远距离通信的唯一可靠方法。水声通信在基础研究中已进入了一个瓶颈期，目前较为切实的水声通信技术发展方向主要有两个：一是在低信噪比环境下实现可靠通信，对传输速率要求不高，但具有高可靠性，主要应用在控制指令和报文传输；二是高带宽利用率的近距离通信，要求在有限带宽内实现语音、图片和视频传输，提高带宽利用率。国内相关单位应该注重加强在基础研究方面的投入，保证研发力度，力求在现有研究工作的基础上实现应用层面的突破。

2. 把握智能控制技术的发展机遇

在保证整体研发投入、扎实开展海洋作业机器人研究的基础上，也应积极寻求重点技术上的赶超。我国在人工智能领域具有较强的竞争力，应当积极引导人工智能科技企业进入海洋作业机器人行业，将先进的智能控制技术应用到海洋作业机器人的开发中，以点带面，实现我国在海洋作业机器人领域的"弯道超车"。

3. 引导行业发展，注重技术转化、保护

海洋作业机器人是典型的投入高、效益慢行业。由于现有研发主体主要集中在高校和科研院所，应当积极推进研究成果的技术转化，使技术与产品、市场相结合，通过技术培育市场需求，通过市场反哺技术研发，实现行业的可持续发展。海洋作业机器人也是典型的技术密集型产业，应当对相关研究成果及时申请专利，尤其是对核心技术方案进行保护，从而抢占海洋作业机器人技术和知识产权保护的高点。

参考文献

[1] 阳兵兵. 观测型海洋作业机器人结构及其惯性导航方法研究 [D]. 杭州：浙江大学，2008：1.

[2] 沈鹏. AUV 水下地形匹配导航的路径规划方法 [D]. 哈尔滨：哈尔滨工程大学，2016：1.

[2] 刘慧婷. 水下结构检测与作业 ROV 研制与导航方法研究 [D]. 镇江：江苏科技大学，2016：40.

[4] 逯玉明. 水下探测机器人设计与定位导航方法研究 [D]. 扬州：扬州大学，2017：7, 27.

[5] 刘兵. 海洋作业机器人自主导航方法研究 [D]. 青岛：中国海洋大学，2012：4.

[6] 朱敏，武岩波. 水声通信技术进展 [J]. 中国科学院院刊，2019，3：289-296.

[7] 何永江. 海洋作业机器人通信系统设计与实现 [D]. 成都：电子科技大学，2013.

[8] 徐小卡. 基于 OFDM 的浅海高速水声通信关键技术研究 [D]. 哈尔滨：哈尔滨工程大学，2009.

［9］ 晏刚，周俊 . 海洋作业机器人智能控制技术研究综述［J］. 电子世界，2013（24）：21-22.

［10］ 李志 . 过程控制系统的发展趋势数字化微机化［J］. 机械与电子，1988（5）：41-43，48.

［11］ 余琨，徐国华，肖治琥 . 多 AUV 协作系统研究现状与发展综述［J］. 船海工程，2009，38（5）：134-137.

［12］ KHODAYARI M H, BALOCHIAN S. Modeling and control of autonomous underwater vehicle（AUV）in heading and depth attitude via self-adaptive fuzzy PID controller［J］. Journal of Marine Science and Technology, 2015, 20（3）: 559-578.

焊接机器人视觉传感器专利技术综述[*]

严冬明　朱　哲　薛荣媛　张明辰

摘要　焊接作业是现代工业制造领域的重要手段之一，而视觉传感器是实现焊接机器人从自动化转变为智能化的关键因素之一。本文以专利数据为基础，对焊接机器人视觉传感器专利技术进行了全面的统计分析，总结了焊接机器人视觉传感器技术的国内外专利申请趋势、地域分布、主要申请人分布以及视觉传感器技术的重要技术分支的发展趋势。

关键词　机器人　焊接　视觉传感器　技术路线

一、概述

焊接作业是现代工业制造领域的重要手段之一，在机械制造、核工业、航空航天、能源交通、石油化工、建筑和电子行业中的应用越来越广泛。根据国际机器人联合会（IFR）的统计数据，截至 2020 年，工业机器人将达到 26.8 万台，大约有 30% 的工业机器人将被应用到焊接领域，焊接制造正朝数字化、网络化、智能化方向转型。

视觉传感器技术是实现焊接机器人从自动化转变为智能化的关键因素之一。视觉信息因其方便直观、信息量大、易于处理等优点，是焊缝识别和焊缝跟踪传感技术中的研究热点和重点，视觉传感成为焊接机器人领域最具应用前景的传感手段。视觉传感器作为机器人外围辅助智能单元，对提高机器人的柔性和对工作环境的反馈发挥了重要作用。随着计算机技术、光电传感器和图像处理技术的快速发展，视觉传感器将辅助机器人实现焊接过程中的决策、预判等功能，对构建焊接机器人的智能系统起主导作用。

（一）数据检索及处理

1. 检索数据来源及概况

本文采用的专利数据主要来自中国专利文摘数据库（CNABS）和德温特世界专利索

＊ 作者单位：国家知识产权局专利局专利审查协作江苏中心。

引数据库（DWPI）。由于部分专利申请可能需要 18 个月之后公布，一些 2018 年、2019 年提交的专利申请存在尚未公开的情况。在 CNABS、DWPI 等数据库中均不包括这部分没有公开的专利申请。因此本文的专利分析仅基于已经公开的专利申请。

2. 检索过程及结果

（1）检索关键词与分类号

中文：焊接、点焊、电焊、弧焊、焊缝、焊枪、钎焊、脱焊、铜焊、锡焊、烧焊；机器人、机械手、机械臂；视觉、结构光、摄像、照相、相机、图像、CCD、双目、单目、多目。

外文：weld+、seam、fillet、solder+、braz+；robot+、arm?、manipulator?；camera?、sight+、vision+、visual+、imag+、optical+、photo+、CCD、binocular、monocular。

IPC：B23K、B25J、G01B、G01J

（2）检索过程

第一，利用机器人领域相关的分类号并结合焊接、视觉的关键词扩展进行检索；第二，利用焊接领域相关的分类号并结合机器人、视觉的关键词扩展进行检索；第三，根据初步检索结果，对于焊接、机器人和视觉等关键词作进一步扩展来进行补充检索。由于视觉传感器是检索的主题，因此，当文献量较大时结合视觉的频率算符继续检索。

（3）检索结果筛选

为了使得检索结果相对全面，减少使用与主题相关度较小的关键词，以减小噪声。通过浏览、阅读文献，经筛选后进行数据标引。截至检索日期 2019 年 7 月 13 日，有关国外及国内焊接机器人视觉传感器技术的专利申请总量分别为 1142 项、715 件。

（二）技术分解

焊接机器人视觉传感器具体技术分解及释义如表 1 所示。

表 1　焊接机器人视觉传感器技术分解及释义

技术分支		释义
一级	二级	
视觉传感器类型	结构光视觉	主要以激光管作为视觉传感器系统的光源，经由图像处理软件对接收的激光进行分析处理
	双目视觉	使用不同位置的两台摄像机获取周围环境的信息，然后通过不同的算法处理完成视觉图像的检测任务
	单目视觉	使用单摄像头获取环境信息，并对获得的视频信息进行处理，完成相关任务的过程

续表

技术分支		释义
一级	二级	
视觉传感器应用	初始焊位导引	由于工装夹具的精度限制以及焊件本身尺寸和形状的不一致性，焊缝起始点很难保证在事先设定的同一位置，从而很难设计自动对准的方法实现焊枪精确对准焊缝起始点
	焊接动态过程纠偏	机器人在焊接的过程中需要对焊缝进行纠偏，纠偏过程中需要保证机器人运动的平稳性和连续性，保证机器人的速度及姿态不会发生突变，保证焊接质量
	焊缝跟踪	通过传感器实时检测焊缝特征点（特征点是焊缝实际轨迹的离散点）的位置，根据特征点的三维坐标控制机器人进行自动跟踪焊接
	熔池几何形状实时传感	通过熔池的图像信息获取熔池的尺寸（如正面熔宽、熔深或背面熔宽、余高），熔池尺寸直接关系到焊接接头的力学性能
	焊接缺陷检测	通过视觉传感器并结合图像处理技术对焊接质量进行检测

二、焊接机器人视觉传感器的专利申请状况

（一）全球专利申请状况

1. 申请趋势

图 1 示出了焊接机器人视觉传感器技术全球专利申请趋势，大致可以分为 3 个时期。各时期划分以申请量增长率的变化为依据。

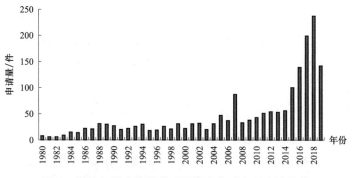

图 1　焊接机器人视觉传感器技术全球专利申请趋势

（1）探索阶段（1987年之前）

在20世纪，由于全球产业自动化还没有得到广泛的应用，关于焊接机器人视觉传感器技术的专利申请量比较少，处于起步阶段。各企业、院校等对于焊接机器人视觉传感器技术的研发热度不高，技术尚且处于探索阶段。

（2）平稳增长阶段（1988~2014年）

自1988年开始，随着全球人力成本的提高，利用机器人技术代替人工进行自动化生产的需求日益增加，国内外企业、高校以及科研院所开始加大研究。该阶段的专利申请主要来自美国、日本和德国。1988~2004年增幅有所波动，从2005年开始，全球制造业对机器人的需求越来越旺盛，传统的机器人视觉技术已经不能满足现有市场的需求，相应的专利申请出现了小范围的增长。

（3）快速增长阶段（2015年至今）

自2015年以后，焊接机器人视觉传感器技术的全球专利申请量呈现迅猛式增长。这主要得益于全球产业结构的转变以及科学技术的快速发展，全球制造业自动化程度在这一段时期急剧提升，各大企业开始重视在该领域的全球专利布局，因此出现焊接机器人视觉传感器技术专利申请量的飞跃。

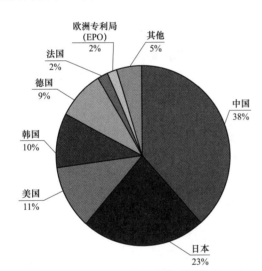

图2　焊接机器人视觉传感器技术
主要国家或地区专利申请量占比

2. 申请区域分布

图2示出了焊接机器人视觉传感器技术专利申请的主要国家或地区分布情况。其中专利申请量排名前五位的国家或地区分别为中国、日本、美国、韩国和德国，专利申请量总和占全球专利申请总量的91%，这也反映了中国、日本、美国、韩国和德国的创新主体对焊接机器人视觉传感器技术的关注度。中国在焊接机器人视觉传感器技术领域的专利申请量增速较快，应用市场巨大，但现阶段中国的焊接机器人视觉传感器技术同日本、美国和德国相比，仍有较大差距。

3. 全球主要申请人分析

图3示出了焊接机器人视觉传感器技术的全球主要申请人。日本在该领域占据技术优势地位，排名前十位的申请人中，日本占6位，分别为发那科株式会社（以下简称"发那科"）、三菱、日立株式会社、松下电器、神户制钢所株式会社和日产。韩国的三星以及美国的通用电气分别排在第二位和第九位。而中国的华南理工大学排在

第三位，中国在该领域具备了一定的理论创新积累，但申请的质量、专利的产业化和国外的创新领先企业相比还存在一定差距。表2为重点申请人的代表性专利申请技术。

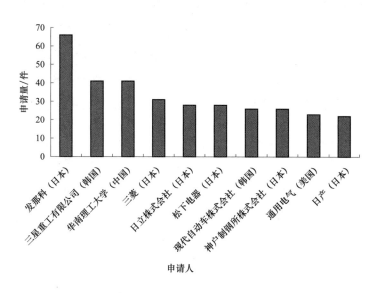

图3 焊接机器人视觉传感器技术全球主要申请人排名

表2 焊接机器人视觉传感器技术重点申请人的代表性专利技术

序号	申请人	代表性专利技术	
		公开号	技术要点
1	FANUC（发那科）	JP2019038040A	使用摄像装置进行机器人位置控制
		JP8150476A	在进行焊缝跟踪的同时，对焊道形状进行分析
		JP8016227A	焊缝测定之后的路径规划
2	SAMSUNG（三星）	KR20180010759A	基于相机拍摄的焊点图像来同步实际工作空间与虚拟工作空间
		KR20100052009A	通过激光视觉传感器单元对待焊接片材中的焊接部分成像
3	华南理工大学	CN108817614A	基于结构光视觉传感器进行焊缝跟踪
		CN108672907A	基于结构光视觉传感器进行焊缝在线纠偏
4	MITSUBISHI（三菱）	JP2004105973 A	基于CCD相机识别带待接部件的形状
5	HITACHI（日立）	JP2018067821A	通过焊接监视系统对焊接工艺中的异常进行检测

（二）中国专利申请状况

1. 申请趋势

图4示出了我国的焊接机器人视觉传感器技术专利申请趋势。与图1的全球专利申请趋势相比，国内的焊接机器人视觉传感器专利申请起步相对较晚。这是由于国内技术起步较晚，并且早期国内焊接机器人市场需求较少，国外申请人对中国市场不够重视。2011年后，随着国内技术的发展以及中国经济的增长，国内专利申请量开始有了相对较快的增长，到2015年，我国焊接机器人视觉传感器技术专利申请量约占到该领域全球专利申请量的50%。当前中国已成为焊接机器人视觉传感器技术的申请量大国。

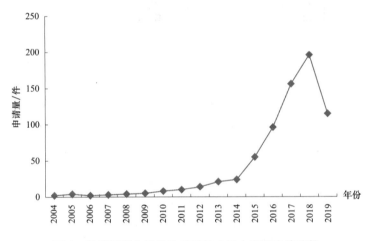

图4　焊接机器人视觉传感器技术国内专利申请趋势

2. 国内专利申请人类型及专利申请量占比

图5示出了国内焊接机器人视觉传感器技术专利申请人类型及其专利申请量占比。

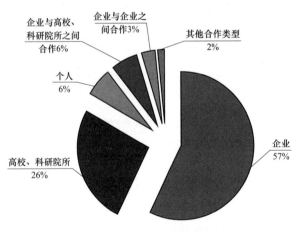

图5　焊接机器人视觉传感器技术国内专利申请人类型及其专利申请量占比

在国内专利申请中，企业专利申请量占比最多，为57%，高校、科研院所专利申请量占比26%，个人专利申请量占比6%，可见进行焊接机器人视觉传感器技术创新研发的科研机构比较多。我国焊接机器人视觉传感器技术发展态势良好，具有一定量的科研机构作理论创新支撑，技术产业化也初具规模。从图中还可以看出，企业与高校、科研院所之间合作申请也占比6%，这反映了高校科研成果与企业核心技术需求之间的对接，也为科研成果提供了良好的应用领域，使之发挥出更好的社会经济效益。

3. 国内主要申请人分析

图6示出了国内焊接机器人视觉传感器技术主要申请人的分布情况，其中华南理工大学排名第一，日本的发那科排名第二，这表明发那科作为机器人领域的创新领先企业在国际市场和国内市场均有所布局。此外，从国内主要申请人的排名分布可见，高校、科研院所占了5位，且部分高校排名靠前，这说明高校和科研院所已经进行了大量的焊接机器人视觉传感器技术的研究工作。

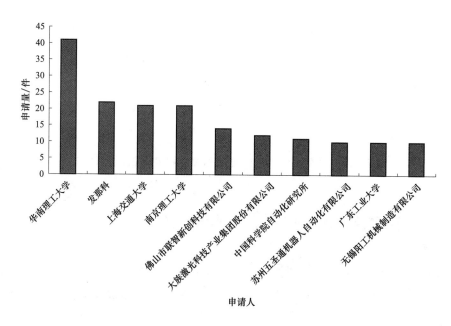

图6 焊接机器人视觉传感器技术国内主要申请人排名

4. 国内主要专利申请区域分布

图7示出了国内焊接机器人视觉传感器技术专利申请的主要区域分布情况。排名前五位的区域分别为广东省、江苏省、上海市、北京市和浙江省。以上排名靠前的区域均为我国目前经济较为发达的地区，广东省、江苏省、上海市和浙江省都是沿海地区，有利于吸引国内外先进技术，而北京市的高校、科研院所较为集中，人才聚集，也成为焊接机器人视觉传感器技术发展的主要地区。

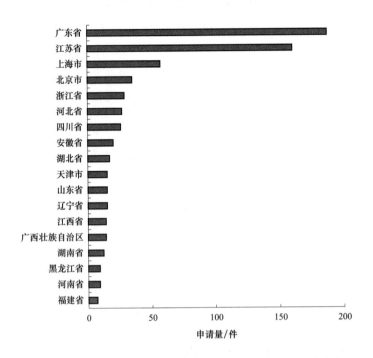

图7　国内焊接机器人视觉传感器技术专利申请主要区域分布

三、焊接机器人视觉传感器技术发展路线

在机器人焊接中，视觉传感器技术是最重要的部分。焊接过程视觉传感器是指借助于图像传感设备获得焊接过程图像，并通过计算机图像处理获得焊接过程信息的一种焊接过程传感方法。

（一）视觉传感器类型

应用于焊接机器人上的视觉传感器，根据照明光源的不同分为"主动视觉"和"被动视觉"。其中"主动视觉"是指照明光源为外部辅助光源的视觉系统，通过激光点或结构光在被检测物体表面上形成的光斑反射获取包含特征信息的图像，一般采用结构光的方法。"被动视觉"是指依靠弧光本身或自然光作为照明光源的视觉系统，被检测物体直接在传感器中成像，其主要分为单目视觉、双目视觉。上述三个类型的视觉传感器技术分支的发展脉络如图8所示。

1. 结构光视觉技术

结构光视觉技术的主要原理是以激光管作为视觉系统的光源，光束呈一条或多条窄带形状，投射到检测目标表面的坡口上，使激光形状发生变形；在视觉传感器的前端安装滤光片，减弱弧光以及自然光的干扰，视觉传感器接收到目标上反映坡口形态的条形光，经由图像处理软件对条形激光进行分析处理，得到激光的变形位置，即工件表面焊缝中心的位置；再利用安装过程中激光器与焊枪的相对位置关系，从而得到焊枪的实际位置。

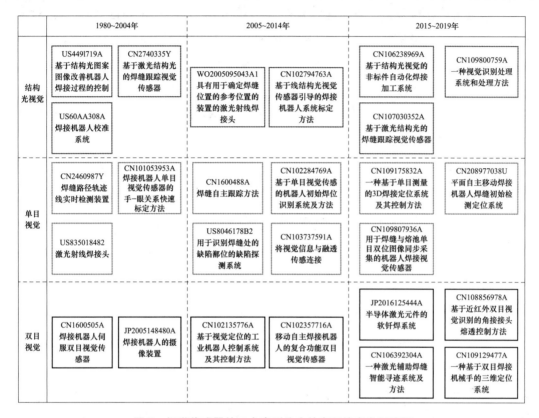

	1980~2004年		2005~2014年		2015~2019年	
结构光视觉	US4491719A 基于结构光图案图像改善机器人焊接过程的控制 / US60AA308A 焊接机器人校准系统	CN2740335Y 基于激光结构光的焊缝跟踪视觉传感器	WO2005095043A1 具有用于确定焊缝位置的参考位置的装置的激光射线焊接头	CN102794763A 基于线结构光视觉传感器引导的焊接机器人系统标定方法	CN106238969A 基于结构光视觉的非标件自动化焊接加工系统	CN109800759A 一种视觉识别处理系统和处理方法
					CN107030352A 基于激光结构光的焊缝跟踪视觉传感器	
单目视觉	CN2460987Y 焊接路径轨迹线实时检测装置 / US835018482 激光射线焊接头	CN101053953A 焊接机器人单目视觉传感器的手-眼关系快速标定方法	CN1600488A 焊缝自主跟踪方法 / US8046178B2 用于识别焊缝处的缺陷部位的缺陷探测系统	CN102284769A 基于单目视觉传感的机器人初始焊位识别系统及方法 / CN103737591A 将视觉信息与融透传感连接	CN109175832A 一种基于单目测量的3D焊接定位系统及其控制方法 / CN109807936A 用于焊缝与熔池单目双位图像同步采集的机器人焊接视觉传感器	CN208977038U 平面自主移动焊接机器人焊缝初始检测定位系统
双目视觉	CN1600505A 焊接机器人伺服双目视觉传感器 / JP2005148480A 焊接机器人的摄像装置		CN102135776A 基于视觉定位的工业机器人控制系统及其控制方法	CN102357716A 移动自主焊接机器人的复合功能双目视觉传感器	JP2016125444A 半导体激光元件的软钎焊系统 / CN106392304A 一种激光辅助焊缝智能寻迹系统及方法	CN108856978A 基于近红外双目视觉识别的角接头熔透控制方法 / CN109129477A 一种基于双目焊接机械手的三维定位系统

图 8　视觉传感器的三个类型分支的专利技术发展脉络

通用电气公司于 1983 年提出的焊接用光型投影仪（US4491719A），通过将结构光引入电弧附近，利用结构光观察焊接行为，进一步对图像进行处理，得到指导焊枪、控制和评估焊接过程所需的数据，为基于结构光的焊接机器人视觉传感的技术发展奠定了一定的基础（见图9）。

中国科学院自动化研究所提出的基于激光结构光的焊缝跟踪视觉传感器（CN2740335Y），采用激光作为结构光的光源，利用激光束经过柱面镜形成激光平面，投射到工

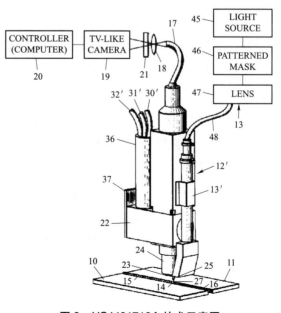

图 9　US4491719A 技术示意图

件上产生激光条纹。视觉传感器采集焊缝激光图像，通过图像处理计算焊缝位置，并转换成模拟信号或无线通信输出，以达到控制焊接机器人实现焊缝自动跟踪的目的。视觉传感器可以适应各种焊缝类型和工艺（见图10）。公开号为 WO2005095043A1 的专利申请公开了一种具有用于确定焊缝位置的参考位置的装置的激光射线焊接头。它们通过三角测量法求出接近实际焊接位置（"栓孔"）的焊缝的参考位置的形状，并且相对于规定的焊缝参考位置对激光焊接头连续定位。此后，结构光在焊接机器人中得到了广泛的应用，如公开号为 CN102794763A、CN106238969A、CN107030352A 的专利申请。

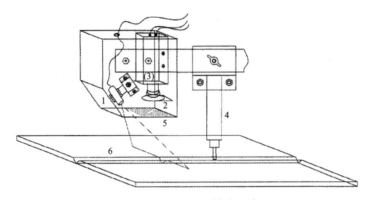

图10　CN2740335Y 技术示意图

由上述分析可以看出，结构光视觉在实际应用中较为方便，减少了立体匹配的困难。经过几十年的发展，越来越多的结构光应用于焊接过程，是目前最常用也是图像效果最好的视觉检测方法，在焊接机器人的视觉应用中得到了广泛认可。

2. 单目视觉技术

单目视觉技术是指使用单摄像头获取环境信息，并对获得的视频信息进行处理，完成相关任务的过程。单目视觉技术的缺点在于：（1）当利用已知机械设备运动来控制摄像机在不同位置和姿态进行图像拍摄时，对机械设备的位移精度要求很高；（2）当对被测物体进行多角度拍摄时，会发生位置参数过多导致方程组解的数值精度与稳定性降低问题；（3）在多个视角对被测物体进行拍摄，存在遮挡与误检测等问题。

清华大学提出了焊缝路径轨迹线实时检测装置（CN2460987Y）。将单目摄像机设置成包括由线阵 CCD 芯片及其驱动电路构成的线阵 CCD 传感器，与该线阵 CCD 芯片共轴并依次设置在一镜筒内的由透镜、滤光片、光源与遮光罩组成的光学系统，以及对该线阵 CCD 传感器采集的信号进行处理的光电信号处理电路，从而通过相应的数字化处理获取焊缝路径轨迹线（见图11）。公开号为 WO2005095043A1 的专利申请公开了一种具有用于确定焊缝位置的参考位置的装置的激光。上海交通大学提出了焊接机器人单目视觉传感器的手-眼关系快速标定方法（CN101053953A），其中焊接机器人单目视觉传感器包括：微型 CCD 摄像机、减光及滤光系统、电机驱动系统及安装支架。该单目视觉传感器用途多、外形小巧，大大简化了标定的计算量和复杂程度，具有较高的精度，完全满足焊接机器人的生产实际工作需要。

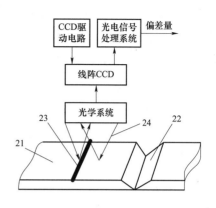

图 11　CN2460987Y 技术示意图

上海交通大学提出了焊缝自主跟踪方法（CN1600488A），利用焊缝斜前方 CCD 摄像机，持续获取枪尖前方一小段焊缝的图像，在主控计算机进行图像处理获取枪尖与焊缝间的偏差以及这小段焊缝的角度信息，根据这些信息控制机器人沿焊缝前进，并通过传感器上的伺服电机调整摄像机的取像方位，同时定时记录用焊缝偏差值修正后机器人坐标值，以及用焊缝角度修正后伺服电机的角度值，生成焊缝在机器人基坐标系下的坐标，以及摄像机在需要取像方位时伺服电机的角度值。ABB 研究有限公司提出了用于识别焊缝处的缺陷部位的缺陷探测系统（US8046178B2），通过单个摄像装置以可预先设定的频率对焊缝进行扫描。上海交通大学和上海锅炉厂有限公司共同提出了基于单目视觉传感的机器人初始焊位识别系统及方法（CN102284769A），通过单目视觉传感系统，能够更加灵活方便地对待焊工件进行图像拍摄和处理，省去了双目视觉传感器安装和标定的复杂步骤，且避免了接触式传感只能用于形状规则工件的局限性。上海理工大学提出了一种基于单目测量的 3D 焊接定位系统及其控制方法（CN109175832A），通过单目测量技术和 IMU 多帧定位方法实现了机械臂的 3D 定位，可准确得出焊针与焊点的相对位置信息，解决现有技术中焊接定位精度低的问题（见图 12）。此外，目前还有申请人对单目视觉在焊接机器人焊接作业中不同应用进行了研究，如基于单目视觉进行定位，以及配合不同检测传感器进行定位、缺陷检测等作业，如公开号为 CN109807936A、CN208977038U、CN109800759A 的专利申请。

由上述分析可以看出，针对单目视觉的研究主要是完成测距任务。观察者在运动过程中

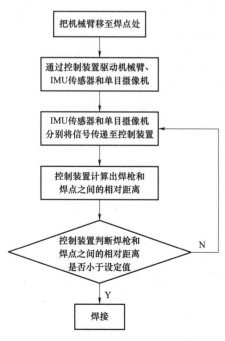

图 12　CN109175832A 技术示意图

会因为与物体距离的不断变化引起拍摄图像的视角变化，单目视觉技术的理论基础就是利用这种运动视差来判断场景内物体与观察者之间的相对距离。通过单目视觉传感系统，能够更加灵活方便地对待焊工件进行图像拍摄和处理，省去了双目视觉传感器安装和标定的复杂步骤，且避免了接触式传感只能用于形状规则工件的局限性。在辅助光源的参与下，获取质量良好的待焊工件焊缝图像，为后续的图像处理和导引工作奠定了良好的条件。

3. 双目视觉技术

典型的双目立体视觉技术由图像获取、摄像机标定、特征提取、图像匹配和三维重建步骤组成。双目视觉的基本工作原理是：采用两个轴线相距较近的摄像机，同时对准同一个目标摄取两幅图像，通过视差计算获取空间点的坐标。用于双目立体视觉摄像机的传感器有电荷耦合装置（Charge Coupled Device，CCD）型和互补金属氧化物半导体（Complementary Metal Oxide Semiconductor，CMOS）型，目前仍以 CCD 为主，但随着数字化 CMOS 技术的发展，CMOS 以其响应速度快、抗干扰能力强、精度高等优点有逐渐取代模拟 CCD 传感器的趋势。

佳能机械公司提出了焊接机器人的摄像装置（JP2005148480A），通过光在垂直轴上相对于传送轴照射到基板上，以便与双目相机的成像区域重叠，从双目相机单元获得的立体图像观察芯片的结合状态。上海交通大学提出了焊接机器人伺服双目视觉传感器（CN1600505A），通过两个摄像机可以直接拍摄被焊工件图像，实现对焊缝及焊接起始位置的识别确认，进行焊接机器人对初始焊接位置的识别及导引，然后通过焊缝斜前方的 CCD 摄像机进行焊缝自主跟踪生成焊缝曲线在机器人基坐标下的坐标，并通过伺服电机完成摄像机取像方位的规划（见图 13）。

蒂森克虏伯钢铁股份公司提出了激光射线焊接头（US8350184B2），利用双目摄像机的图像处理与分析能力，使得在焊缝以接近直线行进时仍能准确抓取到焊缝的行迹。解则晓、于浩源与王旭提出了基于视觉定位的工业机器人控制系统及其控制方法（CN102135776A），使两个摄像机之间相距 1～2m 并且将夹角设置成 10°～25°，通过两个摄像机同时拍摄四个标记

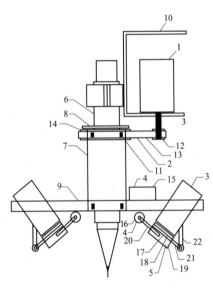

图 13　CN1600505A 技术示意图

点，据此建立两个单目视觉模型（见图 14）。发那科提出了半导体激光元件的软钎焊系统（JP2016125444A），通过双目摄像机与上述被摄物体的相对位置发生变化时摄像输出

所涉及的光量的变化，计算半导体激光模块中的上述框体与半导体激光元件的平行度，基于计算出的位置及平行度，判定半导体激光元件的软钎焊的优劣。双目视觉技术在焊接机器人中一直得到了广泛的应用和研究，如公开号为 CN106392304A、CN108856978A、CN109129477A 的专利申请。

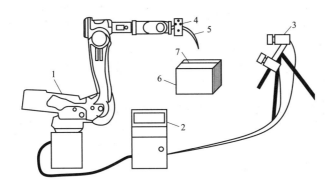

图 14　CN102135776A 技术示意图

由上述分析可以看出，不同于单目视觉，双目视觉的最大优势是可以像人眼一样，通过双摄像头观察三维世界的景象。它的视觉处理方法和人类的视觉系统更相似，获得的图像具有明显的深度杆，具有效率高、精度合适、信息完全等优点。在机器人焊接作业中，双目视觉常用于坡口信息、焊缝轮廓和焊枪高度检测作业中，具体通过建立好的数学模型求解出特征点在世界坐标系中的坐标，采集到的参数信息更加准确，一般还能在线建模和调控，自动生成机器人末端焊枪的位置、姿态参数和焊接工艺参数。进一步通过与机器人的通信传输协议将这些参数实时传输给机器人，实现智能化焊接。然而双目视觉技术的局限性在于容易误检测，测量公共视场有限，对于盲区部分无法完成测量，特定场合还需要配合其他检测传感器来提高焊接作业精度。

（二）视觉传感器的应用

目前，视觉传感器在机器人焊接领域主要应用于初始焊位导引、焊接动态过程纠偏、焊缝跟踪、熔池几何形状实时传感、焊接缺陷检测等方面。上述五个焊接应用的视觉传感器技术的发展脉络如图 15 所示。

1. 初始焊位导引

在自动焊接领域，焊接前都需要把焊枪精确定位到焊缝起始点，为后续焊接做好准备。由于工装夹具的精度限制以及焊件本身尺寸和形状的不一致性，焊缝起始点很难保证在事先设定的同一位置，从而导致很难设计自动对准的方法实现焊枪精确对准焊缝起始点。

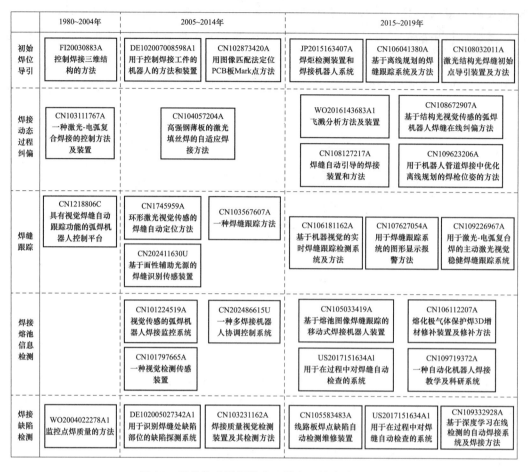

图15 视觉传感器焊接应用的专利技术发展脉络

克瓦纳尔·马沙－亚德斯有限公司提出了一种控制焊接三维结构的方法（FI20030883A），拍摄待焊接的结构，制成该结构的照相图，用所述照相图来识别该结构的焊点（见图16）。费劳恩霍弗应用技术研究院提出了一种用于控制焊接工件的机器人的方法和装置（DE102007008598A1），通过三维成像系统以三维像素的形式描绘所述工件；由所述三维像素确定所述板和型材的几何数据，包括切口和终止切割形状的分布；在考虑到型材放置线和型材的接触线的同时，由所述几何数据确定焊缝数据；无需提供待焊接工件的CAD数据，可自动确定水平和竖直方向上的焊缝，可允许对临时改变待焊接工件的构造性和技术作出灵活的反应。

廖怀宝提出了一种用图像匹配法定位PCB板Mark点的方法（CN102873420A）。以一组在编程时所截的Mark点区域图像作为基准图像；然后在进行检测时，利用这些图像进行扫描式的查找，当查找到的图像与基准Mark点图像大小和形状都相同时，就认为所检测到的图像包含有检测Mark点；最后利用基准Mark点和检测Mark点之间的偏移来进行PCB板补偿。该方法是利用图像匹配的原则进行比较，算法跟Mark点的形状无关，补偿精度高。在补偿后焊接时，PCB板不会因为位置发生偏移而焊接不准。发那科提出了一种焊距检测装置和焊接机器人系统（JP2015163407A），位置检测部基于由图像识别部识别出的焊丝图像来检测米标点在三维空间中的位置（见图17）。

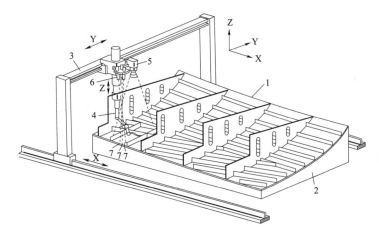

图16　FI20030883A 技术示意图

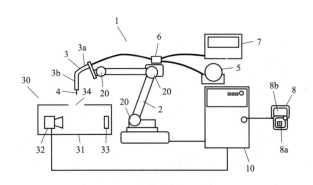

图17　JP2015163407A 技术示意图

嘉兴职业技术学院提出了一种基于离线规划的焊缝跟踪系统及方法（CN106041380A）。CCD相机一将焊缝图像传输给与中央控制器通信相连的图像采集卡，图像处理分析模块对图像采集卡所采集的焊缝图像进行分析处理，得出焊缝起点之后传输给探针驱动模块。中国科学院自动化研究所提出了一种基于激光结构光焊缝初始点导引装置及方法（CN108032011A），由摄像元件对焊缝和激光条纹图像进行采集，并由处理单元对采集的图像进行处理和计算得到焊缝初始点的三维坐标。该方法利用激光条纹和焊缝初始点之间的相对关系，使激光条纹落在焊缝初始点上，将焊缝初始点的图像坐标转换为机器人基坐标系下三维坐标，并发送至机器人控制器，由机器人控制器控制机器人末端工具焊枪对准焊缝初始点完成导引。

由上述分析可以看出，通过采集焊缝图像的方式进行初始焊位导引，是本领域中使用最为广泛的一种手段。随着摄像设备精度的提高和功能的完备，图像采集的方式也能够越来越准确地确定出初始焊点，进而提高焊接作业精度。

2. 焊接动态过程纠偏

现在多数的焊接机器人还是处于第一代的"示教"水平。这类机器人在实际焊接环境中可能导致实际的焊缝轨迹与预先示教路径的偏移，以致焊缝的质量难以得到保障，因此机器人在焊接的过程中需要对焊缝进行纠偏。机器人焊缝在线纠偏过程中首先需要保证机器人纠偏的准确性，使机器人能够以较高的精度跟踪焊缝。其次，纠偏过程中需要保证机器人运动的平稳性和连续性，保证机器人的速度及姿态不会发生突变，保证焊接质量。

对机器人的焊接动态过程进行纠偏控制，实质上就是对焊接动态过程进行的反馈闭环控制。基于焊接参数的反馈，是一种常用的纠偏手段。如鞍山煜宸科技有限公司提出了一种激光-电弧复合焊接的控制方法及装置（CN103111767A），按以下步骤完成：①对激光焊接头和焊缝跟踪器进行标定，并确定工具的工具中心点；②校正焊枪位置；③确定焊接路径，然后通过工控机对焊接工艺参数进行设置；④对焊缝进行实际焊接，在焊接过程中，通过提取电流、电压信号对光丝间距进行实时调节（见图18）。上海交通大学提出了一种高强钢薄板的激光填丝焊的自适应焊接方法（CN104057204A），包括：步骤1，对高强钢薄板进行工艺实验，建立焊丝填充面积、上坡口宽度的工艺参数模型；步骤2，在焊接过程中，基于激光视觉传感器实时获取当前坡口的焊丝填充面积、坡口宽度；步骤3，根据所述当前坡口的填充面积、坡口宽度和工艺参数模型，实时调节工艺参数，实现焊接过程的自适应控制。该发明通过特定的材料、坡口形式建立的专家数据库或者工艺数学模型，基于激光视觉传感器实时获取的坡口填充面积，实现焊接过程中工艺参数的自适应调整，保证了焊接质量的稳定性和一致性，提高了焊接效率，减少了焊接缺陷。

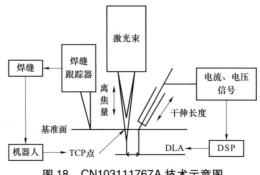

图 18　CN103111767A 技术示意图

检测焊缝实时位置是另一种常用的纠偏方式。如华南理工大学提出了一种基于结构光视觉传感器的弧焊机器人焊缝在线纠偏方法（CN108672907A），包括步骤：步骤1，焊接过程中，对结构光视觉传感器检测的焊缝点进行滤波平滑处理，得到平滑的检测轨迹；步骤2，根据目标点搜索准则，构建纠偏三角形，计算机器人焊枪的当前点位置与检测的焊缝点位置之间的偏差量；步骤3，通过模糊控制器及所述偏差量输出控制量，得到机器人当前点沿焊缝垂直方向的纠偏量，使机器人按照纠偏量进行位置修正。可根据偏移量的大小控制焊枪末端纠偏的动态性能，保证沿焊缝方向的速度平稳，垂直焊缝的方向具有较高响应，纠偏过程不改变机器人的姿态，姿态与初始示教的姿态保持一致，保证在线纠偏过程姿态的连续性、稳定性和实时性（见图19）。其他的如公开号为CN108127217A、WO2016143683A1的专利申请也是通过比对焊缝位置进行纠偏的。

还有一种纠偏方式是通过控制焊枪的姿态，如清华大学提出了一种用于机器人管道焊接中优化离线规划的焊枪位姿的方法（CN109623206A）。该方法首先搭建用于离线规划焊枪位姿优化的结构光测量系统并进行系统参数标定，然后进行管道焊接路径点的离线规划。调节焊枪到期望位姿并生成对应此位姿下的相位图，从相位图中提取视觉伺服的视觉特征并设计视觉伺服控制律。在离线规划的每一个路径点，利用视觉伺服控制律对每一个路径点的位姿进行优化并记录对应机器人各关节角度。该方法结合结构光测量精度高和视觉伺服控制精度高的优点，并且充分利用了机器人重复定位精度高的优点，能有效优化实际焊接过程中焊枪的位姿（见图20）。

图19 CN108672907A
技术示意图

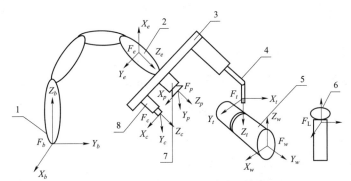

图20 CN109623206A 技术示意图

由上述分析可以看出，控制焊缝动态的过程就是通过控制与焊缝形成相关的因素如焊接参数、焊缝实际位置、焊枪的姿态等，对焊接过程进行反馈闭环控制的过程，进而提高后续焊接作业的加工精度，这是一个必要的步骤。

3. 焊缝跟踪

手动示教再现或者离线编程需要焊缝在空间轨迹一旦确定就不能改变，但是焊接工件存在加工误差，装夹后存在位置误差，焊接时工件会发生热变形，这些因素可能会使焊缝轨迹发生一定程度的变化，导致示教编程获得的机器人焊接轨迹偏离实际的焊缝轨迹，从而影响焊接质量。

焊缝跟踪的关键技术在于求出实际加工过程中焊缝的实时位置坐标。可以通过采集与焊缝轮廓信息相关的激光条纹带图像或熔池图像检测焊缝位置，如同高先进制造科技（太仓）有限公司提出了一种用于激光——电弧复合焊的主动激光视觉稳健焊缝跟踪系统（CN109226967A）。具体的工作方法如下：首先激光视觉传感器通过将结构光投射到焊缝表面，识别出焊缝轮廓信息相关的激光条纹带。然后工业相机获取上一步骤中产生的激光条纹带的图像，并将数据传送给图像处理系统，通过图像处理系统的数据提取模块提取焊缝特征信息，从激光条纹带的中心线检测到焊缝位置后（即进行无变形激光条纹基线探测和焊缝特征点提取），对焊缝进行智能跟踪，然后根据跟踪的结果来控制具体的焊接工作（见图21）。宁波蓝鼎电子科技有限公司提出了一种用于焊缝跟踪系统的图形显示报警方法（CN107627054A），由相机采集焊缝熔池图像，并将图像传输到图像处理系统进行处理，由图像处理系统求取焊缝偏差，根据焊缝偏差，图像处理系统通过控制滑台调整焊枪进行纠偏，同时在显示屏中显示焊缝偏差信息。该发明利用图像处理系统记录一段时间的若干焊缝偏差数据，并使用柱状焊缝偏差图进行显示，使得焊缝偏差报警系统具备记忆性。

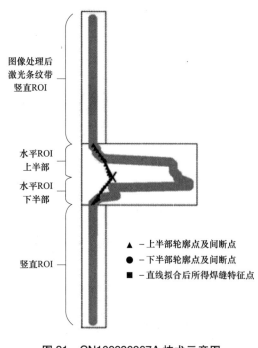

图21　CN109226967A 技术示意图

还通过采集实际焊缝的坡口图像获得焊缝的轨迹。如中国矿业大学提出了一种基于机器视觉的实时焊缝跟踪检测系统及方法（CN106181162A），该发明采用实时在线检测的方法，不需要人工进行多余的操作，并通过坡口图像生成的期望焊缝轨迹与实际焊缝轨迹进行比较，从而执行纠偏作业；并且当现场焊接环境与手动示教环境、离线编程仿真环境有一定差异的情况下，能够实时进行焊缝跟踪，克服焊接现场的各类干扰，保证焊接效果的准确性和可靠性（见图22）。广东德科机器人技术与装备有限公司提出了一种焊缝跟踪方法（CN103567607A），所述方法包括步骤：S10，在开始焊接阶段，采用一台以上的摄像机采集 N 次焊缝图像；S20，提取焊缝特征点的图像坐标；S30，利用 N 次提取到的焊缝特征点的统计特性，确定焊缝特征点的期望图像坐标；S40，在焊接过程中，利用焊缝特征点的当前图像坐标和期望图像坐标的偏差统计特性，构造视觉控制的控制律，进行焊枪枪尖对焊缝的跟踪。

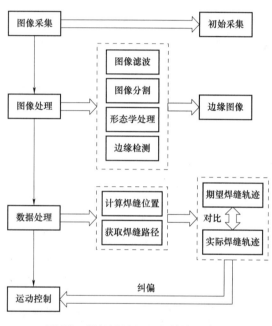

图 22　CN106181162A 技术示意图

上海交通大学提出了一种基于环形激光视觉传感的焊缝自动定位方法（CN1745959A），包括以下步骤：①通过面阵 CCD 检测环形激光检测轨迹在摄像机像敏面上的成像，在像敏面坐标系中，获得焊缝特征点在激光锥体坐标系中的 Y 坐标以及 X 坐标的表示方程；②利用激光锥体坐标系中圆半径与深度关系算法求解焊缝特征点的深度值，构建基于焊缝特征点在激光锥体坐标系下被检测点的 Z 坐标的方程并求解；③根据激光锥体坐标系与机器人本体坐标系的矩阵转换，将求得的激光锥体坐标系中的三维坐标转换到机器人本体坐标系，从而实现对焊缝的定位。此外，通过 N 次提出焊缝上的特征点，依据统计特性来确定焊缝的坐标值，如南昌航空大学提出了一种基于面性辅助光源的焊缝识别传感装置（CN202411630U），包括铝合金主框架、面性光斑激光器、CCD 摄像机、滤光片、偏正片、减光片，其特征是铝合金主框架内固定连有面性光斑激光器和 CCD 摄像机。所述面性光斑激光器的光轴和 CCD 摄像机的光轴夹角为 18°~25°，所述 CCD 摄像机的前端依次设有滤光片、偏正片和减光片，可以实现对薄板焊接，焊缝特征信息进行特征识别，而且获得的焊缝图像清晰，包含焊缝特征信息量多，满足智能焊接机器人对传感装置的需求。中国科学院自动化研究所提出了一种具有视觉焊缝自动跟踪功能的弧焊机器人控制平台（CN1218806C），包括控制器，用于控制机器人的运动；机器人，在所述控制器的控制下，移动焊枪进行焊接；计算机，用于计算机器人的各种参数，通过控制器控制机器人的运动；激光器，向被焊工件发出平面光束；固定在机器人末端的摄像头，采集由激光器产生的平面光束照到被焊工件的接头坡口处所形成的图像，并将所采集的图像通过视频线传送到计算机进行处理（见图23）。

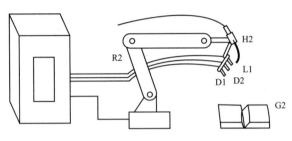

图23　CN1218806C 技术示意图

由上述分析可以看出，焊缝跟踪系统通过传感器实时检测焊缝特征点、焊缝的整体图像、坡面图像，从而获得焊缝的实际位置。基于实际位置与预先设定的焊缝轨迹的偏差控制机器人进行自动跟踪焊接，具有更高的灵活性和更广的应用范围，能实现更高程度的自动化焊接。

4. 熔池几何形状实时传感

熔化极气体保护焊是在移动焊接作业中大量使用的一种高效焊接方法。在手工焊接作业过程中，操作焊工通过观察焊接熔池获取焊缝信息，实时控制焊枪的运动轨迹，完成焊接作业。通过熔池的图像信息获取熔池的尺寸（如正面熔宽、熔深或背面熔宽、余高），熔池尺寸直接关系到焊接接头的力学性能，是影响焊接质量的重要因素。熔池的图像数据中还有反映焊接缺陷的特征信息，通过采集熔池图像信息可以在线预测焊接可能出现的缺陷。

上海交通大学提出了一种基于视觉传感的弧焊机器人焊接监控系统（CN101224519A），视觉传感系统动态采集焊接熔池的图像，并将图像传送到主控计算机，主控计算机接收视觉传感器提供图像信息，进行图像处理，并根据处理结果通过接口电路装置调整双逆变弧焊电源和控制焊接机器人。接口电路装置由模拟信号输出子模块、焊接开关、过程状态检测子模块和机器人控制器通用I/O子模块组成。焊接机器人通过机器人控制器接收主控计算机发送的行走指令信号，移动焊枪进行焊接。

浙江理工大学公开了一种视觉检测传感装置（CN101797665A）。该视觉检测传感装置具有能同时获取焊后表面形貌质量、跟踪焊前焊缝路线以及实时监测激光焊接熔池变化的特点，且结构简单合理，操控方便。中国矿业大学提出了一种多焊接机器人协调控制系统（CN202486615U）。该系统包括多个用于驱动控制焊接机器人运动的子控制系统；与多个子控制系统连接用于分析、处理信息，实时向子控制系统发出控制指令的总控制系统；与总控制系统连接用于获得伺服电机的转速及转角信息的光电编码器；与总控制系统连接用于获得机械臂的力学性能的测力传感器；与总控制系统连接用于实时采集焊缝熔池信息的接近传感器和激光视觉传感器；与总控制系统连接用于对需要焊接的工件进行三维扫描的三维激光扫描仪。北京石油化工学院提出了一种基于熔池图像焊缝跟踪的移动式焊接机器人装置（CN105033419A），焊接过程中在线采集熔池图像，用曲率极值焊接偏差测定算法提取焊接偏差量，焊接机器人控制系统依据所得偏差信息控制焊接机器人焊缝跟踪执行机构实现焊接过程中的实时纠偏（见图24）。

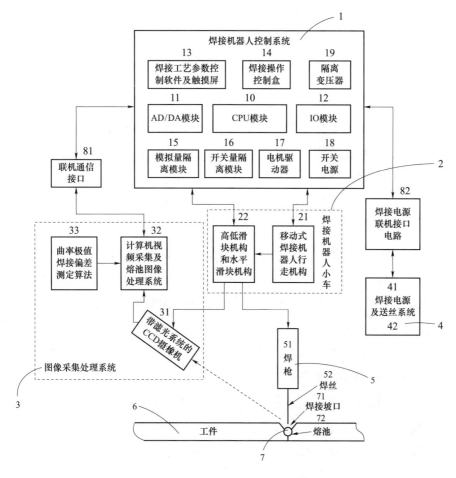

图24　CN105033419A 技术示意图

通用电气公司提出了一种用于在过程中对焊缝自动检查的系统（CN106990111A），通过摄像头捕捉焊接熔池、焊缝波纹形状及焊脚几何形状的图像；处理器不但接收摄像头所捕获的图像，而且还接收焊接数据，并且处理器与数据库通信连接。数据库中存储

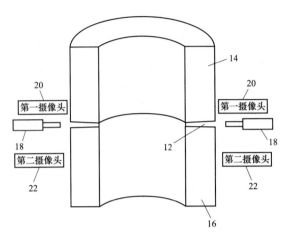

图25　CN106990111A技术示意图

与上述图像相关联的潜在焊缝缺陷，处理器基于在数据库中关联的潜在缺陷，对由摄像头捕获到的图像相对应的焊缝位置所含有缺陷的总体概率进行计算（见图25）。此外，公开号为CN109719372A、CN106112207A的专利申请也是基于熔池图像对焊接过程进行闭环控制。

由上述分析可以看出，利用视觉传感器直接观察焊接熔池，通过图像处理获取熔池的几何形状信息，对焊接质量进行闭环控制。虽然在机器人焊接作业中还处于研究阶段，但已成为重要的研究方向。

5. 焊接后的焊接缺陷检测

焊接质量检测是焊接工艺过程的重要工艺环节。目前焊接质量检测方法主要有：破坏性检测，包括力学性能检测、化学分析检测、金相检测；非破坏性检测，包括外观检测、射线探伤检测、超声波探伤检测、磁力探伤检测等。这些检测方法都是在焊接完成之后进行的。焊接质量检测的另一种方式是在线实时检测，就是边焊接边检测，发现有质量问题，可立即采取相应措施。

实时在线检测采用的传感器有超声波传感器、温度场传感器、电弧传感器及视觉传感器等。其中视觉传感器所获得的信息量大，结合计算机视觉和图像处理的最新技术成果，大大增强了自动化焊接机器人的外部适应能力。如柳州市自动化科学研究所提出了一种机器人焊接质量视觉检测装置及其检测方法（CN103231162A），包括建立拼接误差检测标准配方数据，建立焊接后的焊点标准配方，建立焊接过程检测标准配方的数据，获取各点焊前轨迹及焊件拼接误差图片信息、焊接后的焊点图片信息、焊接过程图片信息，与标准配方数据进行比较。其优点是实现焊接质量的实时检测与闭环反馈控制，检测装置直接配合机器人安装，不需要设计和安装额外的伺服随动装置，节省了大量的辅助设备投入（见图26）。

弗罗纽斯国际有限公司提出了一种监控点焊质量的方法（WO2004022278A1），板（3、4）放在至少两个电极（6）之间，其被彼此施压且被加电，由评估元件特别是光学观察法来对焊点（13）进行评估，带被放在电极（6）或电极帽（8）与板（3、4）之间。所述带在焊接

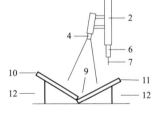

图26　CN103231162A
技术示意图

过程后被向上传送，由评估元件检测和评估复制品或压痕，且推导出焊点的大小、形状和位置（见图 27）。

ABB 研究有限公司提出了一种用于识别焊缝处的缺陷部位的缺陷探测系统（DE102005027342A1），扫描装置以可预先设定的频率对焊缝进行扫描，其中每次扫描均与时间信号相关，并且利用该时间信号检测对至少一个有缺陷部位的扫描部位进行扫描的时刻。设置分析模块，用以根据通过扫描所获得的扫描信号来确定缺陷部位的坐标。该分析模块此外被设置用以存储缺陷部位的坐标，并且传输给定位模块。定位模块通过在扫描期间

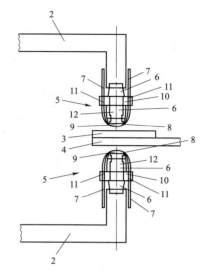

图 27　WO2004022278A1 技术示意图

移动装置的速度特性曲线、给有缺陷部位的扫描部位所分配的时间信号以及由分析模块所提供的缺陷部位坐标进行评价，来确定焊缝缺陷部位的空间布置（见图 28）。此外，公开号为 CN109332928A 的专利申请也是采用在线检测系统对焊缝质量进行实时检测。

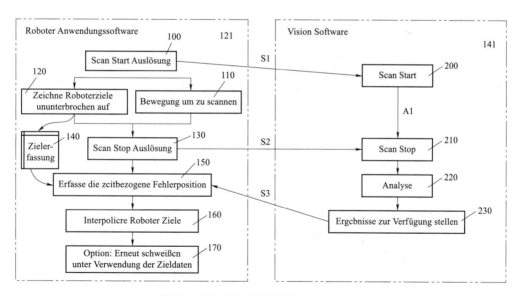

图 28　DE102005027342A1 技术示意图

由上述分析可以看出，由视觉传感器获得的数字图像表象直观、信息丰富，且数字化的图像数据可以实时传输到计算机高速内存中，进行实时图像处理，实现焊接质量的实时检测与闭环反馈控制，可以显著提高焊接的质量和效率。

四、总结

本文以中国专利文摘数据库和德温特世界专利索引数据库收录的专利申请为样本，重点分析了国内外焊接机器人视觉传感器技术的专利申请趋势、主要申请人分布，并进一步分析了重要技术分支的发展趋势。世界主要国家或地区在焊接机器人视觉传感器技术领域的研究结果表明，该技术正逐步从试验阶段转向实际应用阶段。目前国内的专利申请还只体现在数量上的优势，而日本、美国和德国作为传统的工业强国，拥有众多全球知名的汽车制造企业和半导体制造企业，技术创新能力比较强。其中日本在该领域占据技术优势地位，其中发那科作为机器人领域的创新领先企业在国际市场和中国国内市场均有所布局。国内高校和科研院所已经进行了大量的研究工作，国内企业对焊接机器人视觉传感器技术进行了大量的专利申请，但核心技术的创新研发实力仍较为薄弱，需要加强与高校、科研院所之间的合作，在促进高校科研成果产业转化的同时，满足企业对核心技术的需求。

在焊接机器人视觉传感器的研究方面，各类型的传感器硬件结构及基本原理的研发近乎成熟。视觉传感器在焊接机器人的初始焊位导引、焊接动态过程纠偏、焊缝跟踪、熔池几何形状实时传感、焊接缺陷检测上的应用日趋完善。高度智能性和适应性是焊接机器人今后的发展趋势，而焊接机器人的智能性和适应性则需要多种视觉传感器技术的深度融合和算法创新，为此多类型视觉传感器技术的复合化应用将有望成为下一步研发重点。

参考文献

[1] 杨铁军. 产业专利分析报告：工业机器人（第 19 册） [M]. 北京：知识产权出版社，2014：149-321.

[2] 中国焊接协会成套设备与专用机具分会，中国机械工程学会焊接学会机器人与自动化专业委员会. 焊接机器人实用手册 [M]. 北京：机械工业出版社，2016：76-87.

[3] 陈天元. 焊接机器人视觉焊缝跟踪系统研究 [D]. 南京：东南大学，2018.

[4] 吴建国. 基于双目视觉的构件自动焊接关键技术研究 [D]. 广东：广东工业大学，2018.

雷达传感器在自动驾驶中的应用专利技术综述[*]

伍晓霞　张　茹　罗亚梅　闫　舒

摘　要　自动驾驶是近年前沿科学技术的重要发展项目。在自动驾驶技术中，环境感知是至关重要的一环，是自动驾驶安全性和智能性的保障。环境感知传感器技术主要有卫星传感、雷达传感、惯导传感、视觉传感和超声传感，其中视觉传感与雷达传感是自动驾驶的两大传感技术趋势。激光雷达的环境限制相对较小，因而在目前自动驾驶研究中，成为主要采用的雷达传感器技术。本文从专利文献的视角对雷达传感器应用在自动驾驶中的技术发展进行了梳理分析，总结了与该技术有关的专利申请趋势、专利区域、主要申请人、技术构成以及技术活跃度情况，介绍了雷达传感器应用在自动驾驶中的各技术分支和发展历程，并绘制各技术分支的发展路线图，为企业在该领域的技术研发和专利布局提供参考，也帮助审查员在审查实践中利用技术综述快速定位并找出最相关现有技术。

关键词　自动驾驶　雷达　激光　毫米波　超声波

一、技术概述

自动驾驶是近年来汽车技术发展的热点和趋势。自动驾驶系统主要由中央处理器、视频采集器和雷达传感器构成。中央处理器包括运算器、控制部件和寄存器等，是整个自动驾驶系统的核心组成部分，对收集到的各种信息进行汇总与处理，包括信息的输入、信息处理与信息的输出。视频采集器是将收集到的视频信号混合输入计算机，并转换成计算机可识别的数字数据，储存于电脑中。通过视频采集器，自动驾驶汽车可以获取周围的视频信息，传递给中央处理器进行信息处理，然后控制汽车执行相应的动作。雷达传感器是一种用于测量距离的仪器，通过测量参数距离，利用发射频率与时间的相关函数，得到平均值，根据计算公式可以得到与物体间的距离。在自动驾驶技术中，雷

---

[*] 作者单位：国家知识产权局专利局专利审查协作广东中心。

达传感器通过测定车辆之间、车辆与行人之间的距离，作为输入信息，传递给中央处理器，判断是否需要刹车、加速等动作[1]。

雷达传感器作为自动驾驶汽车上必不可少的感知设备，具有多种类型。按雷达的测量介质不同，可将车用雷达分为激光雷达、超声波雷达及毫米波雷达。

激光雷达的组成部件主要包括激光转台、激光发射单元、接收单元、信息处理单元等。激光发射单元将电脉冲发射出去，接收单元再把从目标反射回来的光脉冲还原成电脉冲。通过计算发送信号到接收信号的时间差、激光束的扫描角度等信息，便可以得到前方物体的距离、位置坐标、角度值等信息[2]。激光雷达速度反应快，探测距离远，精度较高，是目前已知的环境测量方案中测量精度最高的传感器。激光雷达根据扫描机构的不同可以分为单线激光雷达、多线激光雷达和面阵激光雷达。

单线激光雷达的激光只有一个扫射平面，可扫描雷达前方扇形区域中的障碍物，目前广泛应用于水平结构化道路上的障碍物检测、车辆同步定位与地图重建。由于单线激光雷达仅能扫描某一扇形平面，在非结构化区域中具有一定的局限性。

多线激光雷达则有多束激光同时扫射多个平面。激光线数越多，对环境重建的结果越细致，处理后的有效测量距离也越远，但雷达的体积也越庞大。其中，全向多线激光雷达具有较多束激光，可进行360度扫描，可将周围环境以三维信息进行显示。但由于成本太高，目前只在自动驾驶实验车上配置。

面阵激光雷达则扫描的是一个面，得到一个面上的深度信息[3]。

超声波雷达是利用超声波的传播来提取环境信息的。首先，发出高频超声波，其次，接收到物体反射来的回波，最后，计算从发送信号到收到回波的时间间隔，从而确定物体的距离。超声波雷达成本低，重量轻，功耗低，探测距离较短，目前主要用于辅助或自动泊车系统。

毫米波雷达由芯片、天线、算法共同组成，其基本原理是发射一束电磁波，观察回波与入射波的差异来计算距离、速度等。其具有较强的穿透烟、雾、灰尘等的能力，能够适应大部分恶劣天气，几乎能够全天候使用，成本低于激光雷达，体积小，容易安装在车辆上。毫米波雷达目前主要应用在停车辅助、盲点检测、并线辅助、防撞系统等[4]。

本文从专利文献视角对在自动驾驶中所应用雷达传感器的主要技术分支进行梳理，并对各技术分支的专利申请进行介绍，总结出其发展趋势。

二、专利数据检索及处理

（一）技术分解

雷达传感器作为自动驾驶汽车上必不可少的感知设备，按雷达的测量介质不同，可分为超声波雷达、激光雷达及毫米波雷达。因此本文研究的领域主要是激光雷达传感器、毫米波雷达传感器和超声波雷达传感器。通过初期的资料收集、阅读相关技术文献及初步专利文献检索和专利文献阅读，确定以下技术分解，如表 2-1-1 所示。

表 2-1-1　雷达传感器在自动驾驶中的应用技术分解

领域	一级分支	二级分支	分类号及关键词
雷达传感器	激光雷达传感器	单线式	G01S 17/00、G01S 17/93、G01S 13/00 雷达、激光雷达、单线、单层、单束、二维、2D、Lidar、single-line、single-wire
		多线式	G01S 17/00、G01S 17/93、G01S 13/66、G01S 13/00 多线、多层、4 线、8 线、16 线、32 线、64 线、多束、三维、激光雷达、雷达、3D、multi-wire、multi-line
		面阵型	G01S 17/00、G01S 17/93、G01S 13/00 面阵、雷达、激光雷达、surface array，area array
	毫米波雷达传感器	脉冲调频式	G01S 17/66、G01S 17/87、G01S 13/02、G01S 13/00 脉冲、脉冲调制、脉冲调频、PFM
		调频连续波式	G01S 17/66、G01S 17/87、G01S 13/34、G01S 13/00 调频连续、连续调频、FMCW、LFMCW、三角波、锯齿波、正弦波
	超声波雷达传感器	UPA（超声波雷达安装在车前后保险杠上）	G01S 15/00、G01S 15/02、G01S 13/00 保险杆、前后、超声、ultrasound、ultrasonic、supersound、supersonic
		APA（超声波雷达安装在汽车侧面）	G01S 15/00、G01S 15/02、G01S 13/00 侧面、侧边、左右、两侧、超声、ultrasound、ultrasonic、supersound、supersonic

（二）数据检索

专利文献数据主要来自中国专利文摘数据库（以下简称"CNABS 数据库"）和外文数据库（以下简称"VEN 数据库"）。前者是对中国专利初加工文摘数据库、中国专利深加工文摘数据库、中国专利检索系统文摘数据库、中国专利英文文摘数据库、德温特世界专利索引数据库（以下简称"DWPI 数据库"）中的中国数据、世界专利文摘数据库（以下简称"SIPOABS 数据库"）中的中国数据进行错误清理、格式规范、数据整合后形成的一套完整、标准的中国专利数据集合。数据覆盖全面，数据格式规范，数据质量高，数据涵盖自 1985 年至今所有中国专利文摘数据。后者包含 SIPOABS 数据库和 DWPI 数据库两大国外数据库的专利文献，优势明显。选择中外文数据库分别检索，并使用相应的数据结果分别进行中国数据分析和全球数据分析。另外，针对每一技术分支确定关键词和各种分类号，从而确保得到全且准的检索结果。

具体检索策略：使用关键词统计分类号，避免遗漏分类号；使用分类号统计关键词，避免遗漏关键词；对每一技术分支进行检索；制定技术分支、分类号（可能使用的各种分类号）对应表，以便降低检索噪音。此外，考虑到文献量问题，检索中直接检索最相关、可直接采用或者可直接借鉴的技术关键词和分类号，且针对二级技术分支关键词表达多样但都需用到一级技术分支关键词的特点，最终确定具体检索过程主要是在限定自动驾驶领域的情况下，以一级分支涉及的分类号和关键词进行检索。考虑到存在技术交叉的情况，各一级技术分支的检索结果会最终进行数据合并，在此基础上进行数据清洗，以便于技术标引。检索要素表如表 2-2-1 所示，检索截止日为 2019 年 6 月 27 日。

表 2-2-1　雷达传感器在自动驾驶中应用检索要素表

技术主题	自动驾驶	雷达传感器
分类号	没有准确的分类号	G01S 13/+、G01S15/+、G01S17/+
中文关键词	无人驾驶、自动驾驶、自动行驶、自主行驶、自动巡航、自动泊车、自动驻车、自动停车、辅助驾驶、自主巡逻、自主驾驶、无人车、自适应巡航	雷达、雷达传感器、激光雷达、超声雷达（声呐）毫米波雷达、雷达传感
英文关键词	ACC（adaptive cruise control）、ADAS（advance driver assistant system）、self-piloting automobile、advance driver assistant、pilotless automobile、automobile	Radar、lidar、ultrasonic、ultrasound、millimeter wave、MMW

对于激光雷达传感器应用在自动驾驶中的相关专利申请，将自动驾驶关键词分别与激光雷达关键词和分类号进行相与后合并数据，在 CNABS 数据库共检索到 2369 件专利申请，在 VEN 数据库中共检索到 2023 件专利申请。具体检索过程如表 2-2-2 所示：

表 2-2-2 激光雷达传感器技术分支检索过程及结果

CNABS 数据库		
编号	命中记录数	检索式
1	2024	（自动驾驶 or 自主驾驶 or 自动行驶 or 自主行驶 or 无人驾驶 or 无人行驶 or 无人车 or 无人汽车 or 电脑驾驶 or 轮式移动机器人 or（autonomous 3w vehicle?）or self-piloting automobile or advance driver assistant or（unmanned 3w vehicle?）or pilotless automobile or automobile）and（（雷达 s 激光）or lidar or（laser s radar））
2	1043	（自动驾驶 or 自主驾驶 or 自动行驶 or 自主行驶 or 无人驾驶 or 无人行驶 or 无人车 or 无人汽车 or 电脑驾驶 or 轮式移动机器人 or（autonomous 3w vehicle?）or self-piloting automobile or advance driver assistant or（unmanned 3w vehicle?）or pilotless automobile or automobile）and（激光 or laser）and（G01S13/+/ic or G01C21/+/ic or G01S7/+/ic or G01S17/+/ic）
3	2369	1 or 2
VEN 数据库		
编号	命中记录数	检索式
1	1510	（wheel mobile robot or driverless or（autonomous 3w vehicle?）or self-piloting automobile or advance driver assistant or（unmanned 3w vehicle?）or pilotless automobile or automobile）and（lidar or（laser s radar））
2	1065	（wheel mobile robot or driverless or（autonomous 3w vehicle?）or self-piloting automobile or advance driver assistant or（unmanned 3w vehicle?）or pilotless automobile or automobile）and（G01S13/+/ic or G01C21/+/ic or G01S7/+/ic or G01S17/+/ic）and laser
3	2023	1 or 2

对于毫米波雷达传感器应用在自动驾驶中的相关专利申请，将自动驾驶关键词分别与毫米波雷达关键词和分类号进行相与后合并数据，在 CNABS 数据库共检索到 795 件专利申请，在 VEN 数据库中共检索到 515 件专利申请。具体检索过程如表 2-2-3 所示：

表 2-2-3 毫米波雷达传感器技术分支检索过程及结果

CNABS 数据库		
编号	命中记录数	检索式
1	785	（自动驾驶 or 自主驾驶 or 自动行驶 or 自主行驶 or 无人驾驶 or 无人行驶 or 无人车 or 无人汽车 or 电脑驾驶 or 轮式移动机器人 or（autonomous 3w vehicle?）or self-piloting automobile or advance driver assistant or（unmanned 3w vehicle?）or pilotless automobile or automobile）and（（毫米波 s 雷达）or（millimeter s wave s radar）or millimeterwave radar or（MMW s radar）or（FMCW s radar）or（LFMCW s radar））

CNABS 数据库		
编号	命中记录数	检索式
2	202	（自动驾驶 or 自主驾驶 or 自动行驶 or 自主行驶 or 无人驾驶 or 无人行驶 or 无人车 or 无人汽车 or 电脑驾驶 or 轮式移动机器人 or（autonomous 3w vehicle?）or self-piloting automobile or advance driver assistant or（unmanned 3w vehicle?）or pilotless automobile or automobile）and（G01S13/+/ic or G01S17/+/ic or G01C21/+/ic or G01S7/+/ic or G01S17/+/ic）and（millimeter or MMW）
3	795	1 or 2

VEN 数据库		
编号	命中记录数	检索式
1	482	（wheel mobile robot or driverless or（autonomous 3w vehicle?）or self-piloting automobile or advance driver assistant or（unmanned 3w vehicle?）or pilotless automobile or automobile）and（（millimeter s radar）or（MMW s radar）or LFMCW or FMCW or（PFM s radar））
2	230	（wheel mobile robot or driverless or（autonomous 3w vehicle?）or self-piloting automobile or advance driver assistant or（unmanned 3w vehicle?）or pilotless automobile or automobile）and（G01S13/+/ic or G01C21/+/ic or G01S7/+/ic or G01S17/+/ic）and（millimeter or MMW）
3	515	1 or 2

对于超声波雷达传感器应用在自动驾驶中的相关专利申请，将自动驾驶关键词分别与超声波雷达关键词和分类号进行相与后合并数据，在 CNABS 数据库共检索到 1355 件专利申请，在 VEN 数据库中共检索到 1389 件专利申请。具体检索过程如表 2-2-4 所示：

表 2-2-4　超声波雷达传感器技术分支检索过程及结果

CNABS 数据库		
编号	命中记录数	检索式
1	933	（自动驾驶 or 自主驾驶 or 自动行驶 or 自主行驶 or 无人驾驶 or 无人行驶 or 无人车 or 无人汽车 or 电脑驾驶 or 轮式移动机器人 or（autonomous 3w vehicle?）or self-piloting automobile or advance driver assistant or（unmanned 3w vehicle?）or pilotless automobile or automobile）and（（雷达 s 超声）or（ultraso+ s radar）or（superso+ s radar））
2	602	（自动驾驶 or 自主驾驶 or 自动行驶 or 自主行驶 or 无人驾驶 or 无人行驶 or 无人车 or 无人汽车 or 电脑驾驶 or 轮式移动机器人 or（autonomous 3w vehicle?）or self-piloting automobile or advance driver assistant or（unmanned 3w vehicle?）or pilotless automobile or automobile）and（G01S15/+/ic or G01S13/+/ic or G01S7/+/ic or G01C21/+/ic）and（+sound+ or ultraso+ or superso+）
3	1355	1 or 2

VEN 数据库		
编号	命中记录数	检索式
1	529	(wheel mobile robot or driverless or（autonomous 3w vehicle?）or self−piloting automobile or advance driver assistant or（unmanned 3w vehicle?）or pilotless automobile or automobile）and（（+sound+s radar）or（ultraso+s radar）or（superso+s radar））
2	1037	(wheel mobile robot or driverless or（autonomous 3w vehicle?）or self−piloting automobile or advance driver assistant or（unmanned 3w vehicle?）or pilotless automobile or automobile）and（+sound+ or ultraso+ or superso+）and（G01S13/+/ic or G01C21/+/ic or G01S7/+/ic or G01S15/+/ic）
3	1389	1 or 2

（三）数据处理

在 S 系统中将 CNABS 检索结果与 VEN 检索结果进行合并，导出合并后所有检索结果的公开号，将导出的公开号转库至 incoPat 数据库中进行检索并导出各分析字段，经 Excel 表格对数据进行去重去噪后对每一项专利申请进行人工标引。本文根据数据总量，对所有数据进行人工阅读、逐篇标引，以保证数据标引准确性，为专利数据分析提供准确数据基础。在人工标引过程中标注一些技术创新点较高的专利，以便结合被引频次、同族国家数、重要申请人、合享价值度等信息筛选重要专利以分析专利技术路线。

三、专利信息分析

（一）全球专利分析

1. 专利申请趋势

图 3-1-1 为雷达传感器应用在自动驾驶中的全球专利申请趋势。全球范围雷达传感器在自动驾驶中应用起步于 20 世纪 70 年代。虽然关于雷达传感技术在车辆自动驾驶领域中应用的全球专利申请较早出现，但此后很长一段时间专利申请量处于较低水平。2000 年，相关专利申请量有了较大的提升，其中大部分为国外专利申请。2010 年以后，专利申请量明显提升，尤其是 2016 年以后，专利申请量迎来一个爆发式的增长，并于 2018 年达到峰值 974 件。预计在后续几年，专利申请量仍然会持续增长。

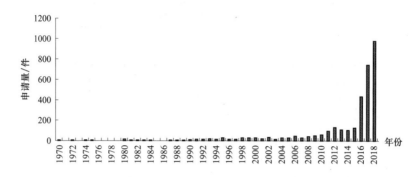

图 3-1-1 雷达传感器应用在自动驾驶中的全球专利申请趋势

2. 主要国家或地区申请分布

图 3-1-2 是雷达传感器应用在自动驾驶中的主要国家或地区申请分布。其中中国专利申请量占据了 79.2%，其次是日本、德国、美国、欧洲。随着该领域在全球范围内不断地升温，申请人将目光越来越多地投注到中国这个巨大的市场中。中国有数亿辆车以及上百万公里的公路，因此，中国市场注定将是国内外申请人的角逐地。

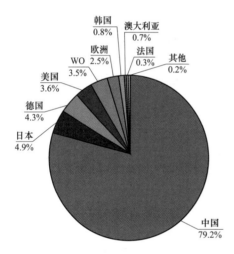

图 3-1-2 雷达传感器应用在自动驾驶中的主要国家或地区申请分布

3. 主要申请人

图 3-1-3 是雷达传感器应用在自动驾驶中的全球申请人排名。从图中可看出，百度在线网络技术（北京）有限公司对该领域的研发投入了较多精力，其申请量已经到达了 41 件。虽然百度在线网络技术（北京）有限公司并不是车企，但是近几年来，作为互联网前沿企业，其特别注重与互联网技术相关联的技术，如自动驾驶。其次是长安大学、奇瑞汽车股份有限公司、吉林大学等。在申请量上，中国企业力图达到数量上的优势，说明其对该领域的专利布局比较重视。而美国的通用汽车环球科技运作有限责任公司（GM GLOBAL TECHNOLOGY OPERATIONS LLC，以下简称"通用汽车"）以 25 件居第五位。

图 3-1-4 是雷达传感器应用在自动驾驶中的国外申请人排名。从该图中可看出，通用汽车、福特、罗伯特·博世、大众等老牌的车企仍然是申请量较大的企业。谷歌 waymo 是互联网中人们较为熟悉的明星企业，在雷达传感器在自动驾驶应用领域方面申请量为 11 件，虽然并不是特别多，但其特别重视专利相关布局。

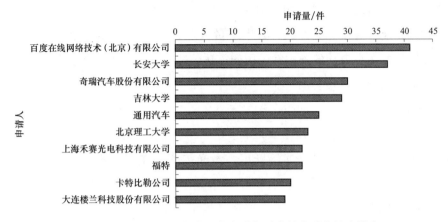

图 3-1-3　雷达传感器应用在自动驾驶中的全球申请人排名

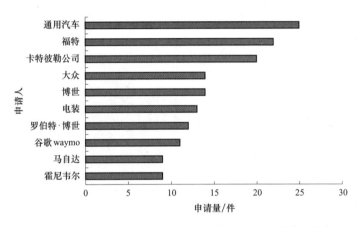

图 3-1-4　雷达传感器应用在自动驾驶中的国外申请人排名

4. 技术构成

（1）技术分支

图 3-1-5 是三类雷达传感器应用在自动驾驶中的专利申请量分布。激光雷达传感器方面专利申请为 1941 件，超声波雷达传感器方面为 1135 件，毫米波雷达传感器方面为 1040 件。其中激光雷达传感器又分成三个小类：单线、多线、面阵，其申请量分别是 1686 件、674 件、174 件。超声波雷达传感器分为 UPA 和 APA，UPA 是指超声波雷达传感器安装在车辆前后端，APA 是指超声波雷达传

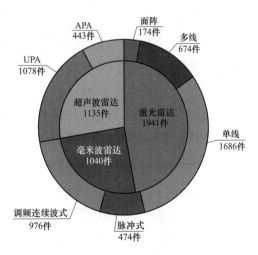

图 3-1-5　三类雷达传感器应用在自动驾驶中的全球专利申请量分布

感器安装在车辆左右两侧。UPA 申请量为 1078 件，APA 申请量为 443 件。毫米波雷达传感器分为调频连续波式和脉冲式，其申请量分别为 976 件、474 件。从该图可知，激光雷达传感器仍然是在自动驾驶中常采用的雷达传感器，其次为超声波雷达传感器。

（2）各技术分支活跃度分析

1）激光雷达传感器

图 3-1-6 为激光雷达传感器专利年申请量和年申请人数量关系曲线，反映了激光雷达传感器应用在自动驾驶中的技术活跃度。激光传感器在车辆驾驶的应用萌芽于 1974 年。但 1974~1995 年申请量非常少，该项技术发展缓慢。1995~2011 年申请量平稳上涨，这与 20 世纪 90 年代后汽车技术发展息息相关。2012~2018 年，激光传感器在自动驾驶中的应用处于成长期，2016 年后申请量大幅度增长，至 2018 年申请量呈快速增长趋势。

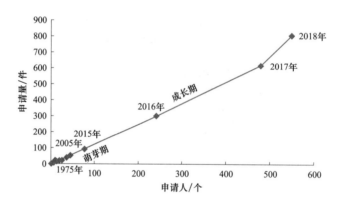

图 3-1-6　激光雷达传感器全球专利年申请量和年申请人数量关系

2）毫米波雷达传感器

图 3-1-7 为毫米波雷达传感器专利年申请量和年申请人数量关系曲线，反映了毫米波雷达传感器应用在自动驾驶中的技术活跃度。毫米波雷达传感器在自动驾驶方面的应用萌芽于 1980 年，比激光雷达传感器稍晚，但其申请总量与激光雷达传感器的申请量相比却少了很多。这与毫米波雷达传感器的复杂机构和高成本有关。1980~2005 年，毫米波激光雷达传感器的申请量维持稳定，直至 2011 年才有明显提高，2015~2017 年申请量逐年提升，2017~2018 年申请量的增长率最高。

3）超声波雷达传感器

图 3-1-8 为超声波雷达传感器专利年申请量和年申请人数量关系曲线，反映了超声波雷达传感器应用在自动驾驶中的技术活跃度。超声波雷达在自动驾驶方面的申请量也相当可观，主要原因是超声波雷达成本最低，原理简单，便于计算。其技术萌芽时间与另外两种雷达传感器萌芽时间相仿，1980~1999 年近 20 年的时间。2000~2013 年申请量才有了明显的增长，2014~2018 年进入技术成长期。

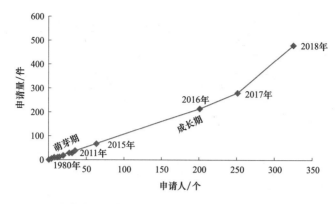

图 3-1-7　毫米波雷达传感器全球专利年申请量和年申请人数量关系

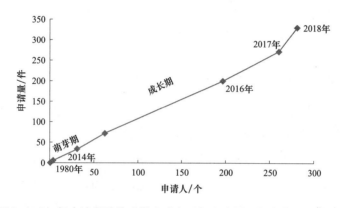

图 3-1-8　超声波雷达传感器全球专利年申请量和年申请人数量关系

5. 技术发展路线

图 3-1-9 是三种雷达传感器应用在自动驾驶中的重要专利代表建立的技术发展路线。在激光雷达传感器方面，按线数发展来看，从最早的单线，逐渐发展为多线；按有无机械旋转部件发展来看，由机械方式逐渐采用固态激光雷达方式；按应用发展来看，从最早的测速发展到测距、大气探测、成像。早先固态激光雷达成本较高，但是其体积小，集成化高，广受厂商欢迎，因此，相关的企业加大了在固态激光雷达传感器方面的研发。为满足车辆多功能的需求，近几年越来越多的车企选择采用多线固态激光雷达传感器测距、扫描。由于毫米波雷达具有体积小、穿透强等诸多优点，也在自动驾驶领域中得到广泛应用，多应用于测距。超声波雷达传感器最早应用在车辆中是放置在车辆前后端保险杠处，通过测量车辆与车辆之间的距离，防止两车相撞。随着技术逐渐发展，慢慢地应用于倒车中，实现自动停车。随着自动驾驶中人们需求的不断提高，逐渐将其应用于两侧的车门处，实现两侧与障碍物之间的距离检测。

针对三种雷达传感器，分别提取了 1996~2019 年的专利申请进行分析，根据其应用对其技术发展路线进行了归纳。

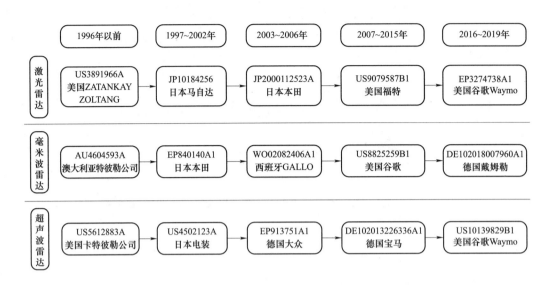

图 3-1-9　三种雷达传感器应用在自动驾驶中的技术发展路线

（1）激光雷达传感器

关于激光雷达传感器技术演进路线发展历程大致为激光雷达传感器用于探测车速（US3891966A）→激光雷达传感器应用于车辆，探测车辆与障碍物之间的距离（JP10184256）→激光雷达传感器对与在前车辆或者是逆向行驶车辆之间的距离进行测量（JP2000112523A）→激光雷达传感器应用于停车系统（US9079587B1）→激光雷达传感器应用于扫描车辆周围环境，以应用与自动驾驶（EP3274738A1）。

（2）毫米波雷达传感器

关于毫米波雷达传感器，技术演进路线发展历程大致为：毫米波雷达传感器应用于车辆测距（AU4604593A）→毫米波雷达传感器用于碰撞提醒系统（EP840140A1）→毫米波雷达传感器应用于停车系统，以探测距离（US6449540B1）→毫米波雷达传感器应用于车道保持，探测与障碍物之间的距离，根据距离提供导航指引（US8825259B1）→毫米波雷达传感器应用于探测车辆周围环境，进行物体识别（DE102018007960A1）。

（3）超声波雷达传感器

关于超声波雷达传感器技术演进路线发展历程大致为超声波雷达传感器应用于停车时障碍物探测（US5612883A）→超声波雷达传感器应用于障碍物检测，使得车辆偏离路径时重新规划路径（US4502123A）→超声波雷达传感器应用于与车辆前后防碰撞（EP913751A1）→超声波雷达作为车辆周围环境的探测器，以用于车辆用户和路上用户之间进行通信（DE102013226336A1）→超声波雷达传感器识别车辆周围物体，通过探测其物体与车辆之间的相对位置，给出相应的导航提示（US10139829B1）。

（二）中国专利分析

1. 专利申请趋势

截止到 2019 年 6 月 26 日，雷达传感器应用于自动驾驶领域已公开的中国专利申请（包括国内申请和国外来华申请）共 4010 件，其中包括发明专利和实用新型专利。图 3-2-1 显示了雷达传感器应用于自动驾驶领域中国专利申请总量的变化趋势。需要说明的是，2018～2019 年度的部分申请仍未被公开，因而尚未收录到本次检索数据库所使用的 CNABS 数据库中。本文中关于 2018～2019 年度的申请量只是现已公开的部分申请，较实际申请量会有一定差距。按照预测，该年度的申请量仍然会保持增长趋势。

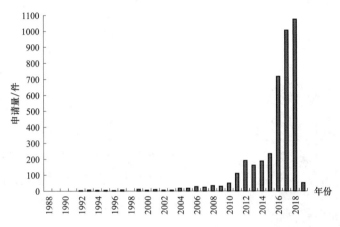

图 3-2-1　雷达传感器应用于自动驾驶领域中国专利申请趋势

可以看出，在中国雷达传感器应用于自动驾驶领域的年申请量总体呈逐年上升的趋势。1988～2003 年申请总量仅为 75 件，2004～2010 年的申请量开始逐年增加，7 年间申请总量为 197 件，2011～2015 年逐年快速增加，在 2016～2018 年呈现爆炸式快速增长，其中 2017 年和 2018 年的申请量均突破了 1000 件。分析上述数据可知，雷达传感器应用于自动驾驶领域的专利申请量与我国自动驾驶技术的发展密切相关，说明了我国自动驾驶技术正在蓬勃发展。

我国从 20 世纪 80 年代开始进行自动驾驶技术的研究，但自动驾驶技术当时还没有受到广泛关注，雷达传感器应用于自动驾驶技术相关专利申请量也较少。进入 21 世纪，在国内各高校和科研院所相关领域研究的带动下，专利申请量开始有所增加。2005 年，上海交通大学研制出第一辆城市无人驾驶汽车。从 2009 年开始，在国家自然科学基金的大力支持下，"中国智能车未来挑战赛"分别在我国的西安、鄂尔多斯、赤峰、常熟等地成功举办了八届。该赛事对我国自动驾驶汽车的研制起到了巨大的促进作用。与此同时，雷达传感器应用于自动驾驶技术相关专利申请量也逐年增加。在 2013 年以后，国内的一些相关研究单位有了突破性进展，其中参赛的无人驾驶车辆已经能在复杂的交通环境中实现平稳的自主行驶，并且能与其他无人驾驶车辆进行交互。与此同时，国内的 IT 巨头以及一些大型自主车企也逐渐加入自动驾驶领域开展技术研发。例如百度、京东、滴滴打车等知名企业均涉足自动驾驶汽车的研发。而雷达传感器作为自动驾驶汽车上重要的环境感知设备，相关专利申请量呈现逐年快速增加的趋势。综上所述，尽管国内科研院所、各大车企和各大 IT 公司进入自动驾驶领域比较晚，但随着国家战略的支持和越来越多的企业和单位积极投入其中，我国自动驾驶汽车研究发展迅速，其相关专利快速增加，未来有望赶超国际水平。

2. 主要国家或地区来华申请分布

如图 3-2-2 所示，国外来华专利申请主要分布在美国、日本、韩国、欧洲等国家或

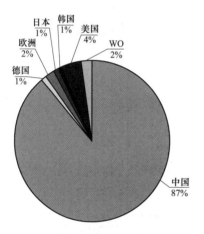

图 3-2-2　雷达传感器应用于自动驾驶
领域主要国家或地区来华申请分布

地区，但总体上，国外来华专利申请较少，总共占比仅 13%。其中美国来华申请较多，占比4%，主要申请人有通用汽车、福特。其次是欧洲，占比 3%。日本和韩国占比较低，均为 1%。总体而言，在应用于自动驾驶技术中的雷达传感器技术领域，国外来华申请较少，我国的申请量占比较大，我国的相关技术研究热度已经超前于国外企业或科研院所。

3. 申请人分析

雷达传感器应用在自动驾驶中的中国专利申请人排名如图 3-2-3 所示。从图中可以看出，排名前十位的申请人均为中国知名企业或高校。这说明该技术领域的技术壁垒较高，同时也表明了中国企业和高校在自动驾驶技术的雷达传感器投入了大量的研发资源，正在积极进行专利布局。百度在线网络技术（北京）有限公司作为知名互联网公司，从 2014 年 7 月起，启动"百度无人驾驶汽车"研发计划，近年来在应用于自动驾驶技术的雷达传感器领域的专利申请量居于首位，申请量达 56 件。长安大学、吉林大学申请总量差异并不明显，分别是 48 件、42 件。还可以看出，奇瑞汽车股份有限公司、北京理工大学等企业和高校也在进行相关研究，申请量都不相上下。此外，在排名前十位的申请人中，也有一些新兴企业，如上海禾赛光电科技有限公司、北京国科欣翼科技有限公司，均成立于 2014 年，但在自动驾驶的雷达传感器技术方面有突飞猛进的发展。

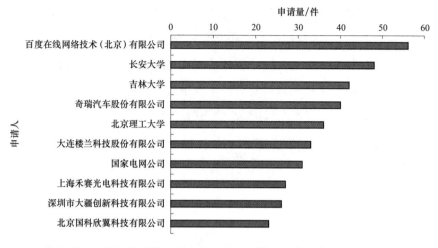

图 3-2-3　雷达传感器应用在自动驾驶中的中国专利主要申请人排名

4. 技术构成

（1）技术分支

图 3-2-4 是三类雷达传感器在自动驾驶中的应用的专利申请量分布。激光雷达传感器方面为 1520 件，超声波雷达传感器方面为 883 件，毫米波雷达传感器方面为 846 件。

其中激光雷达传感器又分成三个小类：单线、多线、面阵，其申请量分别是 1225 件、441 件、110 件。超声波雷达传感器分为 UPA 和 APA，UPA 是指超声波雷达传感器安装在车辆前后端，APA 是指超声波雷达传感器安装在车辆左右两侧。UPA 申请量为 842 件，APA 申请量为 367 件。毫米波雷达传感器分为调频连续波式和脉冲式，其申请量分别为 708 件、389 件。从该图可知，激光雷达传感器仍然是在自动驾驶中常采用的雷达传感器，其次为超声波雷达传感器。

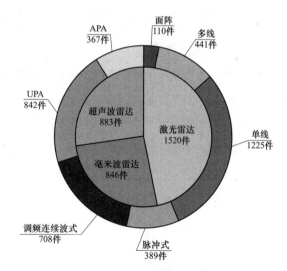

图 3-2-4　三类雷达传感器在自动驾驶中的专利申请量分布

（2）各技术分支活跃度分析

专利年申请量和年申请人数量之间的关系曲线反映了专利技术的活跃度，借此可以分析专利技术生命周期，为技术产业的发展提供数据基础和理论依据。

1）激光雷达传感器

图 3-2-5 为应用于自动驾驶技术的激光雷达传感器中国专利年申请量和年申请人数

量之间的关系曲线，反映了该技术的技术活跃度。可以看出，应用于自动驾驶技术的激光雷达传感器在 2011 年以前专利年申请量和年申请人数量相对较少。在 2011 年以后，随着自动驾驶技术的发展，激光雷达传感器中国专利申请量和申请人数量较快速增长，但数量不多。2015 年以后，我国自动驾驶技术开始进入快速发展期，与此同时，激光雷达传感器的专利年申请量和申请人数量也快速增多。这表明我国自动驾驶中激光雷达传感器技术在经过漫长的萌芽期和缓慢成长期后，目前已经迎来了技术上的突破，未来专利年申请量和申请人数量必然会持续增多，技术也会愈发成熟。

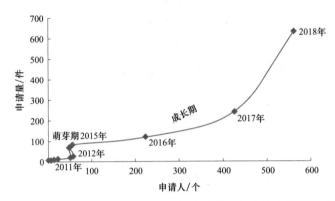

图 3-2-5　激光雷达传感器中国专利年申请量和年申请人数量关系曲线

2）毫米波雷达传感器

图 3-2-6 为应用于自动驾驶技术的毫米波雷达传感器中国专利年申请量和年申请人数量之间的关系曲线，反映了该技术的技术活跃度。可以看出，应用于自动驾驶技术的毫米波雷达传感器在 2015 年以前中国专利年申请量和年申请人数量相对较少。在 2015 年以后，随着自动驾驶技术的发展，应用于自动驾驶技术的毫米波雷达传感器专利申请量和申请人数量较快速增长，但申请量和申请人数量也不多。2016~2017 年，该技术的专利年申请量进一步较快速增长，2018 年出现了爆发式的增长。这些变化表明，毫米波

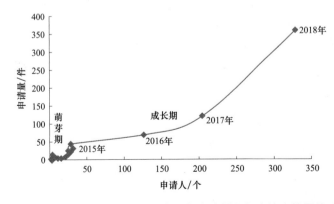

图 3-2-6　毫米波雷达传感器中国专利年申请量和年申请人数量关系曲线

雷达传感器稳定的探测性能以及不受天气影响可在恶劣天气下工作的优势逐渐受到自动驾驶技术研究者们的青睐，越来越多的申请人将其应用于自动驾驶技术中，以提高自动驾驶的安全性。

3）超声波雷达传感器

图 3-2-7 为应用于自动驾驶技术的超声波雷达传感器中国专利年申请量和年申请人数量之间的关系曲线，反映了该技术的技术活跃度。可以看出，应用于自动驾驶技术的超声波雷达传感器在 2012 年以前专利年申请量和年申请人数量相对较少。2012~2013 年的专利年申请量增多，2014 年申请量少于 2012 年，2015 年专利年申请量较 2014 年增多；2016~2018 年，专利年申请量和申请人数量稳定快速增多，这是随着自动驾驶技术的快速发展而增多的。超声波雷达传感器作为一种广泛使用的传感器，是较早使用的车载测距传感器，通常用来检测车周近距离障碍物目标信息。

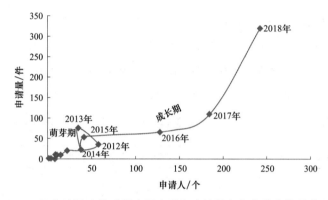

图 3-2-7 超声波雷达传感器中国专利年申请量和年申请人数量关系曲线

5. 技术发展路线

针对应用于自动驾驶技术的传感器（主要有激光雷达传感器、毫米波雷达传感、超声波雷达传感器），划分出 5 个时间间隔，依据不同时间间隔内被引证次数最多以及同族数量较多的专利文献，并从技术方案上判断其是否为时间节点的重要专利文献，建立了技术发展路线（参见图 3-2-8）。

（1）激光雷达传感器

在激光雷达传感器的技术发展路线上，关注点主要是在激光雷达传感器的应用上。其技术演进路线发展历程大致为激光雷达传感器用于探测大气的风速、气溶胶密度和云层高度（CN1233759A）→激光雷达传感器应用于车辆，可以白天和夜间进行大气水平能见度的探测（CN1556393A）→激光雷达传感器测量车速或车间距，对在前行驶的或逆向驶来的车辆的间距或速度进行测量（CN101542555A）→激光雷达传感器应用于自动泊车系统（CN104228830A）→激光雷达传感器应用于无人驾驶汽车，用于车辆定位（CN109059906A）。

（2）毫米波雷达传感器

在毫米波雷达传感器的技术发展路线上，关注点仍然是在应用上。其技术演进路线发展历程大为为毫米波雷传感器达应用于机动车制动控制器（CN1159405A）→毫米波雷达传感器用于避碰雷达系统（CN1376934A）→毫米波雷达传感器作为物体探测系统，用于给车辆提供障碍探测系统（CN1849527A）→毫米波雷达传感器作为全周环境感测系统的传感器应用于交通工具上，用于感知交通工具四周环境（CN101782646A）→毫米波雷达传感器应用于智能车，与其他传感器融合对智能车在城市道路中接力导航（CN103456185A）。

（3）超声波雷达传感器

在超声波雷达传感器的技术发展路线上，关注点仍然是在应用上。其技术演进路线发展历程大致为超声波雷达传感器应用于车辆流量探测（CN1097258A）→超声波雷达传感器应用于车辆安全于智能控制（CN2607295Y）→超声波雷达传感器应用于车辆安全领域，用于对汽车周围环境进行监测，如车距报警系统或停车辅助系统（CN101357622A）→超声波雷达传感器作为全周环境感测系统的传感器应用于交通工具上，用于感知交通工具四周环境（CN101782646A）→超声波雷达传感器作为智能车的传感器，与其他传感器融合，用于检测车辆附近的外部环境（CN109062206）。

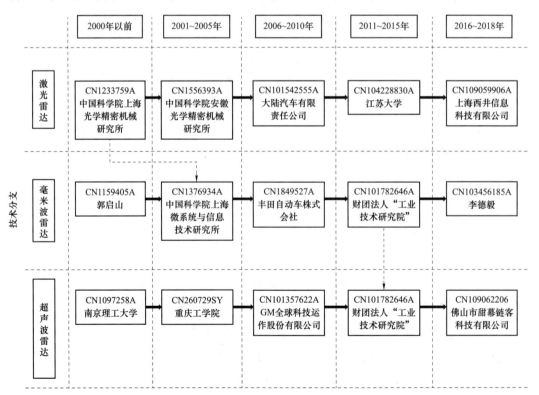

图 3-2-8　三种雷达传感器应用在自动驾驶中的专利技术发展路线

（三）激光雷达传感器专利分析

1. 专利申请趋势

（1）全球专利申请趋势

图 3-3-1 为激光雷达传感器在自动驾驶中的应用的全球专利申请趋势。全球范围内激光雷达传感器技术在车辆中的应用起步较早，应用的首件专利（US3891966A）是 1974 年 8 月 8 日由一家美国企业提出，其公开了一种避免车尾碰撞的系统，通过在车尾安装激光雷达传感器感测障碍物来避免倒车时车尾与障碍物发生碰撞。在首件专利申请之后长达 25 年的时间内申请量都处于较低水平，直到 2002 年申请量才有所提升，并且大部分申请来自德国。主要是因为德国为传统的汽车技术大国，具有奥迪、奔驰等众多汽车公司，在汽车领域技术领先。2012 年后，激光雷达传感器应用在自动驾驶中方面的申请量开始大幅度增加，并在 2017 年猛增至 485 件，2016～2018 年维持在一个较高的水平上。该阶段的专利申请中，激光雷达传感器的应用不仅局限于应用到汽车领域来完成简单的倒车避障，同时被广泛应用到机器人、无人机、人工智能等自动驾驶领域。

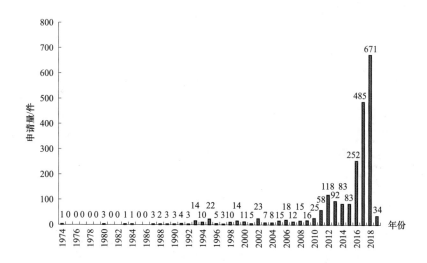

图 3-3-1　激光雷达传感器应用在自动驾驶中的全球专利申请趋势

（2）中国专利申请趋势

图 3-3-2 为激光雷达传感器应用在自动驾驶中的中国专利申请趋势。1994 年 12 月 27 日，中国出现第一件关于激光雷达传感器应用在汽车方面的专利申请（CN1266193A）。该专利申请的申请人为韩国现代电子产业株式会社。韩国作为中国的邻近国家以及亚洲传统汽车大国，最先在中国开始了车载激光雷达传感器技术的布局。这与中国 20 世纪 90 年代实行改革开放政策，开放外国企业到中国投资建厂的时代环境

密不可分，其间外国公司开始到中国投资，与中国合资办厂，而汽车行业是中国引进国外技术的重要领域。并且韩国作为当时亚洲经济前列国家，也较早发展了知识产权制度，企业具有较强的知识产权意识。这些都是影响现代电子产业株式会社在中国进行专利布局的重要原因。而中国企业与个人在1999年3月5日才出现第一件该方面的专利申请（CN1266193A），可见中国在车载激光雷达传感器技术方面起步较晚。这与汽车制造技术长久以来掌握在外国大企业手中密切相关。到了2011年，激光雷达传感器技术在汽车方面应用的相关申请有了突破性的进展，年申请量首次接近100件，迈入21世纪后的第一个十年，是中国经济迅猛发展的十年，中国改革开放已经取得阶段性成就，人们生活水平提高，对汽车的需求增大，促进了中国汽车技术的发展，中国企业开始独立掌握汽车核心技术。2012~2015年，申请量稳步提升，2016年申请量达到800余件，2017~2018年申请量突破1000件，占全球申请量的90%。中国申请量的暴增与中国经济和科技的快速发展，以及中国政府完善知识产权制度，鼓励国民创新的政策紧密相关。2016~2018年，中国人工智能领域快速发展，激光雷达传感器不再局限于应用到汽车领域来完成简单的倒车避障，并且与机器人、无人机、人工智能等技术相结合，使得该阶段的专利申请涉及的领域更加广阔。

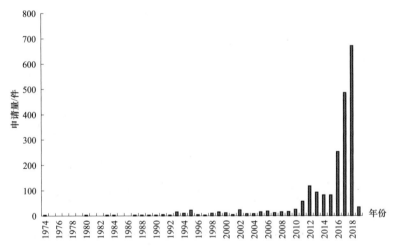

图 3-3-2　激光雷达传感器应用在自动驾驶中的中国专利申请趋势

2. 申请分布

（1）主要国家或地区专利申请分布

图 3-3-3 为激光雷达传感器应用在自动驾驶中的主要国家或地区申请分布。可以看出，中国申请量占比最大，为84%。这和近年来中国实行知识产权强国的国策，完善专利制度、鼓励技术创新的政策，以及在人工智能、机器人、无人机、自动驾驶等领域的

技术进步是分不开的。同时，也说明了我国为激光雷达传感器技术的主要技术市场。德国汽车技术在全球领先，促使欧洲申请量维持较高的水平，占比7%；美国和日本为传统的汽车技术先进国，申请量紧随其后，均占比4%；韩国汽车技术也较为先进，但技术发展相比德国、美国、日本三国较为缓慢，申请量相对较少，仅占1%。

（2）各技术分支申请量分布

图3-3-4为激光雷达传感器应用在自动驾驶中的主要国家或地区各技术

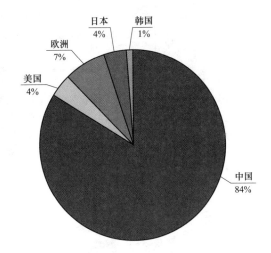

图3-3-3　激光雷达传感器应用在自动驾驶中的主要国家或地区申请分布

分支申请量分布。由图可以看出，单线式激光雷达传感器属于激光雷达传感器领域的主要技术，中国、欧洲、美国、日本、韩国均在单线式激光雷达传感器方面的申请量最多，多线式激光雷达传感器次之，面阵式激光雷达传感器最少。单线式激光雷达传感器申请量排名依次为中国、欧洲、美国、日本、韩国；多线式激光雷达传感器的申请量排名依次为中国、美国、欧洲、日本、韩国；面阵式激光雷达传感器的申请量排名依次为中国、欧洲、美国、日本、韩国。单线式激光雷达传感器主要是用于测距、获取物体的二维点云数据，并具有结构简单、价格低廉、使用方便的特点，适合对精度要求一般的应用场景，被广泛应用到无人机、机器人等自动驾驶领域。而多线式激光雷达传感器在垂直方向上布置多个激光发射器，并通过电机的旋转形成多条线束的扫描，可以同时获取多个物体的三维点云数据，进而获取精确地环境感知数据，适合自动驾驶等领域，然而其结构复杂，价格较贵，定位算法复杂，并且自动驾驶为新的技术。这些都使得多线式激光雷达传感器的应用没有单线式激光雷达传感器广泛，该领域还存在很大的发展空间。另外，多线式激光雷达传感器的产品以及生产商主要集中于国外，中国的激光雷达传感器产品主要为单线式激光雷达传感器，这也使得中国的多线式激光雷达传感器没有单线式激光雷达传感器发展迅速。而面阵式激光雷达传感器更多地适用于军事中，该部分的核心技术大多数涉及国家秘密，故各国在该领域的申请量都较少。但随着中国近年来开始军民合作，许多高校开始研究相关领域，致使面阵式激光雷达传感器的技术发展到民用领域，这也促使了面阵式激光雷达传感器在中国的发展。

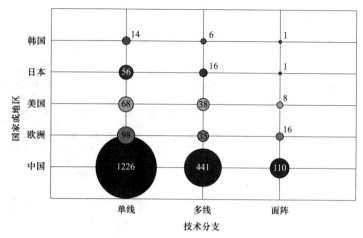

图 3-3-4　激光雷达传感器应用在自动驾驶中的主要国家或
地区各技术分支申请量分布

注：图中数字表示申请量，单位为件。

3. 主要申请人

（1）全球申请量排名前十位的申请人

图 3-3-5 为激光雷达传感器应用在自动驾驶中的全球申请量排名前十的申请人分布。由图 3-3-5 可以看出，在全球申请量排名前十的申请人中，我国申请人占了 9 席。其中有 3 所高校申请人，6 位公司申请人。第二名至第十名申请人的申请量基本持平，并且仅有一位外国申请人——卡特彼勒公司，其申请量仅为第一名百度在线网络技术（北京）有限公司的 1/2 左右。百度在线网络技术（北京）有限公司的专利申请主要分布在无人驾驶车辆目标物体识别以及车辆定位、SLAM 地图更新领域，技术方案大多数为通过激光雷达传感器获取环境的二维或三维的点云数据，然后与其他类型传感器，例如与惯性导航装置、全球导航定位系统、视觉传感器、超声雷达等数据进行融合，以实现多传感器融合的定位导航。百度在线网络技术（北京）有限公司的申请未涉及面阵式激光雷达传感器，说明其在面阵式激光雷达传感器领域相对薄弱。卡特彼勒公司是美国企业，是矿用设备、建筑机械领域的领导者和全球领先制造商。其申请专利时间较早，主要集中于 1995~1996 年，并且其技术核心主要是通过激光雷达传感器与毫米波雷达传感器、超声波雷达传感器相融合探测车辆周围的障碍物信息。而在 3 所高校申请人中，吉林大学和北京理工大学的申请主要涉及通过激光雷达传感器获取环境感知数据或障碍物数据，并与其他雷达传感器或者其他雷达以外的传感器进行数据融合以实现自动驾驶，以及 SLAM 创建地图领域。而长安大学的申请仅涉及通过激光雷达传感器获取车辆障碍物信息。全球申请量排名前十的其他几家公司的专利申请也主要涉及无人驾驶领域，专利申请的大部分技术方案主要为简单的激光雷达传感器测距、感测障碍物，少部分与环境感知、传感器融合定位相关。

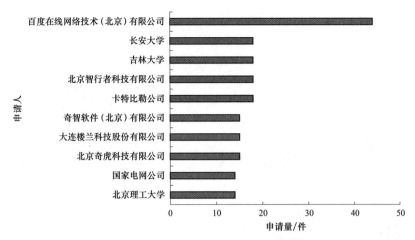

图 3-3-5　激光雷达传感器应用在自动驾驶中的全球申请量排名前十位的申请人分布

通过上述分析可以知道，虽然美国等发达国家的激光雷达传感器技术发展的较早，并且掌握着激光雷达传感器的核心技术，但在激光雷达传感器在无人机、无人驾驶、机器人以及 SLAM 建图等领域的应用技术，与我国的研究热度相比，还相对逊色。这也侧面反映了我国激光雷达传感器在自动驾驶领域的应用发展已处于世界领先地位。

（2）中国申请量排名前十位的申请人

图 3-3-6 为激光雷达传感器应用在自动驾驶中的中国申请量排名前十位申请人分布。与图 3-3-5 相比，区别仅在于奇瑞汽车股份有限公司取代了美国卡特彼勒公司，成为申请量排名前十名的中国申请人。奇瑞汽车股份有限公司的申请大多数集中于通过激光雷达传感器进行探测障碍物，少部分涉及与其他传感器进行融合定位以实现自动驾驶。与上述对全球申请量排名前十位申请人的类似，我国自动驾驶中激光雷达传感器的应用技术主要掌握在百度在线网络技术（北京）有限公司、北京奇虎科技有限公司这类互联网科技公司以及高校，反而汽车企业在该领域的发展比较薄弱。这与百度在线网络技术（北京）有限公司等互联网公司和高校近年来大力发展智能驾驶有重要关系。

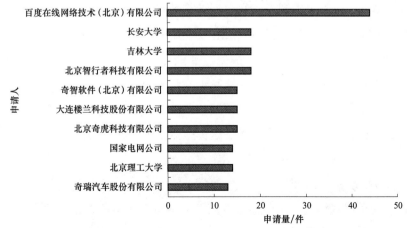

图 3-3-6　激光雷达传感器应用在自动驾驶中的中国前十位申请人申请量排名

4. 技术构成

（1）技术分支

图 3-3-7 为激光雷达传感器应用在自动驾驶中的各技术分支申请量占比。自动驾驶领域常用的激光雷达传感器分别为单线式、多线式和面阵式。由图可以看出，单线式激

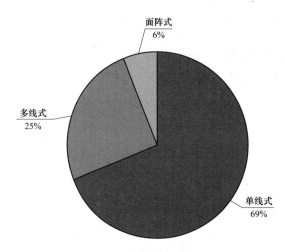

光雷达传感器在自动驾驶领域的使用占比最高，高达 69%，其次是多线式激光雷达传感器（25%），面阵式激光雷达传感器占比最少，为 6%。单线式激光雷达传感器主要是用于测距、获取物体的二维点云数据，并具有结构简单、价格低廉、使用方便的特点，适合对精度要求一般的应用场景，最早被应用到汽车领域，被作为倒车雷达感测车体后的障碍物达到避障的技术效果，常与其他传感器结合使用进行融合来获取更加全面的环境

图 3-3-7 激光雷达传感器应用在自动驾驶中的
各技术分支申请量占比

感知数据，被广泛应用在自动驾驶领域。

然而，一个单线式激光雷达传感器仅可以获取一个障碍物信息，无法同时获取多个障碍物信息。若要同时获取广泛的环境数据就必须在车体或移动设备上同时设置多个单线式激光雷达传感器，这就使得单线式激光雷达传感器无法适应多障碍等环境较为复杂的场景。而多线式激光雷达传感器可以同时发出多个激光光束，采集多个物体的三维点云信息，因此多线式激光雷达传感器常与惯性测量组件等结合进行 SLAM 算法的地图创建。但是多线式激光雷达传感器结构复杂，致使在与传感器数据进行融合时算法比较复杂，并且价格偏高，所以考虑到成本和数据计算的难易度问题，多线式激光雷达传感器的性价比不如单线式激光雷达传感器，没有其使用率高。

而面阵式激光雷达传感器能够更快捷、准确地获取物体三维信息，目前处于发展中，其理论模型还没有建立完善，其性能尚未满足各方面的应用需求。但随着中国逐步开展军民合作，许多高校开始研究相关领域，致使面阵式激光雷达传感器的技术逐渐发展到民用领域，这也促使了面阵式激光雷达传感器在中国的发展。

（2）各技术分支活跃度分析

1）单线式激光雷达传感器

图 3-3-8 为单线式激光雷达传感器专利年申请量和年申请人数量关系曲线，反映了单线式激光雷达传感器应用在自动驾驶中的技术活跃度。单线式激光雷达传感器应用于

车辆驾驶，萌芽于 1974 年，萌芽较早。但 1974~1995 年 20 年间申请量很低，该项技术发展缓慢。1996~2011 年申请量平稳上涨，这与 20 世纪 90 年代后汽车技术发展息息相关。2012~2015 年，单线式激光雷达传感器在车辆驾驶中的应用处于成长期，2016 年后申请量大幅度增长，直至 2018 年申请量呈快速增长趋势。但该阶段的申请量与申请人数量并不是 1:1 的比例，说明该项技术集中掌握在某些企业中。某些大企业掌握着该领域的核心技术，也注重该方面的技术保护和专利布局。

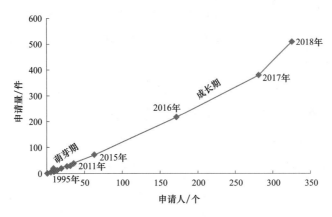

图 3-3-8　单线式激光雷达传感器专利年申请量和年申请人数量关系曲线

2）多线式激光雷达传感器

图 3-3-9 为多线式激光雷达传感器专利年申请量和年申请人数量关系曲线，反映了多线式激光雷达传感器应用在自动驾驶中的技术活跃度。多线式激光雷达传感器在车辆驾驶方面的应用萌芽于 1980 年，比单线式激光雷达传感器晚了 6 年，但其申请总量与单线式激光雷达传感器的申请量相比却少了很多。这与多线式激光雷达传感器结构复杂和成本高有关。1981~2005 年，多线式激光雷达传感器的申请量维持稳定，直至 2015 年才有明显提高，2016~2017 年申请量逐年提升，2017 年申请量的增长率最高。这与驾车环

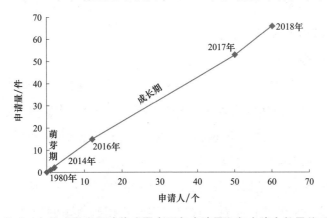

图 3-3-9　多线式激光雷达传感器专利年申请量和年申请人数量关系曲线

境越来越复杂密不可分。2015~2018 年，运用多线式激光雷达传感器获取环境三维点云数据以与多传感器进行信息融合获取实时、准确的环境数据的技术被广泛应用在自动驾驶领域，促使该技术迅猛成长，该项技术进入活跃期。并且该领域的申请量和申请人数量相比，始终趋于稳定的状态，说明该技术并没有被垄断。随着对技术的深入研究以及市场需求，未来在该领域的申请可能会逐渐增多。

3）面阵式激光雷达传感器

图 3-3-10 为面阵式激光雷达传感器专利年申请量和年申请人数量关系曲线，反映了面阵式激光雷达传感器应用在自动驾驶中的技术活跃度。面阵式激光雷达传感器在自动驾驶方面的申请量相对较少，其技术萌芽时间与其他两种激光雷达传感器时间相仿，但发展缓慢，1980~2015 年近 35 年的时间，申请量几乎都维持在个位数。到了 2016 年申请量才有了明显的增长，2016~2018 年进入技术成长期。根据申请量与申请人数量可以看出，该技术申请量与申请人数量匹配，说明该技术还处于初期成长阶段。该项技术应该存在诸多技术空白，国内企业可以着手探索该项技术，并对该项技术进行专利布局。

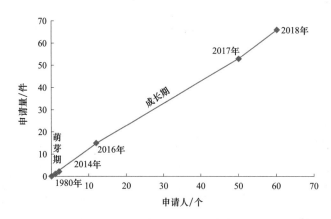

图 3-3-10　面阵式激光雷达传感器专利年申请量和年申请人数量关系曲线

（四）毫米波雷达传感器专利分析

1. 专利申请趋势

（1）全球专利申请趋势

图 3-4-1 为毫米波雷达传感器应用在自动驾驶中的全球专利申请趋势。从图中可看出，在车辆领域中，毫米波雷达传感器最早在 1972 年就开始得到了应用。在这之后一直处于低增长状态，2012 年后，毫米波雷达传感器应用在汽车领域方面的申请量开始大幅度增加，并在 2017 年猛增至 235 件，2016~2018 年均维持在一个较高的水平上。在该阶段的专利申请中，毫米波达传感器不仅仅局限于应用到汽车领域来完成简单的倒车避障。随着技术的发展，毫米波雷达传感器逐渐应用于车辆纵向防撞、变道预警、目标识

别等领域中。目前毫米波雷达是汽车防撞雷达的最佳解决方案，其探测距离远、精度高、抗干扰能力强，能够适应黑暗、粉尘、大雾等恶劣条件，硬件成本及复杂度也随着半导体器件的发展逐渐降低。目前各个国家研究的汽车防撞雷达传感器一般均采用毫米波，主要有 24GHz、35GHz、47GHz、77GHz 等频段。通过与各类传感器的对比，由于综合表现突出，如探测距离远、响应时间快、目标鉴别能力高等特点，毫米波雷达传感器逐渐在市场中得到广泛应用。

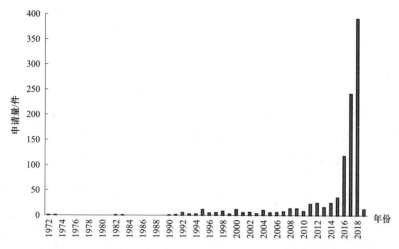

图 3-4-1　毫米波雷达传感器应用在自动驾驶中的全球专利申请趋势

（2）中国专利申请趋势

图 3-4-2 为毫米波雷达传感器在自动驾驶中的应用的中国专利申请趋势。中国出现第一件关于毫米波雷达传感器应用在汽车方面的专利申请（CN208238805U）是现代电子产业株式会社提出的。该申请借助设置在前后的超声波雷达传感器和毫米波雷达传感器，以及两侧的毫米波雷达传感器，通过有效组合实现全方位感知，有效减少客车盲

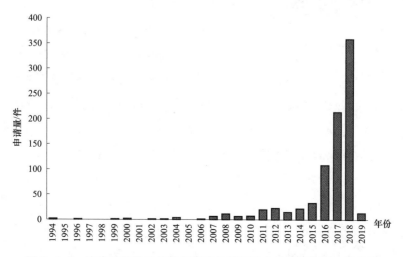

图 3-4-2　毫米波雷达传感器应用在自动驾驶中的中国专利申请趋势

区，实时探测车辆周围环境信息，确定车辆位置和车辆姿态，为自动驾驶决策控制提供输入信息和判断依据。而中国在该领域 2002 年才出现第一件专利申请，是中国科学院上海微系统与信息技术研究所申请的一种工业用毫米波避碰雷达系统。中国车企大多是传统车企，其在智能互联以及消费者需求等方面较为欠缺，这也是国内外车企存在较大差异的方面。国内的申请量随着车辆与智能互联技术的发展，到 2010 年才开始逐渐地有所增长，在 2016 年开始了突飞猛进的增长，这与各个传统车企观念的改变以及国内的技术发展密不可分。同样，在整个自动驾驶领域中，与雷达传感器相关技术的专利申请开始井喷式增长。

2. 申请分布

（1）主要国家或地区专利申请分布

图 3-4-3 是毫米波雷达传感器应用在自动驾驶中的主要国家或地区申请分布。可以看出，中国申请量占比最大，为 82%，可见，毫米波雷达在自动驾驶中的应用已经得到了我国相关企业和科研院所的广泛重视。美国、日本汽车技术在全球领先，促使美国、日本申请量维持较高的水平，占比均为 4%；欧洲、德国为传统的汽车技术先进地区，申请量紧随其后，占比分别为 3%、2%；韩国汽车技术较为先进，但技术发展相比德国、美国、日本三国较为缓慢，申请量相对较少，仅占 1%。

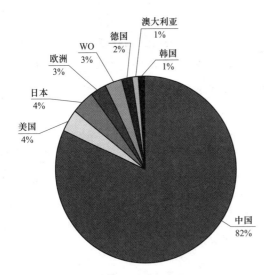

图 3-4-3　毫米波雷达传感器应用在自动驾驶中的主要国家或地区专利申请分布

（2）各技术分支申请量分布

图 3-4-4 为毫米波雷达传感器应用在自动驾驶中主要国家或地区各技术分支申请量分布。从图中可看出，与脉冲调频毫米波雷达传感器在自动驾驶中的应用相比，调频连续波毫米雷达传感器在自动驾驶中的应用更为广泛，中国、欧洲、日本、美国、德国在调频连续波毫米波雷达方面的专利申请量都比在脉冲调频毫米波雷达方面的申请量大。目前主流的汽车调频连续波雷达传感器为 24Ghz 和 77Ghz。后者的主要优点是分配的频段更宽，距离分辨率更高，体积相比 24Ghz 雷达传感器小，目标探测能力强，但是 77Ghz 雷达传感器的生产加工工艺要求更高。不过随着技术的发展，这个问题已经得到逐步解决。从两个分支的专利申请数量来看，中国申请量都是居首位的，这表明无论中国是作为主要消费市场还是研发主力，都充分重视毫米波雷达传感器在自动驾驶领域中的应用。

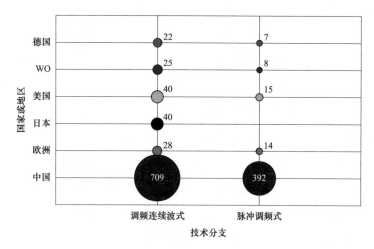

图 3-4-4　毫米波雷达传感器各技术分支应用在自动驾驶中

主要国家或地区专利申请量分布

注：图中数字表示申请量，单位为件。

3. 主要申请人

（1）全球申请量排名前十位的申请人

图 3-4-5 为毫米波雷达传感器应用在自动驾驶全球申请量排名前十位的申请人分布。由图可以看出，全球申请量排名前十位的申请人中，我国申请人占了 9 席。其中有 4 所高校申请人，5 位公司申请人，仅有一位外国申请人——卡特彼勒公司。申请量最多的为百度在线网络技术（北京）有限公司，其专利申请主要集中在自动驾驶领域，主要分布在自动驾驶车辆防撞、自动泊车、行人检测等方面。卡特彼勒公司是美国企业，是矿用设备、建筑机械领域的领导者和全球领先制造商，其专利申请时间较早，主要集

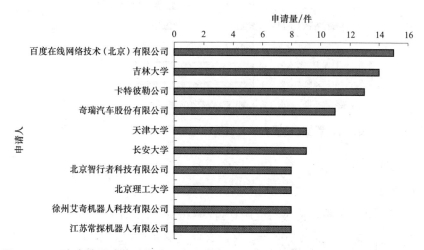

图 3-4-5　毫米波雷达传感器应用在自动驾驶全球申请量排名前十位的申请人分布

中于 1995～1996 年，并且其技术核心主要是通过毫米波雷达传感器与激光雷达传感器、超声波雷达传感器相融合探测车辆周围的障碍物信息。而在 4 所高校申请人中，吉林大学和北京理工大学的申请主要涉及通过毫米波雷达传感器获取障碍物数据，并与其他雷达传感器或者其他传感器进行数据融合以进行自动驾驶，以及 SLAM 创建地图领域。其他几家公司的专利申请也主要涉及车辆防撞。

（2）中国申请量排名前十位的申请人

图 3-4-6 为毫米波雷达传感器应用在自动驾驶中国申请量排名前十位的申请人分布。百度在线网络技术（北京）有限公司申请量为 15 件，其具体涉及采用毫米波雷达传感器感测周围环境，如车间距离、车门与障碍物距离等。奇瑞汽车股份有限公司的申请大多数集中于通过毫米波雷达传感器进行探测障碍物，少部分涉及与其他传感器进行融合定位以实现自动驾驶。结合上述分析可知，我国自动驾驶中毫米波雷达传感器的应用技术主要掌握在百度在线网络技术（北京）有限公司、奇瑞汽车股份有限公司、北京智行者科技有限公司这类互联网科技公司以及高校，反而汽车企业在该领域的发展比较薄弱。这是由于传统车企缺少智能互联观念，早期并未重视自动驾驶领域，以致并未在这方面进行布局。互联网公司和高校比较重视专利布局，这与百度在线网络技术（北京）有限公司等互联网公司和高校近年来大力发展人工智能、注重自主知识产权有重要关系。

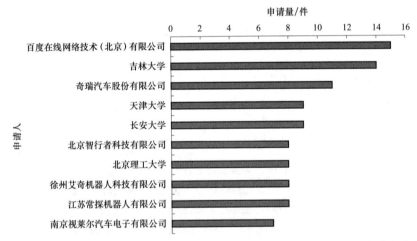

图 3-4-6　毫米波雷达传感器应用在自动驾驶中国申请量排名前十位的申请人分布

4. 技术构成

（1）技术分支

图 3-4-7 为毫米波雷达传感器应用在自动驾驶各技术分支申请量占比。毫米波雷达传感器按照工作体制的不同分为两类：脉冲调频毫米波雷达传感器与调频连续波毫米波雷达传感器。脉冲调频毫米波雷达传感器是根据发射与接收的脉冲信号之间的时间差来计算目标的距离的。如果目标的距离较近，那么脉冲信号的发射与接收之间的时间差相

对较小。雷达计算目标距离的时间有限，所以需要系统采用高速的信号处理技术，这样脉冲调频毫米波雷达传感器的近距离探测技术复杂，成本较高。调频连续波毫米波雷达传感器发射波是一束等幅波，具有易于调制、所需发射功率低、分辨率高、信号处理复杂程度低、成本低等优点，所以调频连续波毫米波雷达传感器应用比较广泛。从图中可看出调频连续波毫米波雷达专利申请量占有绝对优势。

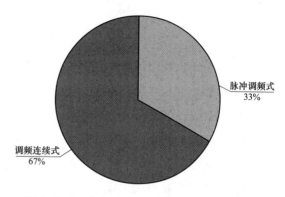

图 3-4-7　毫米波雷达传感器应用在自动驾驶
各技术分支申请量占比

（2）各技术分支活跃度分析

1）调频连续波毫米波雷达传感器

图 3-4-8 为调频连续波毫米波雷达传感器技术分支专利年申请量和年申请人数量之间的关系曲线，反映了调频连续波毫米波雷达传感器应用在自动驾驶中的技术活跃度。当前常用的脉冲调频雷达传感器是周期性地发射高频脉冲，而连续波雷达传感器则是发射连续波信号，其信号可以是单频、多频或者调频（多种调制规律如三角形、锯齿波、正弦波、噪声和双重调频或者是编码调频）信号。单频连续波雷达传感器可用于测速，多频和调频连续波雷达传感器可用于测速和测距。它的优点是不存在距离盲点，精度高，带宽大，功率低，简单小巧，缺点是测距量程受限、存在多普勒距离耦合和收发难以完全隔离。鉴于其具有诸多优点，1995~2011 年申请量平稳上涨，这与 20 世纪 90 年代后汽车技术发展息息相关。2012~2015 年，调频连续波毫米波雷达传感器在车辆驾驶中的应用处于成长期，2016 年后申请量大幅度增长，直至 2018 年申请量呈快速增长趋势。

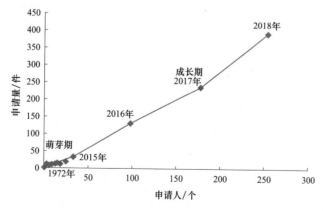

图 3-4-8　调频连续波毫米波雷达传感器专利年申请量和年申请人数量之间的关系曲线

2）脉冲调频雷达传感器

图 3-4-9 为脉冲调频雷达传感器专利年申请量和年申请人数量之间的关系曲线，反映了脉冲调频雷达传感器技术分支活跃度。脉冲式雷达在自动驾驶中应用始于 1991 年，随后进入漫长的低增长时期；从 2012 年开始，才有明显提高，2015~2017 年申请量和申请人数量逐年提升，2017 年申请量和申请人数量的增长最高。这与驾车环境越来越复杂密不可分。由于雷达传感器是脉冲式的，知道脉冲何时被发送，因此计算范围可以比调频连续波雷达传感器更容易，传感器的分辨率可以通过改变脉冲宽度和提取响应的时间长度来调整。由于其具有诸多优点，在自动驾驶领域中广泛应用于测障、自动泊车、行人检测等。

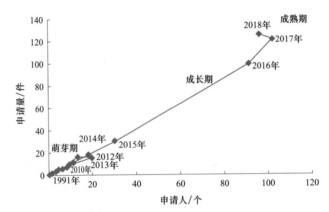

图 3-4-9 脉冲调频雷达传感器专利年申请量和年申请人数量之间的关系曲线

（五）超声波雷达传感器专利分析

1. 专利申请趋势

（1）全球专利申请趋势

图 3-5-1 为超声波雷达传感器在自动驾驶中的应用的全球专利申请趋势。从图中可看出，超声波雷达在 20 世纪 80 年代已开始应用到自动驾驶中，但之后很长一段时间内申请量都处于低增长状态；直到 2016 年，专利申请量才开始大幅增长并突破百件，并在 2017 年增至 307 件，2016~2018 年均维持在较高的水平上。可见，超声波雷达传感器在自动驾驶中的应用已逐渐成为领域研究的一大热点。

（2）中国专利申请趋势

图 3-5-2 为超声波雷达传感器应用在自动驾驶中的中国专利申请趋势。从图中可看出，超声波雷达在 20 世纪 90 年代就开始应用到自动驾驶中，较全球专利申请要晚，这在一定程度上反映了该领域在中国的发展稍晚于世界水平。并且在 1991~2015 年很长一段时间内申请量都处于低增长状态，直到 2016 年，专利申请量才开始大幅增长并突破百件，并在 2017 年增至 283 件，2016~2018 年均维持在较高的水平上。

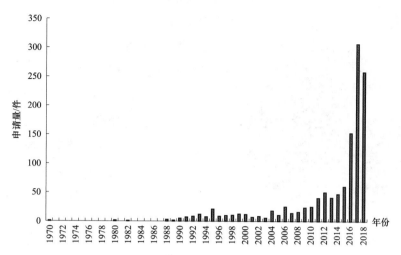

图 3-5-1　超声波雷达传感器在自动驾驶中的应用的全球专利申请趋势

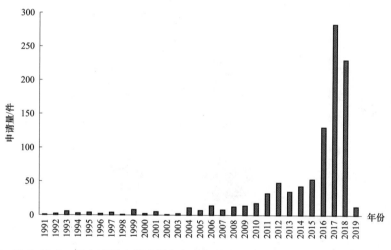

图 3-5-2　超声波雷达传感器在自动驾驶中的应用的中国专利申请趋势

2. 申请分布

（1）主要国家或地区专利申请分布

图 3-5-3 为超声波雷达传感器应用在自动驾驶中的主要国家或地区申请分布。可以看出中国申请量占比最大，为 80%。日本申请量仅次于中国，但占比远低于中国，占比 5%；德国和欧洲为传统的汽车技术先进国家和地区，申请量紧随日本，占比均为 4%；其次占比较高的为美国、澳大利亚等发达国家。

（2）各技术分支申请量分布

图 3-5-4 为超声波雷达传感器应用在自动驾驶中的主要国家或地区各技术分支申请量分布。从图中可看出，主要国家或地区在 UPA 和 APA 技术领域均有布局，其中 UPA

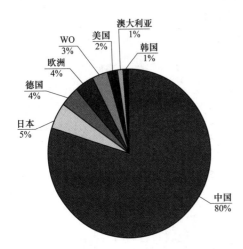

图 3-5-3 超声波雷达传感器应用在自动驾驶中的主要国家或地区申请分布

（将超声波雷达传感器安装在车辆保险杆上）的应用较为广泛，尤其是在中国的申请量是最大的，远超其他国家或地区；日本、德国、欧洲、美国在 UPA 技术领域的专利申请量相差不大。总体而言，UPA 技术领域申请量比 APA 技术领域申请量多，这与超声波雷达传感器最初是用于倒车辅助有关。随着驾驶环境的复杂化及驾驶需求的提高，超声波雷达传感器在自动驾驶中的应用已不再仅仅用于倒车辅助了，其作用逐步扩展到停车辅助、盲点检测、并线辅助、全方位避障等方面，因此 APA 技术逐步得到发展。

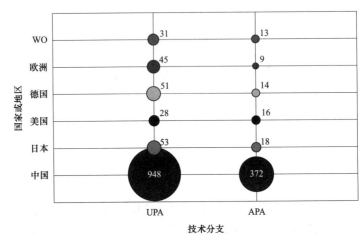

图 3-5-4 超声波雷达传感器各技术分支应用在自动驾驶中的主要国家或地区申请量分布

注：图中数字表示申请量，单位为件。

3. 主要申请人

（1）全球申请量排名前十位的申请人

图 3-5-5 为超声波雷达传感器应用在自动驾驶中的全球申请量排名前十位的申请人分布。从图中可以看出，卡特彼勒公司的申请量最大，长安大学申请量仅次于卡特彼勒公司，但排名前十位的申请人的申请量均不多。排名前十位的申请人中有 7 位是中国申请人，其中包括 2 位高校申请人，且从申请人的研究方向来看，大部分申请人都属于汽车、机器人行业或领域。这在一定程度上反映了超声波雷达传感器应用在自动驾驶中的研究是全球汽车、机器人行业或领域的一个研究热点，但专利申请量及专利布局还有待进一步提高。

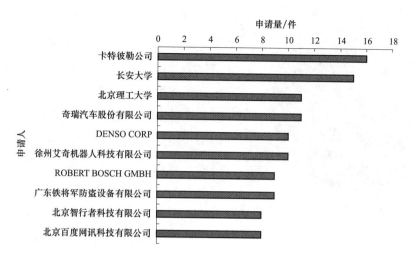

图 3-5-5 超声波雷达传感器应用在自动驾驶中的全球申请量排名前十位的申请人分布

（2）中国申请量排名前十位的申请人

图 3-5-6 为超声波雷达传感器应用在自动驾驶中的中国申请量排名前十位的申请人分布。长安大学申请量最大，其次是北京理工大学和奇瑞汽车股份有限公司，两者申请量相当。排名前十位的申请人的申请量均不多，相差也不多，且从申请人的研究方向来看，大部分申请人都属于汽车、机器人行业或领域，其中包括 4 位高校申请人。这在一定程度上反映了超声波雷达传感器应用在自动驾驶中的研究是我国汽车、机器人行业的一个研究热点，而在专利申请量及专利布局方面还有很大提高空间。

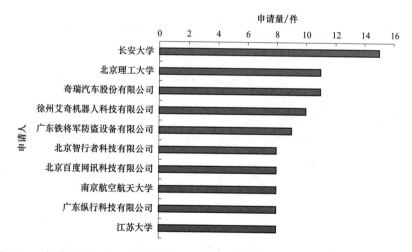

图 3-5-6 超声波雷达传感器应用在自动驾驶中的中国申请量排名前十位的申请人分布

4. 技术构成

（1）技术分支

图 3-5-7 为超声波雷达传感器各技术分支应用在自动驾驶中的申请量占比。可以看

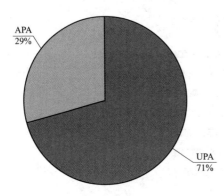

图 3-5-7　超声波雷达传感器各技术分支应用在自动驾驶中的申请量占比

出，UPA 占比达到 71%，APA 占比为 29%。这有两个方面的原因，一方面是由于超声波雷达传感器在自动驾驶中的实际应用最初是倒车辅助，即用来倒车避障的；另一方面，随着科学技术的发展，超声波雷达传感器在自动驾驶中的应用向多功能化方向发展，例如用来停车辅助、盲点检测、并线辅助、全方位避障等，因此，APA 逐步发展。

（2）各技术分支活跃度分析

1）UPA 技术分支活跃度分析

图 3-5-8 为 UPA 技术专利年申请量和年申请人数量之间的关系曲线，反映了 UPA 技术应用在自动驾驶中的技术活跃度。超声波雷达在自动驾驶中应用始于 20 世纪 70 年代，经历了 2015 年之前的萌芽期，及 2015~2018 年的成长期，目前成长速度平稳。可见，虽然超声波雷达传感器在自动驾驶中的应用较早，但应用 UPA 技术的领域仍处于平稳成长期，该技术领域仍存在较大的发展空间。从申请人数量和申请量来看，申请人数量相对申请量而言较多，申请人分布较广。因此，如果要在该技术领域处于一个领先的地位，则需要提高研发能力，并进行合理的专利布局。

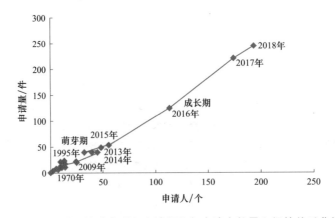

图 3-5-8　UPA 技术专利年申请量和年申请人数量之间的关系曲线

2）APA 技术分支活跃度分析

图 3-5-9 为 APA 技术专利年申请量和年申请人数量之间的关系曲线，反映了 APA 技术应用在自动驾驶中的技术活跃度。超声波雷达传感器在自动驾驶中应用始于 20 世纪 90 年代，经历了 2015 年之前的萌芽期，及 2015~2018 年的成长期，其中 2015~2017 年成长速度平稳，2018 年成长速度增长，可见在该领域使用 APA 技术逐步成为领域发展趋势，这在一定程度上也反映了自动驾驶需求的不断提高。另外，从申请人数量和申

请量来看，申请人数量相对申请量而言较多，申请人分布较广，在该技术领域并未形成技术垄断。因此，如果要在该技术领域处于一个领先的地位，也需要进一步提高研发能力，并进行合理的专利布局。

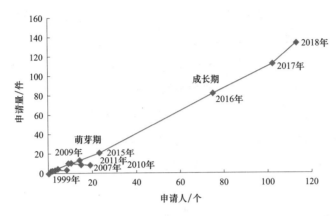

图 3-5-9　APA 技术专利年申请量和年申请人数量之间的关系曲线

四、总结

（1）雷达传感器在自动驾驶中的应用技术领域在近年来处于相对比较快的发展期。激光雷达传感器、毫米波雷达传感器、超声波雷达传感器应用在自动驾驶中的专利申请量均逐年增长，并在 2015 年以后增速加快。其中针对激光雷达传感器应用在自动驾驶中的专利申请量在最近几年更是呈现了爆发式的增长。激光雷达传感器较毫米波雷达传感器、超声波雷达传感器的波长短、波束窄且具有更高角分辨率和更好抗干扰性是推进其发展的主要因素。目前，该领域绝大部分专利申请都来自中国，其中百度的申请量最多，处于领先地位。国外申请量最大的申请人是美国通用公司。

（2）从各技术分支申请情况来看，目前雷达传感器在自动驾驶中的应用最多的是激光雷达传感器，其次是超声波雷达传感器和毫米波雷达传感器。其中，激光雷达传感器应用在自动驾驶中的专利申请更多地是侧重于单线激光雷达，而面阵激光雷达传感器的专利申请相对较少。这也体现了对于面阵激光雷达传感器的专利布局相对较少，相关汽车、机器人企业可以针对这种情况加大对面阵激光雷达传感器的研究布局。超声雷达传感器在自动驾驶中的应用方面，使用最多的技术手段仍然是 UPA，APA 的应用相对较少，其中 UPA 和 APA 复合使用成为应用趋势。毫米波雷达传感器在自动驾驶中的应用方面，使用最多的技术手段是调频连续波毫米波雷达传感技术，脉冲式毫米波雷达传感器技术相对少些。这与调频连续波雷达的结构更简单、发射功率峰值较低、容易调制、成本低、信号处理简单的特点是密不可分的。但调频连续波毫米波雷达传感器存在发射机干扰接收机的问题，而脉冲式毫米波雷达传感器可以有效避免出现这一问题，因此，相关企业可以重点在脉冲式毫米波雷达传感器领域加强研发和专利布局。

（3）雷达传感器在自动驾驶中的应用领域技术活跃度方面，激光雷达传感器、超声波雷达传感器、毫米波雷达传感器均处于成长期，基本上均在 2015 年后发展较快。国外对雷达传感器在自动驾驶中的应用领域的专利布局较早，20 世纪七八十年代就有相关专利申请，其中激光雷达传感器在自动驾驶中的应用比超声雷达传感器、毫米波雷达传感器稍早些。国内企业是在 2011 年后开始对激光雷达传感器在自动驾驶中的应用领域进行较多专利布局，在 2015 年后开始对毫米波雷达传感器在自动驾驶中的应用领域进行较多专利布局，在 2012 年后开始对超声波雷达传感器在自动驾驶中的应用领域进行较多专利布局。激光雷达传感器在自动驾驶中的应用领域专利申请量最大，申请人数量也最多，其中申请量最大的是百度在线网络技术（北京）有限公司，但激光雷达传感器在自动驾驶中的应用主要集中在单线激光雷达传感器的应用，其次是多线激光雷达传感器的应用，对于面阵激光雷达传感器的应用较少。因此，对于面阵激光雷达传感器在自动驾驶中的应用的研究，还是有很多新技术可以挖掘，建议汽车、机器人企业对该领域进行持续有针对性的研究。毫米波雷达在自动驾驶中的应用方面，调频连续波毫米波雷达传感器目前仍处于成长期，而脉冲毫米波雷达传感器在 2018 年出现稍稍衰退。这与目前企业在自动驾驶中的研究逐步趋向于低成本化有一定程度的关联，但脉冲毫米波雷达具有可以有效避免出现发射机干扰接收机的问题的优势，在未来发展中还是存在一定的空间的，有余力的相关企业可以提前进行该领域的改进研究。超声波雷达传感器在自动驾驶中的应用方面，UPA 技术与 APA 技术目前均处于成长期，基本上都是在 2015 年后快速发展，其中，UPA 申请量和申请人数量比 APA 的申请量和申请人多，UPA 和 APA 复合使用已是超声波雷达传感器在自动驾驶中的应用的一种趋势。

（4）从技术发展路线上来看，激光雷达传感器应用于自动驾驶中是最早的也最多的。从早期的单线激光雷达传感器逐步发展到多线激光雷达传感器，再到面阵激光雷达传感器，其中近几年多线激光雷达的应用越来越多，但面阵激光雷达传感器研究较少，未来车企可从该方面加大技术研发和专利布局。毫米波雷达传感器在自动驾驶中应用采用最多的技术手段是调频连续波毫米波雷达传感器，目前仍然是研究热点。超声波雷达传感器在自动驾驶中应用采用最多的技术手段是 UPA 技术，但 APA 技术发展速度较快。

参考文献

［1］韦忠志. 关于自动驾驶发展以及构成的研究［J］. 时代汽车，2018（10）：11-12.

［2］王海. 基于激光雷达的自动泊车环境感知技术研究［D］. 大连：大连理工大学，2013.

［3］吴维一. 激光雷达及多传感器融合技术应用研究［D］. 长沙：国防科学技术大学，2006.

［4］郝俊. 自动驾驶环境感知系统研究［J］. 时代汽车，2018（9）：15-16.

热式流量传感器专利技术综述[*]

周生凯　文生明[**]　李兰玉[**]　刘晓波[**]　于　龙[**]　李　鑫

摘　要　通过检索、统计热式流量传感器的全球专利申请，获得了其分布情况，并重点研究了热式流量传感器全球及国内专利申请的态势、申请人特点及重要申请人分布。根据热式流量传感器技术集中度较高的特点，通过研究重点专利的技术信息，对重点申请人如日立公司、罗伯特·博世、日本电装株式会社的专利申请进行分析，重点介绍其技术发展路线与专利布局情况。通过抽样分析的方式研究了不同申请人的技术储备和研究重点。通过上述研究，明确了该领域的研究热点、重点以及技术空白点，有助于了解热式流量传感器的技术发展脉络，具有一定的实践和指导意义。

关键词　热式流量传感器　技术综述

一、引言

随着科技的不断发展，对流量测量的要求也越来越高。热式流量传感器是一种流量测量器件，主要用于汽车发动机的流量测量，基于加热元件的传热原理，具有量程大、精度高等特点。热式流量传感器起源于 20 世纪初的热线风速仪，从 20 世纪 80 年代至今，热式流量传感器专利申请量迅猛增长。国外的热式流量传感器起步早，在核心技术以及专利申请量上具有较大优势；国内热式流量传感器起步晚，但应用也比较广泛。全面掌握热式流量传感器技术的发展方向，追踪重要企业的研发重点，对于提升我国热式流量传感器产业布局能力尤为重要。热式流量传感器的工作原理如图 1-1 所示，在测量管路中插入 2 个探头，分别

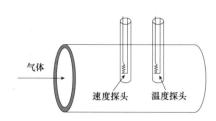

图 1-1　热式流量传感器原理图

---

* 作者单位：国家知识产权局专利局专利审查协作河南中心。

** 等同于第一作者。

为速度探头和温度探头，用于测量气体的速度与温度。根据传热学原理，提供给速度探头的电功率等于流动的气体对流换热所带走的热量，由此，可根据速度探头的温度和工作电流获得流量[1]。

二、专利申请态势分析

（一）数据来源及检索要素

本文采用 Patentics 数据分析客户端全球专利数据库（PATENT）进行检索，incoPat 专利数据库用于补充。数据检索日期截至 2019 年 7 月 15 日。由于热式流量计分类号较准确，具有专门的分类 G01F 1/68 及其下位点组，因而本文数据检索来源以分类号为主，以分类号与关键词相结合、关键词检索以及申请人入口等手段作为补充，经过检索得到同族合并之后的热式流量传感器相关专利申请 22067 件。

（二）全球专利技术发展趋势

图 2-1 示出了热式流量传感器的全球专利技术发展趋势，主要分为四个阶段：萌芽期、平稳增长期、快速增长期以及成熟期。

图 2-1　热式流量传感器的全球专利技术发展趋势

1. 萌芽期

1963 年之前，热式流量传感器全球年专利申请数量比较少，且集中于美国和欧洲。这个时期的专利申请是利用热式流量仪粗略测量流量，主要涉及测量温差与流量之间的关系曲线，利用合适的结构测量温度差。

2. 平稳增长期

1964~1976 年，专利申请量平稳增长，全球年专利数量开始增多。随着汽车工业的发展，对发动机的流量测量需求增加，热式流量传感器得到发展，日立等日本公司开始申请有关热式流量传感器的专利，在随后的时间申请量持续增长。在此期间，基于测量气体温度分布的热分布型热式质量流量计（Thermal Mass Flow，TMF）得到了迅速的发展，主要用于微小气体质量流量的测量。

3. 快速增长期

从 1977 年开始，热式流量传感器专利申请进入快速增长阶段。在 20 世纪八九十年代，随着经济的快速发展，汽车工业得到了飞速的发展，测量流量的热式流量传感器在流路配置、传感器工艺、信号处理等方面取得了很大进步，测量精度进一步提高。国外有大量研究人员进行热式气体流量传感器研究，并在该时期申请了大量专利。

4. 成熟期

2004～2014 年，热式流量传感器申请量开始出现稳定趋势，2015 年以后申请量出现下滑趋势。这是由多方面原因造成的：首先，随着技术的发展，热式流量传感器已经处于相对成熟阶段，暂时没有新的重大突破。专利申请量在出现峰值之后下降意味着该领域技术已经进入成熟阶段，这与热式流量传感器的实际情况相吻合。其次，相关技术的发展变化以及热式微流量测量需求与研究的瓶颈，使相关企业以及研究机构的申请量趋于稳定。

（三）全球专利申请分布分析

热式流量传感器在全球的专利申请分布情况如图 2-2 所示。日本的专利申请量达到 6261 项，居热式流量传感器全球申请量之首，占全球总量的 29%，显示出日本是该领域的最大专利申请布局地区；排名第二位的是德国，专利申请量达到 3124 项，占全球总量的 14%；排名第三、四位的是美国和欧洲，专利申请量分别为 2832 和 2673 项，各占全球总量的 13% 和 12%；韩国的专利申请量为 906 项，约占全球总量的 4%。可以看出，日本、德国、美国在热式流量传感器专利申请量方面具有较大优势，可能与上述地区的汽车工业发展较早有关。虽然中国汽车工业起步较晚，但是由于中国的市场巨大，因此，中国在该领域也具有一定的专利布局。

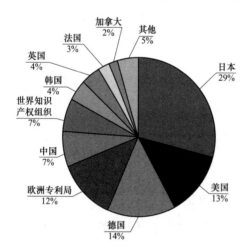

图 2-2　热式流量传感器全球主要
国家/地区专利申请分布

（四）专利申请流向分析

热式流量传感器在中国、美国、欧洲、日本、韩国的专利布局情况如图 2-3 所示。

下面主要从中国、美国、欧洲、日本、韩国的受理量中不同国籍申请人的专利申请流向分布情况进行分析。

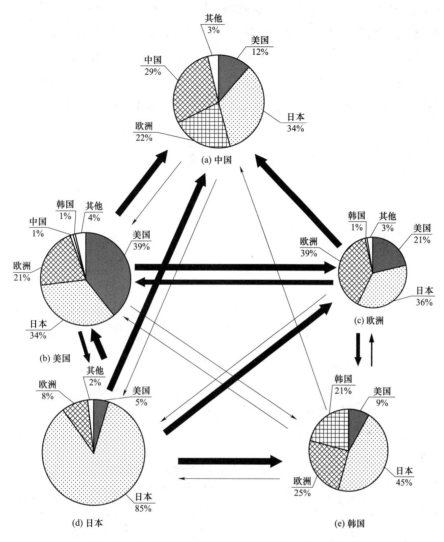

图 2-3　热式流量传感器主要国家/地区专利申请流向

注：图中箭头方向表示专利流向，箭头粗细表示流量大小。

　　热式流量传感器是利用热传递原理测量流量的计量器具，能够测量微小流量。空气流量作为发动机喷油量和点火时间的重要参数，直接影响着发动机的空燃比，空气流量计应用于汽车燃油喷射装置上，安装在汽车空气滤清器和节气门之间的进气通道上，用于实时测定发动机吸入的空气质量流量。日本的汽车工业比较发达并且在热式流量传感器相关领域具有较大的优势，特别是日立、日本电装等公司申请了大量相关专利，因此日本籍的申请人在中国、美国、欧洲、韩国的申请都处于领先的位置，整体上日本处于专利输出国地位；美国的汽车工业具有较大的优势，在热式流量传感器领域处于领先水平，在美国、欧洲、日本、中国等汽车主要消费市场有巨大的专利布局需求，图 2-2 中也体现了美国在相应地区进行了相当数量的专利布局；欧洲以德国为代表的国家拥有良好的汽车工业基础，尤其是汽车发动机领域，因此欧洲申请人对热式流量测量较为重视，例如罗伯特·博世在美国、欧洲、日本、中国布局了大量的专利申请；韩国籍的申请人申请的专利主要集中在韩国，在欧洲只有少量的申请，可能由于韩国在汽车发动机领域的技术处于输入地位，与欧美国家也存在一定的差距；中国作为新兴的市场，汽车工业处于快速发展时期，对热式流量传感器具有庞大的需求，但由于热式流量传感器的技术难度较大，相对于五局中的其他国家，中国处于专利输入国的地位。另外中国的汽车工业发展迅猛，需求持续增长，日本、欧洲、美国等主要国家和地区在中国的专利申请布局也较多。

三、重要申请人及其技术脉络分析

（一）技术集中度分析

技术集中度是指行业内前 n 家较大企业占整个行业的比重。专利集中度可以使用专利申请量指标进行表示，即计算前几位申请人在总申请量中的占比。通过计算专利申请量排名前 20 位的企业占热式流量传感器领域中整个申请量的比重，可在一定程度上反映出热式流量传感器的技术集中度。表 3-1 给出了热式流量传感器重要申请人申请量占比，其中所选取的排名前 20 位的企业分别为日立、罗伯特·博世、日本电装、三菱、霍尼韦尔、株式会社山武、西门子、东京瓦斯等。

表 3-1　热式流量传感器重要申请人申请量占比

申请人	申请量/项	占比/%
日立	3767	17.7
罗伯特·博世	1671	7.85
日本电装	1318	6.19
三菱	780	3.67
霍尼韦尔	583	2.74
株式会社山武	553	2.6
西门子	339	1.59
东京瓦斯	256	1.2
理光株式会社	217	1.02
矢崎股份有限公司	201	0.94
MKS 仪器股份有限公司	194	0.91

续表

申请人	申请量/项	占比/%
欧姆龙株式会社	189	0.88
阿自倍尔株式会社	185	0.86
三井株式会社	172	0.8
大陆集团有限公司	143	0.67
丰田汽车公司	138	0.65
恩德斯+豪斯流量技术股份有限公司	134	0.63
盛思锐股份公司	128	0.6
日产汽车株式会社	124	0.58
BERKIN BV 公司	119	0.56
其余申请人	10089	47.41

从表 3-1 可以看出，热式流量传感器领域排名前 20 位的申请人的申请量占全球总申请量的 52.59%，超过了一半。这说明热式流量传感器具有非常高的技术集中度，即大部分申请集中于少部分申请人，反映出热式流量传感器的核心技术由行业内排名靠前的重要企业掌握，尤其是日立、罗伯特·博世和日本电装三位申请人的申请量占到总申请量的 30% 以上。因此，在进行技术发展脉络和相关重要专利研究时，采用了典型抽样的方式选取以上三位申请人作为主要研究对象。

（二）日立专利技术分析

1. 日立全球专利申请国家/地区分析

图 3-1 显示了日立在主要国家/地区的专利布局情况。热式流量传感器领域中，日立占到了全球总专利申请量近 20%，是该领域的领头羊。可以看出，日立在日本的专利申请量为 1946 件，远远超过了在其他国家和地区的申请量，这是由于日立作为日本企业，其主要市场也集中在日本本土。除本国外，日立的专利申请量主要集中在欧洲、美国和中国，欧洲、美国和中国也是日立的专利布局和竞争市场集中地。另外，还可以看出，日立关于热式流量传感器的专利申请中，绝大部分都为同族申请，这也从另一个角度说明了日立的申请均为高价值、含金量较高的专利。

2. 日立全球专利申请量趋势分析

图 3-2 示出了热式流量传感器领域日立全球专利申请趋势。从该图可以看出，日立从 1974 年开始申请第一件有关热式流量传感器的专利，在随后的 5 年间申请量持续增长。这也对应于图 2-1 所示出的热式流量传感器领域的平稳增长期，在随后的 30 年里，

日立的申请量总体呈增长趋势，但出现一定波动。此外，2000 年之后，申请量再次呈现出快速增长的态势，这得益于半导体技术的成熟使热膜集成 MEMS 得到了迅速发展，而相关核心工艺技术由日立所掌握。

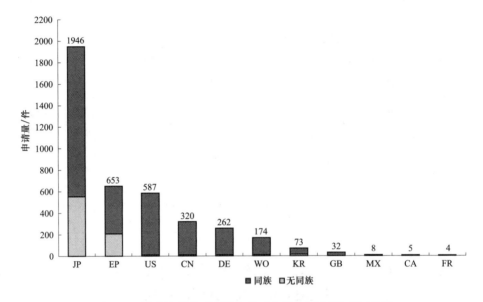

图 3-1　热式流量传感器日立全球专利主要申请国家/地区

图 3-2　热式流量传感器日立全球专利申请趋势

3. 日立各技术分支重要专利技术演进

图 3-3 示出了日立热式流量传感器专利技术发展路线。

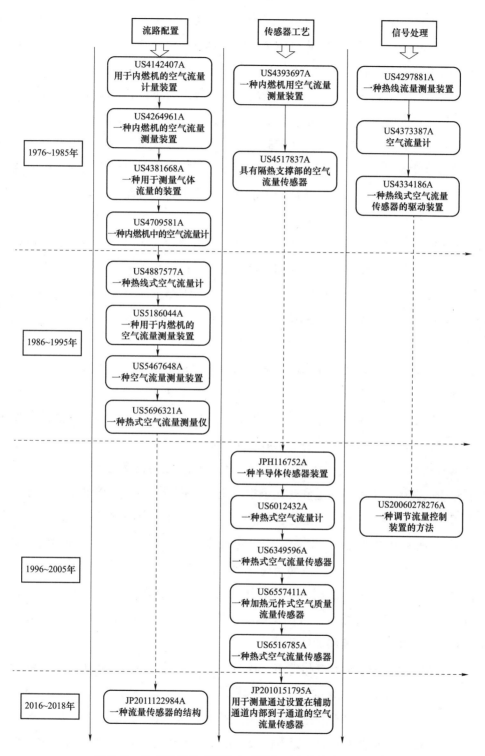

图 3-3　热式流量传感器日立重要专利申请技术发展路线

　　在流路配置方面，公开号为 US4142407A 的专利申请公开了一种用于内燃机的空气流量计量装置。通过设置在空气抽吸通道中的卡门涡街式空气流量计测量供给到发动机的抽吸空气流量，空气抽吸通道包括至少两个吸气通道，每个吸气通道具有卡曼涡旋以及输入切换电路装置，用于接收来自涡流流量计的输出信号并且用于当输入信号低于预定参考值时仅利用来自涡流流量计中的第一个的输入信号来产生输出信号，以及当超过参考值时利用另一个热式流量传感器的输出，其中热式流量传感器被布置在具有相对较小横截面积的吸入通道的小型文丘里管的最窄部分中，而另一个流量计设置在小文丘里管的最窄部分与具有相对较大横截面积的吸入通道的大文氏管之间的环形空间中，小文丘里管同心地设置在大文氏管内。公开号为 US4264961A 的专利申请在内燃机的测量流路上增加了压力传感器装置，其被耦合到带有主文丘里管的旁路以测量吸入文丘里管内的空气流量，热式空气流量测量装置包括位于吸入空气流中的电发热装置，用于检测从发热装置辐射到空气流中的热量，并产生与辐射量相对应的输出 V 的热量，通过压力式流量测量装置和热式流量传感器的计算结果对流量进行互相校正。

公开号为 US4381668A 的专利申请公开了一种用于测量气体流量的装置，在主供给路径构件具有形成在其壁中的第一和第二开口，并设置了旁路构件可拆卸地固定到主供给路径构件的外侧并且设置有细长凹槽，设置有与旁路构件的凹槽对应的开口，间隔件的开口限定横截面，与凹槽协作以改变横截面槽的面积根据间隔件的厚度而变化，通过对该流路的改进，降低了流体出现的紊流现象，提高了热式流量传感器的测量精度。公开号为 US4709581A 的专利申请公开了一种内燃机中的空气流量计，对旁通通路作出了进一步改进。旁路通道包括至少一个具有恒定横截面积的基本笔直部分和至少一个基本上与基本笔直部分成直角延伸的另一部分，旁路通道的轴向长度大于预定轴向长度空气流量测量管，其中包括旁路通道和热线型空气流量传感器的空气流量测量管暴露于主气流，使得旁路通道中的空气的温度变得基本上等于主通道中的空气的温度。公开号为 US4887577A 的专利申请进一步对主流路内的辅助流路作出改进，设置辅助流动路径具有 L 形构造，L 形构造包括在主流动路径的轴向方向上形成的流动路径部分和形成在主流动路径的径向向内方向上的流动路径部分，至少在主流道的一半处，并且其中在主流道的轴向上的辅助流道部相对于主流道偏心设置，将热传感器元件设置在 L 形结构内，在一定程度上减小了测量流路的体积。

公开号为 US5186044A 的专利申请，其同样是对于辅助空气流道的改进。在包括适于插入穿过限定发动机的进气主通道的壁部件的壳体，壳体具有用于进气的一部分的辅助空气通道，壳体支撑热传感器用于检测辅助通道中的空气流量。公开号为 US5467648A 的专利申请在主空气通道内设置二次空气通道，将热式流量传感器设置在二次空气通道中，二次空气通道具有通过流道连接的入口和出口，流道具有第一部分和第二部分，第一部分的中心纵向轴线平行于主空气通道的中心纵向轴线并且从中心纵向轴线径向偏移，第二部分的纵向轴线垂直于主空气通道的中心纵向轴线，辅助空气通道的入口包括一个开口，该开口位于偏离主空气通道的中心纵向轴线的一个点处并且围绕主空气通道和辅助空气通道的中心纵向轴线，开口具有倾斜壁部分朝向二次风道汇聚，通过该二次流道的改进，将大流量转换为小流量，降低了紊流。公开号为 US5696321A 的专利申请，其辅助通路包括第一通路、第二通路和第三通路，两个温度感测电阻器布置在第一通路中，流过第一通路的大部分流体沿向前方向流过第二通路，以及第三通路以引导流体逆向流向温度感测电阻器，用于根据上游侧和下游侧温度感测电阻器之间的热辐射量的差异来判断流体的方向是正向还是反向，并且用于输出对应于流体的流动速率的信号，三通路结构的辅助通路提高了温度感应精度。公开号为 JP2011122984A 的专利申请，通过将与辅助通道和主通道中的至少一个连通的测量室形成在流量计壳体中，流量传感器用于测量通过设置在辅助通道内部到子通道的空气的空气流量，具有环境传感器元件的热式空气流量传感器测量至少一个湿度的热式空气流量传感器，减小了流路配置的体积。

在传感器工艺方面，公开号为 US4393697A 的专利申请公开了一种内燃机用空气流量测量装置。空气流量传感器和温度传感器设置在吸入空气流入发动机的通道内，温度传感器用于对空气流量传感器的温度进行补偿，空气流量传感器和温度传感器被布置在与进气流动方向成直角的同一平面内，其中空气流量传感器和温度传感器通过具有相同表面积和相同热容量的导电支承销固定在它们各自的端部，该专利着重于改进传感器结构以对温度进行补偿。公开号为 US4517837A 的专利申请将空气流量传感器支承在隔热支承部件上，因而传感器不会受到由传感器本身产生的热量的导电损耗，来自旁路室主体或文氏管室主体的热量加到传感器上，由此传感器可以仅以很小的误差进行测量。此外，由于传感器被放置在旁路中，背射而产生的热和机械冲击不能到达旁路。公开号为 JPH116752A 的专利申请公开了一种半导体传感器装置，包括测量部分，该测量部分包括形成在设置在测量电阻器中的空腔上的加热电阻器元件和形成在半导体基板上的半导体基板，该 RTD 的温度用于获得空气流量的控制电路信号表示气流运行控制，以使加热电流流向加热电阻器以增加预定温度，以及用于将气流信号输出到外部的端子，该技术方案基于半导体材料，属于热膜集成 MEMS 热式流量传感器，这得益于半导体技术的发展。随后，公开号为 US6012432A、US6349596A、US6557411A、US6516785A 和 JP2010151795A 的专利技术方案均为对热式流量传感器结构本身以及加工工艺的优化改进。

在信号处理方面，公开号为 US4297881A 的专利申请公开了一种热线流量测量装置，包括第一串联电路，其包括放置在流体的流体路径中的第一热敏电阻元件和第一电阻元件，用于分压第一热敏电阻元件两端的电压的电路；放置在流体的流体路径中的用于温度补偿的第二热敏电阻器，用于检测分压电路的输出电压与用于温度补偿的第二热敏电阻器的输出电压之间的差值的装置，其中第二串联电路两端的电压作为用于温度补偿的热敏电阻元件上的输出电压被施加到检测装置，该技术方案通过电路构造对温度进行补偿。公开号为 US4373387A 的专利申请公开了一种空气流量计，空气流速测定用电阻和温度补偿用电阻通过露出的导线安装在空气流路内，空气速度测定用电阻被加热到比抽出空气高的规定温度；在通道中，温度补偿电阻被加热到几乎与吸入空气的温度相等的温度，并且温度补偿电阻由具有不小于耐热性的导线支撑，导线与支撑空气速度测量电阻的导线；该技术方案着重于温度补偿电路的优化设计。公开号为 US4334186A 的专利申请在电路中增加了积分装置用于积分温度敏感补偿元件两端产生的端电压与采样和保持装置的输出电压之间的差值电压，同样属于对温度补偿电路的优化方案。公开号为 US20060278276A 的专利申请公开了一种调节流量控制装置的方法，流量控制装置控制将流体供应到压力低于流体供应源的目标通道中的流体的流量，属于流道内流量的控制技术。

4. 日立重要专利的技术功效矩阵分析

为了研究日立在热式流量传感器方面的专利申请布局情况，图 3-4 对日立重要专利申请技术（被引用次数 5 次以上）进行了技术功效分析。

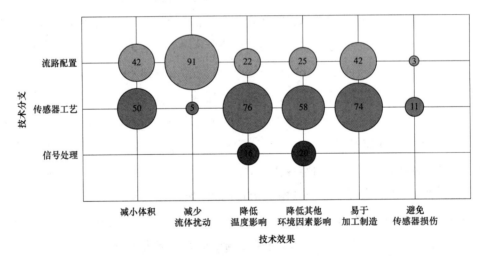

图 3-4　热式流量传感器日立重要专利申请技术功效矩阵分析

注：图中数字表示申请量，单位为项。

由图 3-4 可知，通过流路配置来减少流体扰动以及通过传感器工艺来实现易于加工制造、降低温度影响，是日立专利布局的重点，也是技术热点；而通过信号处理来实现减少流体扰动和减少体积是技术空白点，也有可能是未来的技术突破点。

5. 日立基础专利分析

日立于 1979 年 5 月 25 日申请的公开号为 US4264961A 的美国专利申请，于 1981 年

4 月 28 日公开，共被引证 143 次，先后进入多个国家和地区。图 3-5 为 US4264961A 的历年引用频次，可以看到该专利申请自公开后几乎年年都被引用，说明该专利在热式流量传感器行业一直得到了持续的关注，特别是在 1981 年公开之后引用次数明显增多，说明该专利当时在行业内引起了一定的反响。

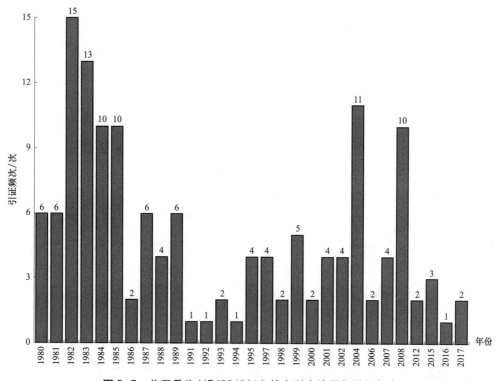

图 3-5　公开号为 US4264961A 的专利申请历年引证频次

表 3-2 示出了引用 US4264961A 的主要申请人以及其引用频次。可以看出，该专利被日立自身引用了 49 次，被罗伯特·博世引用了 13 次，说明该专利得到了日立自身以及其主要竞争对手罗伯特·博世的重点关注，是热式流量传感器领域日立所申请的基础专利之一。此外，该专利目前处于失效状态，对国内的热式流量传感器厂家以及研发者具有较大的参考价值。

表 3-2　引用 US4264961A 的主要申请人

主要申请人	引用频次	引用频次百分比
日立	49	34.26%
罗伯特·博世	13	9.09%
avi 北美	8	5.59%
air sensor 公司	5	3.49%

续表

主要申请人	引用频次	引用频次百分比
ksb 公司	5	3.49%
通用汽车	5	3.49%
布伦斯维克	4	2.80%
日本电装	4	2.80%
伊顿	3	2.10%
美国福特	3	2.10%

（三）罗伯特·博世专利技术分析

1. 罗伯特·博世全球专利申请国家/地区分析

图 3-6 示出了罗伯特·博世全球专利申请国家/地区占比情况。在罗伯特·博世有关热式流量传感器的全球专利布局中，在德国的申请量最多，为 592 件，其中具有同族专利的申请占 84.8%；在日本的专利申请量排第二，其中 99.4% 的申请具有同族专利，在美国、法国、英国、中国的专利申请 100% 具有同族专利。

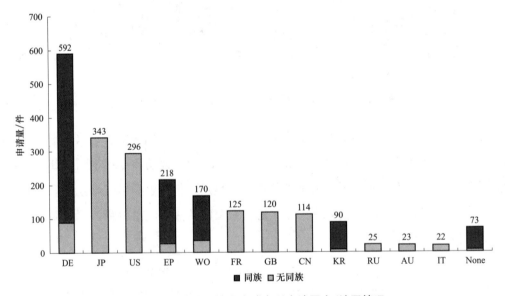

图 3-6　罗伯特·博世全球专利申请国家/地区情况

罗伯特·博世专利申请量居第二、第三位的国家分别是日本和美国，应与上述两国在该领域的竞争对手和市场有一定的关系。

2. 罗伯特·博世全球专利申请量趋势分析

图 3-7 为罗伯特·博世于 1970~2019 年的全球专利申请趋势。

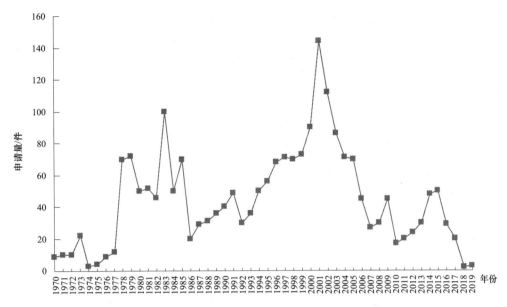

图 3-7　热式流量传感器罗伯特·博世全球专利申请趋势

自 20 世纪 70 年代起，罗伯特·博世研究人员和管理层决心让电子元件成为该公司关键产品。从 1970 年开始，罗伯特·博世在热式流量传感器领域有专利申请。从历年申请量趋势可以发现，专利申请量经历了两次快速增长期，其中第一次快速增长期为 1978～1985 年，其中 1979 年申请量为 72 件，1983 年申请量为 100 件。

经历第一次快速增长期后，受冷战影响，专利申请量骤减，直到 1994 年罗伯特·博世专利申请量才突破 50 件。

从 2000 年开始，罗伯特·博世开始注重新兴市场和微机械传感器等其他领域的创新和探索，在 2001 年，其专利申请量达到 144 件。从 2006 年开始，其专利申请量一直保持较低状态。

3. 罗伯特·博世各技术分支重要专利演进

图 3-8 示出了罗伯特·博世在热式流量传感器领域的技术发展路线。

在流路配置方面，主要涉及热式流量传感器在管路中结构和位置的设置。在 1972～1985 年的专利申请中，例如，公开号为 US3824966A 的专利申请涉及用于内燃机的空气-燃料测量供应控制系统中，通过将温度响应电阻器位于导向环内，从而使温度响应电阻器根据流入发动机的进气管中的空气流量的变化导出表示流过电阻器的电流变化，避免管道入口处湍流的影响。公开号为 US4304128A 的专利申请被引用次数多达 39 次，其涉及用于测量流动介质的质量的设备，其在流路结构配置方面通过在管状部件内设有探针环，两个电阻器都安装在该探针环上以暴露于流动介质，并设置安装在管状构件上的接线盒，并且电子器件设置在接线盒内，从而保护电子器件免受冲击损坏。公开号为

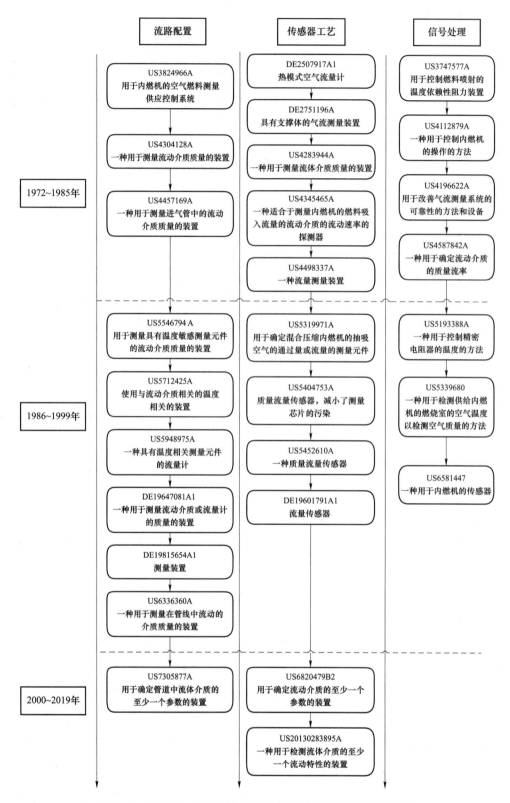

图 3-8　罗伯特·博世热式流量传感器领域技术专利发展路线

US4457169A 的专利申请被引用次数多达 42 次，公开了设置在流动方向上逐渐变细的挡板，挡板位于具有流动间隙的两个平行保护板前端之间，挡板的锥形结构提供引导表面，该引导表面将流动介质引导到流动间隙中，热敏电阻位于平行保护板的后端，从而保护了热敏电阻避免受燃烧吸入空气污垢的影响。

从 20 世纪八九十年代开始，随着半导体技术的发展，流路配置的专利申请更多倾向于热膜式传感器在管路中的设置，而这一设置更多倾向于降低噪声等环境因素的影响。公开号为 US5546794A 的热式流量传感器，在管道内设置测量导管，设置用于固定热膜式电阻器的承载体，承载体设置在测量导管内，从而防止热膜式电阻器免受介质污染，具有位于测量元件上游和下游的内壁区域，内壁区域具有摩擦面，提供流速补偿误差，避免流体脉动影响。公开号为 US5712425A 的专利申请涉及流过的介质量的测量装置，通过设置一横在介质流体内的支承体，支承体上的测量元件上游部分有一流体阻挡部分，该流体阻挡部分导致在测量通道内形成一有效的、具有一定界限的流体分离区，避免测量元件产生的电信号中出现的背景噪声，提高了测量结果。公开号为 US5948975A 的专利申请公开了将测量管从入口延伸到出口，出口与弯曲的偏转导管合并，流体从出口流入偏转导管时增加流动横截面积，从而避免流体脉动或波动影响，提高测量精度。公开号为 DE19647081A1 的专利申请提供了一种流量测量装置为了减少流体的冲击，在测量元件的上游设置整流栅格，格栅具有流动开口，其至少局部地具有不同的流动横截面。流动开口的流动横截面适应于迎面而来的流动，以便在网格下游产生具有基本均匀的速度分布的流动。公开号为 DE19815654A1 的专利申请公开的测量装置，通过将流动通道分成一个包含测量元件的测量通道和一个绕过该测量元件导通的旁通通道，流动介质中携带的污物颗粒对测量元件的撞击被大大避免，至少被大大减弱。公开号为 US6336360A 的专利申请公开了测量导管呈对称 S 形偏转管道，即在入口侧和出口侧设置偏转元件，是流体具有基本对称的流动路径，从而在测量元件上产生最佳流动。公开号为 US7305877A 的专利申请通过在管道部件中从主流动方向上看在旁路部件的前面设置的一个导流部件，小流动速度的情况下也避免流动分离，提高测量精度。

罗伯特·博世在传感器制作工艺上的专利申请也更多侧重于热膜式流量传感器的制作工艺，通过传感器半导体工艺的改进，提高传感器对流体的响应速度，避免污染并且满足集成化的需求。公开号为 DE2507917A1 的专利申请为罗伯特·博世早期的申请，其涉及热膜空气质量计，包括具有传感器框架的传感器芯片、具有至少一个加热元件和至少两个温度传感器的传感器膜，以及采用标准燃料量和校正变量，从而获得高精度测量值。公开号 DE2751196A 的专利申请涉及气流中的支撑载体的气流测量装置，改进包括一个基本上与流体温度无关的加热装置，从而显著降低了由所述载体的加热和冷却引起的测量误差。公开号为 US4283944A 的专利申请涉及一种用于测量流体介质质量的装置，其通过将温度依赖性测量电阻膜通过绝缘膜和取决于温度的加热电阻膜设置在与其分开的载体上，防止温度相关的测量电阻器和载体之间的热流动，从而使设备对介质流量变化的响应速度和测量精度都得到了显著提高。公开号为 US4345465A 的专利申请被引用次数多达 30 余次，其主要涉及热膜式流量传感器的制作工艺，所述载体为薄耐热合成树脂片，并在其一个表面上承载图案负载，并在其一侧上承载图案的电阻层，以便提供一个或多个电阻器以及导电路径，并设置疏水涂层，以防止污垢污染表面，从而防止装置的响应速度的任何变化。

公开号为 US4498337A 的专利申请涉及一种用于在流动介质中测量温度或用于热测量流速的传感器装置，载体为金属箔或薄带的形式，金属板中设置槽，该传感器具有高机械稳定性并且在测量期间产生很小的温度延迟。公开号为 US5319971A 的专利申请涉及通过设置基板结构，测量元件沿流动方向延长以提供从测量电阻器的区域向下游移动的分离区域，从而使流动区域不受干扰。公开号为 US5404753A 的专利申请被引用次数多达 67 次，通过将测量芯片安装在壳体的流入通道中，可以更好地保护测量芯片免受机械应力和介质流中传导的颗粒的影响，降低噪声影响。公开号为 US5452610A 的专利申请被引用次数多达 50 余次，其公开了框架所需的表面积变得特别小，可以在每个晶片上制造更多的质量流量传感器，从而节省面积减少体积。公开号 DE19601791A1 的专利申请提供了一种流量传感器，其引用次数有 50 余次，通过在硅晶片表面上施加一个或多个膜层，保证了传感器具有足够的张力，从而适应环境需求。公开号为 US6820479B2 的专利申请公开了通过完全封闭传感器座中传感器元件的敏感区域，在传感器座底部的边缘区域中设置凹槽，使传感器元件可以被更准确地装入，即使在较长的运行时间期间也不会降低测量结果的质量。公开号为 US20130283895A 的专利申请涉及通过在制作过程中增加湿度、压力传感器，降低湿度、压力影响。

在信号处理方面，罗伯特·博世的早期申请 US3747577A 涉及信号处理电路设计，将放大器输入连接到桥式电路的对角线，放大器输出与桥的两个分支并联，产生的反馈电路通过改变通过其电流来保持温度相关的电阻器处于恒定温度，以补偿气流的不同冷却效应。公开号为 US4112879A 的专利申请也是罗伯特·博世专利申请中被引用次数最多的专利，其涉及信号处理中校正算法，通过对输出量进行校正，采用标称燃料量和修正变量得到精确的输出结果。公开号为 US4196622A 的专利申请为了消除气流方向反转造成的误差，在温度变化电阻的下游放置一个与温度无关的电阻，并保持与后者相同的工作温度，从而提高温度测量精度。公开号为 US4587842A 的专利申请通过在单个电桥中利用两个温度相关电阻器，通过两个电桥电流值的简单算术耦合，可以获得更高的灵敏度并且可以实现介质流动方向的指示。公开号为 US5193388A 的专利申请涉及电路结构以及信号处理算法，在确定其占空比时，考虑了用于定时的门控电压的大小，并且允许使用最大可用选通电压，相应的高电压电位可用于加热精密电阻器，从而实现了电阻器快速达到其工作温度。公开号为 US5339680 的专利申请涉及通过施加与温度检测器的传递函数基本上相反的传递函数而获得的温度校正值，应用于检测温度来改善动态性能，提高测量精度。公开号为 US6581447 的专利申请涉及为了减少压力、湿度等参数的影响，设置湿度传感器和压力传感器以及公共评估电路进行校正，从而提高测量精度。

4. 罗伯特·博世重要专利技术功效矩阵分析

图 3-9 示出了罗伯特·博世热式流量传感器技术功效矩阵。由图可知，在流路配置方面，罗伯特·博世的专利申请集中在通过设置热式流量传感器在管路中结构和位置，减小流体扰动，从而提供稳定的流动区域和避免传感器污染造成的损坏。在传感器工艺方面，由于热线式流量传感器在空间分辨率和易碎性之间存在难以克服的困难，专利申请更多侧重于热膜式流量传感器的制作工艺，通过传感器半导体工艺的改进，提高传感器对流体的响应速度、避免污染以及满足集成化的需求。在信号处理方面，主要涉及信号处理电路设计、信号处理算法，热式流量传感器的测量依赖于温度、压力、湿度等，信号处理算法中通常涉及校正方法，从而降低温度影响以及其他环境因素，用于提高测量结果。

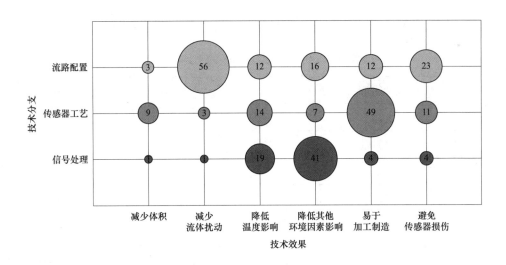

图 3-9　罗伯特·博世热式流量传感器技术功效矩阵分析

注：图中数字表示申请量，单位为件。

5. 罗伯特·博世基础专利分析

图 3-10、表 3-3 分别示出了公开号为 US4112879A 的专利申请历年引证频次以及引用该专利申请的主要申请人。优先权日为 1975 年 2 月 24 日、公开号为 US4112879A 的美国专利申请，于 1976 年 9 月 9 日最早在德国专利 DE2507917A 被公开后，共被引证 70

次。该专利申请主要涉及：①在信号处理方面校正算法的提出，获得导出修正变量和根据所述校正变量改变发动机的主要燃料空气比，由此对采用标称燃料量和修正变量得到精确的输出结果。②在信号处理电路的设置，设置桥式电路和比较器模块，在电路设置上实现导出修正变量的，同时还设计了微分器，为内燃机提供尽可能稀薄的燃料-空气混合物，降低到发动机的运行极限，发动机实现最大范围的燃料消耗，降低废气中的污染气体含量。该项专利无论从引用次数还是引用时间考虑，在信号处理方面，均可以作为基础专利。

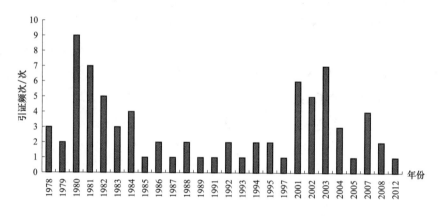

图 3-10　公开号为 US4112879A 的专利申请历年引证频次

表 3-3　引用 US4112879A 的主要申请人

主要申请人	引用频次	引用频次百分比
瓦伊金	11	13.25%
罗伯特·博世	9	10.84%
霍尼韦尔	7	8.43%
丰田汽车	6	7.23%
三菱	5	6.02%
renault sport	4	4.82%
大陆	4	4.82%
美国福特	4	4.82%
日立	3	3.61%
西门子	3	3.61%

(四）日本电装专利技术分析

1. 日本电装全球专利申请国家/地区分析

图 3-11 示出了日本电装的全球专利申请国家/地区分布。通过分析可以看出，日本电装在日本的专利申请量最高，比其他主要国家/地区的专利申请量总和还要多，且日本同族专利的申请量明显高于其他国家/地区的申请量之和。原因是一项专利申请存在多件日本同族专利，如申请日为 2017-12-25，公开号为 JP2019023611A，主题为"一种制造物理量测量装置的方法，模具装置和物理量测量装置"的专利申请，拥有 3 项 WO的同族和 6 项日本的同族申请。究其原因，一方面可能是日本电装作为日本公司立足本土的需要，另一方面可能是为了做好本土的专利布局，以便应对在日本面临的强大竞争压力。

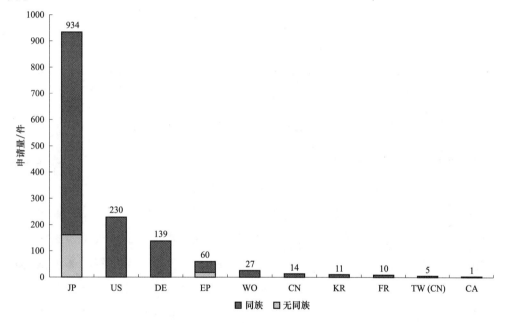

图 3-11　日本电装全球专利申请国家/地区分布

日本电装专利申请量位居第二、第三的分别是美国和德国，这与上述两国在该领域的竞争对手和市场有一定的关系。

2. 日本电装全球专利申请量趋势分析

图 3-12 示出了热式流量传感器日本电装全球专利申请趋势。可以发现，1974~1980年专利申请量较小，属于技术萌芽期，基本处于解决发动机或内燃机的流量测量的阶段；1981~1996 年，申请量有了较大的增长，并于 1985 年达到第一个高峰，属于技术发展期，在此期间，流量计的概念初步形成，其应用领域也有了进一步的扩展；1997~2015 年，申请量处于较高水平，属于技术成熟期，并于 2001 年达到最高值，究其原因，与半导体技术的发展成熟使得流量计的制作工艺得以提高，并使其体积得以进一步缩

小，从而可以适应更多的应用场景有关。2015 年之后专利申请量基本处于逐年下滑状态，可能是流量计技术上已基本趋于成熟，技术上很难取得发展。

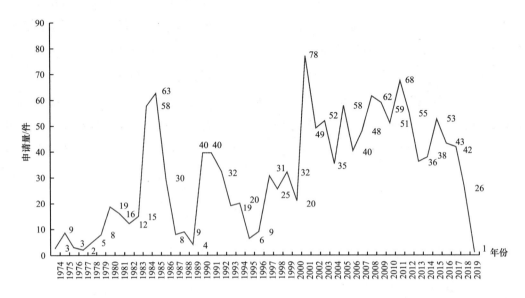

图 3-12　热式流量传感器日本电装全球专利申请趋势

3. 日本电装各技术分支重要专利技术演进

图 3-13 示出了日本电装重要专利申请技术发展路线。

在流路配置方面，日本电装关于流量计最早的申请是 1975 年 3 月 20 日提交的公开号为 US3975951A 的美国专利申请，公开了提供一种用于内燃机的进气量检测系统。测量内燃机进气的第一温度，通过电加热元件加热进气，测量加热后的第二温度，调节电加热元件产生的热量，使第二温度和第一温度之间的温度保持固定值，并计算加热元件产生的热量，以确定进入内燃机的进气量。公开号为 US4074566A 的专利申请涉及对进气量检测系统进行了改进，加入了弹性减震材料，从而保护加热器和温度检测元件免受在发动机和安装发动机的汽车运行期间产生振动的冲击。公开号为 JPS58221119A 的专利申请公开了一种气体流量测量装置，通过提供用于稳定流量测量管气流入口侧气流的金属丝网，在不降低空气吸入效率的情况下，有效地将整流后的气流作用于流量检测部件。公开号为 US4578996A 的专利申请公开了气体流量测量装置和方法，通过安装在气流中的加热器的测量装置和安装在加热器附近的温度响应元件测量气流量。公开号为 US4870860A 的专利申请公开了一种具有改进的灵敏度响应速度的直热式流量测量装置，其采用了薄膜电阻的直热式流量测量装置。公开号为 US5209113A 的专利申请公开了一种气体流量计，通过设置节流部分使得通道中的气流均衡。公开号为 US5571964A 的专利申请公开了一种流量计，通过将传感器设置在分支通道内，用于测量分支通道内的流

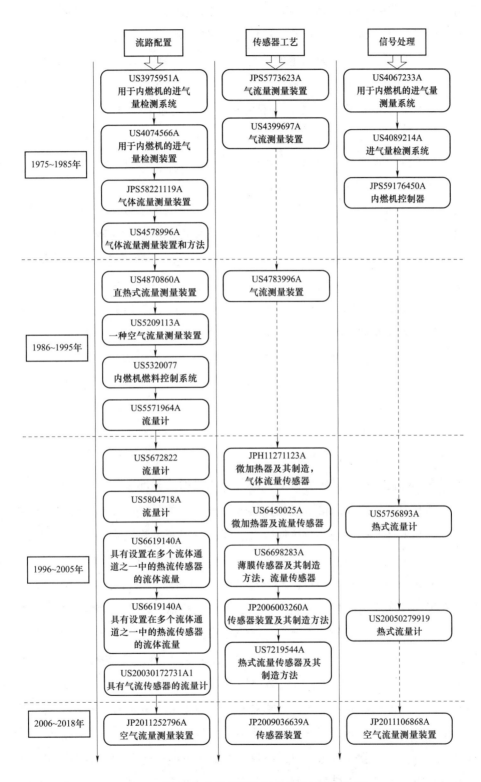

图 3-13　日本电装重要专利申请技术发展路线

速。公开号为 US5804718A 的专利申请公开了一种具有倒 U 形旁路通道的气流计。公开号为 US6619140A 的专利申请公开了一种具有设置在多个流体通道之一中的热流传感器的流体流量计，通过隔板将旁路通道的上游侧空气通道分隔成第一和第二子通道，热流传感器连接到面向第一子通道的分离器。公开号为 US20030172731A1 的专利申请公开了一种具有气流传感器的流量计，流量计形成有用于引入和携带空气以进行测量的通道，并且具有设置在通道中用于测量空气流速的传感部分。公开号为 JP2011252796A 的专利申请公开了一种空气流量测量装置，通过将传感器组件插入壳体并固定而制造，并且具有能够抑制传感器芯片的元件的电阻值波动的结构。

在传感器工艺方面，1980 年 10 月 24 日提交的公开号为 JPS5773623A 的专利申请公开了一种气流量测量装置，通过将电阻丝缠绕在支撑件上的部件粘到导电材料上，以获得不受黏附污垢影响的空气流量测量传感器。公开号为 US4399697A 的专利申请公开了在气流测量装置中，通过蒸发沉积或印刷工艺将加热器膜电阻构件沉积在第一支撑构件上，并进一步用诸如玻璃的电绝缘材料覆盖。公开号为 US4783996A 的专利申请公开了一种直热式流量测量装置，包括基板、用于产生热量并检测其温度的薄膜电阻器，以及用于控制由薄膜电阻器产生的热量使薄膜电阻器的温度为预定值的反馈控制电路。在基板中设置孔或类似物，用于节流薄膜电阻器的热传递。公开号为 JPH11271123A 的专利申请公开了一种微加热器。它可以通过增加下部薄膜和上部薄膜的厚度来改善机械强度，在它们之间具有薄膜发热部分的发热层，并且同时可以减少微型加热器整体的翘曲。公开号为 US6450025A 的专利申请公开了一种微加热器及利用其的流量传感器，气流传感器具有单晶硅衬底，其中具有中空部分；薄膜加热器部分作为设置在中空部分上方的微加热器和温度传感器。薄膜加热器部分具有下部薄膜、加热器层和上部薄膜的层叠结构。下部和上部薄膜分别具有拉伸应力膜和与拉伸应力膜层叠的压缩应力膜，并且相对于加热器层对称地层叠。应力膜相互抵消了它们的内应力，因此可以释放内应力，并且可以消除翘曲力矩，从而可以限制整个膜结构的翘曲。公开号为 US6698283A 的专利申请公开了一种薄膜传感器及其制造方法、流量传感器。流量传感器包括基板，在基板中形成空腔。薄膜结构位于腔体上方。薄膜结构包括图案化的多层膜。在图案化多层膜附近形成一个或多个虚设膜层，以保护多层膜免受还原气体的影响。公开号为 JP2006003260A 的专利申请公开了传感器装置及其制造方法。为了防止绝缘体黏附在传感部件的周边，在传感器装置中，将传感器元件的传感部分和信号输出部分设置在电连接状态的基板上，并且在感测部分暴露的状态下，传感器元件中的电连接部分至信号输出部分由绝缘体密封。公开号为 US7219544A 的专利申请公开了一种热式流量传感器及其制造方法，通过填料防止模具材料进入模具成型中的间隙。公开号为 JP2009036639A 的专利申请公开了一种传感器装置，能够确保传感器芯片和外部连接引线之间的电连接状态，并且抑制由薄壁部件或波动引起的损坏。

在信号处理方面，1977 年 3 月 10 日提交的公开号为 US4067233A 的专利申请，公开了用于内燃机的进气量测量系统，热敏电阻器与两个参考电阻器一起形成桥接电路，该电路将由电加热器引起的热敏电阻器电阻之间的差异，即通道中温度之间的差异转换为电压差。控制电路控制电加热器两端的电压，使所述电压差保持恒定，因此可以直接获得进气重量。通过振荡器电路以脉冲的形式施加到热敏电阻器的输入电压，从而减少桥电路的漂移问题。公开号为 US4089214A 的专利申请提供了一种 AD 转换器，它包括一个时间常数电路和一个电容器，用于在电容器两端产生一个参考电压，该参考电压的波形代表施加在电加热器上的电压和进气流量之间的预定关系，通过预先设置，控制施加到电加热器的电压，使得温度响应电阻之间的温度差保持在预定值，从而将施加的电压转换为具有与预定功能特性相对应的时间宽度的脉冲信号。公开号为 JPS59176450A 的专利申请公开了内燃机控制器，通过基于存储的功能对来自传感器的检测信号执行反向转换，并将校正的信号作为控制命令数据馈送来实现高精度的空气/燃料比控制。公开号为 US5756893A 的专利申请公开了热式流量传感器，通过设置底板和屏蔽板可以将外部 E/M 噪声等传递到接地侧，具有改善的 E/M 抗干扰特性和降低的制造成本。公开号为 JP2011106868A 的专利申请公开的空气流量测量装置，在硅片式空气流量测量装置中，将端子引脚的数量减少到 4，从而使端子引脚的布局简单化。

4. 日本电装重要专利的技术功效矩阵分析

图 3-14 示出了日本电装重要专利技术功效矩阵。为了研究日本电装在流量计方面的专利布局情况，对其重要专利（被引用次数 5 次以上）进行了技术功效标引。

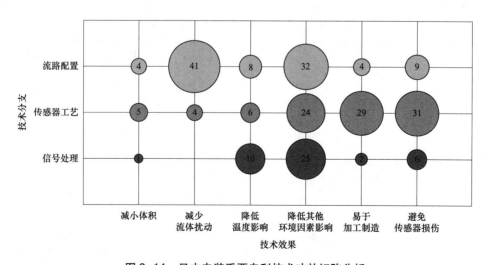

图 3-14 日本电装重要专利技术功效矩阵分析

注：图中数字表示申请量，单位为件。

由图 3-14 可知，通过流路配置来减少流体扰动和降低温度影响，通过传感器工艺来实现加工制造和避免传感器损伤，通过信号处理实现降低除温度外其他环境因素的影响等是专利布局的重点，也是技术热点。而通过信号处理来实现减少流体扰动和减少体积是技术空白点，也有可能是未来的技术突破点。

5. 日本电装基础专利分析

图 3-15 示出了公开号为 US3975951A 的专利申请历年引证频次，表 3-4 示出了引用 US3975951A 的主要申请人。

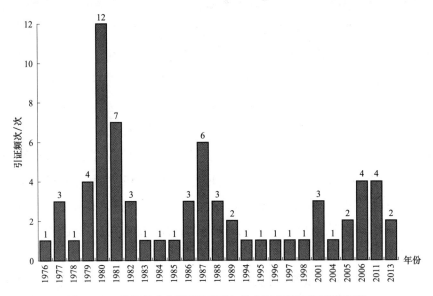

图 3-15　公开号为 US3975951A 的专利申请历年引证频次

表 3-4　引用 US3975951A 的主要申请人

主要申请人	引用频次	引用频次百分比
日本电装	22	31.88%
日立	13	18.84%
三菱	5	7.25%
思百吉加拿大	4	5.80%
日产汽车	4	5.80%
康明斯发动机	3	4.35%
西蒙·弗雷瑟大学	3	4.35%

US3975951A 作为日本电装有关热式流量传感器的最早专利申请，通过加热元件产生的热量确定进入内燃机的进气量。1975～2013 年，共被引用 69 次，证明该专利的质量

较高，基础性较强，且为日立、三菱等多次引用，显示出日立是日本电装在该领域的主要竞争对手。同时，该专利还被日本电装自身引用了 22 次之多，显示其围绕该专利进行了进一步的挖掘和研究，提高自身的专利防护能力。

（五）小结

图 3-16 为申请量排名前三的申请人的技术路线对比分析。可以看出热式流量传感

	1976~1985年	1986~1995年	1996~2005年	2006年至今
流路配置	US4142407A 设置两个吸气通道 日立	US5186044A 设置辅助空气流道 日立		JP2011122984A 测最室形成在流量计壳体中 日立
	US3824966A 温度响应电阻器计算流量变化 罗伯特·博世	US5546794A 具有位于测量元件上游和下游的内壁区域 罗伯特·博世	US6336360A 设置偏转元件，使流体具有基本对称的路径 罗伯特·博世	
	US3975951A 设置电加热元件计算进气量 日本电装	US5209113A 设置节流部分均衡气流 日本电装	US6619140A 设置隔扳分离旁路 日本电装	JP2011252796A 传感器插入壳体抑制电阻波动 日本电装
传感器工艺	US4393697A 流量和温度传感器设置在同一平面 日立		JPH116752A 半导体材料制作传感器 日立	JP2010151795A 具有环境传感器元件 日立
	DE2507917A1 设置至少一个加热元件和至少两个测温元件 罗伯特·博世	US5319971A 电阻器下游分离区域，减少干扰 罗伯特·博世	US6820479A 传感器支座固定在旁路通道 罗伯特·博世	US20130283895A 设置湿度、压力传感器 罗伯特·博世
	JPS5775623A 电阻丝缠绕支撑件避免粘附污垢 日本电装	US4783996A 采用薄膜电阻器 日本电装	JPH11271123A 增加薄膜传感器的厚度减少翘曲 日本电装	JP2009036639A 传感器芯片改进抑制薄壁损坏 日本电装
信号处理	US4297881A 通过电路实现温度补偿 日立		US20060278276A 流量控制装置控制通道流量 日立	
	US3747577A 反馈电路补偿气流冷却 罗伯特·博世	US5193388A 测量测温电阻和加热电阻的电压值 罗伯特·博世	US6581447A 设置评估电路 罗伯特·博世	
	US4067233A 振荡电路加压减少电路漂移 日本电装		US5756893A 设置屏蔽板抗干扰 日本电装	JP2011106868A 端子引脚数最减少布局简化 日本电装

图 3-16　热式流量传感器前三位申请人技术路线对比分析

器主要萌芽于 20 世纪 70 年代，以日立、罗伯特·博世、日本电装为代表的企业申请了诸多基础性专利，比如日本电装的 US3975951A 以及日立的 US4142407A 等。上述专利主要提出将热式流量传感器应用于汽车内燃机进气流量测量，并相应地对汽车内燃机进气管路配置进行改进，通过对流路的配置减小了流体的扰动并提高了精度。热式流量传感器领域之所以会出现较高的技术集中度，原因是得益于热式流量传感器测小流量的高精度以及高敏感度，热式流量传感器在萌芽阶段主要被用于汽车工业，对该类型流量计产品进行重点研发的企业多数为汽车制造商或者是其零部件供应商。当热式流量传感器初步成功地应用于内燃机进气量测量之后，日立、罗伯特·博世、日本电装等企业将研发的重点放在了提高灵敏度、克服环境温度的干扰、降低紊流、保护传感器部件等方面，并使专利申请的数量持续增长。

而在 20 世纪 90 年代之后，随着半导体技术的不断发展成熟，热式流量传感器的研发重点被转移到传感器工艺本身上，尤其是热膜集成 MEMS 传感器技术得到了长足发展，比如日立 1997 年 6 月 16 日申请的 JPH116752A、罗伯特·博世 1992 年 7 月 8 日申请的 US5319971A 以及日本电装 1998 年 3 月 20 日申请的 JPH11271123A 等。在这一时期，热式流量传感器技术进入了快速增长期，各大厂商均申请了大量关于热膜集成 MEMS 传感器的专利技术，尤其是在传感器封装加工工艺等方面。2000 年之后，热式流量传感器技术进入成熟期，专利的申请量有所下降。在这一阶段，各大厂商对于热式流量传感器的研发依旧集中在传感器工艺方面，只是申请量有所下降。

在信号处理方面，随着工艺的进步，从最初通过设置电路实现温度、气流等的补偿，如日立的 US4297881A 和 US3747577A 等，逐渐发展到芯片级的改变，如日本电装 JP2011106868A 作出的引脚优化设置。

由此可见，工艺进步对于传感器工艺的发展和信号处理的集成化具有重要意义，尤其是 1996 年以后工艺水平上的发展导致了传感器自身的极大发展，而进入 2006 年以后，工艺水平上发展较为有限，导致了热式流量传感器取得进一步提高的难度在逐渐增大。

四、国内申请分析

图 4-1 示出了全球和中国在热式流量传感器领域的专利申请发展情况的对比。可以看出，中国专利申请量较小，但历年申请量一直处于增长状态，同时也凸显出国内外在流量传感器领域的技术实力差距较大。

图 4-2 示出了热式流量传感器专利申请量中国国内和来华主要申请人申请排名。排名前五位的依次是日立、罗伯特·博世、株式会社山武、霍尼韦尔、恩德斯+豪斯，而

上述申请人在全球专利申请数量上也基本位居前列。国内申请人仅有浙江大学和东南大学进入前十位，由此进一步凸显国内外在技术储备上的差距。全球申请量排名第三位的日本电装并未进入前列，究其原因，可能是日本电装作为汽车制造商的零部件供应商，起源于丰田旗下电器配件部门，独立之后成为丰田公司的零部件供应商，接近50%的收入来自丰田，由此，极为重视在日本本土的专利布局。而对于中国市场来说，日本电装进入较晚，同时国内企业技术实力较弱，因此，在中国申请量较少，对中国市场重视程度不够。国内申请人仅有两所院校排名较为靠前，显示了国内研究以高校等科研单位为主的特点。

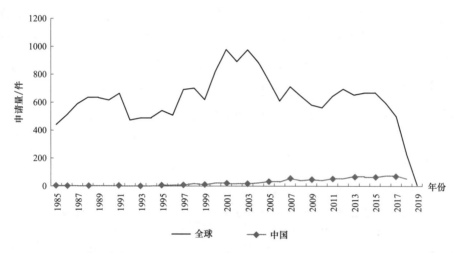

图4-1　热式流量传感器中国与全球专利申请对比

此外，通过图4-2可以发现，前十位申请人的申请量相差也较多，国内申请人申请量与国外申请人申请量相差巨大，从另一个侧面也说明了国内在该领域的技术实力较为薄弱，要在该领域有所作为，难度较大。

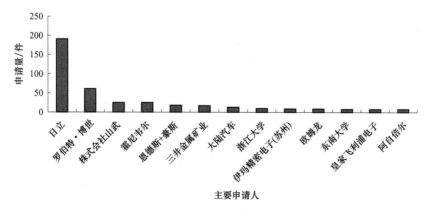

图4-2　热式流量传感器专利申请中国主要申请人专利排名

五、结论

通过上述分析可知，热式流量传感器领域体现出了技术集中度极高的特点。作为知名的汽车零部件配套厂商，日立、罗伯特·博世、日本电装 3 家公司进入时间较早，同时也占据了热式流量传感器领域的领先地位。3 家公司的专利布局又各有侧重，与其本身的技术实力和市场需求密切相关，即通过提高技术实力来占领市场，又通过市场需求来改进技术，从而使得其技术不断进步，逐步获取垄断地位。

对于国内申请人来说，研究起步时间较晚，市场进入门槛较高，技术发展难度较大，同时，整个汽车行业相对于国外来讲技术储备较为薄弱，但是也可以看到，国外公司在现阶段对中国的专利储备重视程度不够。因此，国内申请人应该充分有效利用已有的专利技术信息，与新兴产业如物联网等进行结合，以产业为依托，推动相关技术在国内应用领域的扩展，逐步提高技术实力，争取国内市场。

参考文献

[1] 赵伟国. 热式气体质量流量测量方法及系统研究 [D]. 杭州：浙江大学，2009.

手机摄像头用音圈电机专利技术综述[*]

手机摄像头用音圈电机专利技术综述[*]

廖雪华 刘锦英 陈 杰 陈翊杭 许兆山

张 靓 张雪松 张 陟 莫 凡

摘 要 手机是日常生活中不可或缺的工具，手机摄像头的出现使人们习惯通过手机记录身边的事物。手机摄像头属于工业传感器领域，是手机的视觉器官，音圈电机是手机摄像头的驱动器，手机摄像头性能的好坏与音圈电机及其控制系统有直接的关系。本文依托国家知识产权局专利检索与服务系统，以中外专利申请为样本，对手机摄像头用音圈电机的专利申请进行了分析，其中涉及全球和国内的专利申请总体变化趋势、地域分布和专利技术发展路线，并对国内外重要申请人的全球专利申请进行归类和整理，对其技术发展路线、技术热点进行了细致的分析，希望为国内企业以及该领域技术人员了解行业现状和技术发展趋势提供参考。

关键词 手机 摄像头 音圈电机 专利申请分析

一、概述

（一）研究背景

手机发展日新月异，影像功能为手机带来越来越多的服务性应用。[1]随着快捷支付的普及，手机拍摄、二维码扫描等功能成为用户关注的重点，人们对于高分辨率、高像素的需求与日俱增。传统的固定聚焦已经不能满足消费者的需求，手机厂商将电机集成到高端照相手机中，从而实现自动聚焦功能（Auto-focus，AF）。[2]2005 年，市场出现了第一款支持自动对焦的手机摄像头。随后，自动对焦的技术发展迅猛，几乎所有的手机摄像头都已经标配了自动对焦的模组，自动对焦模组已经成为手机摄像头最核心的技术之一。微型摄像模组的自动对焦功能主要以提高对焦速度、缩小对焦模组空间，以及增加客户稳定性体验为主，从传统弹片式的对焦电机、闭环对焦电机逐渐向光学防抖对焦

---

[*] 作者单位：国家知识产权局专利局专利审查协作北京中心福建分中心。

电机发展，以解决拍照模糊的问题，并提升拍照和录像的图像稳定度。

手机摄像头从传统的单摄发展为双摄、三摄、全隐藏式、3D 摄像头，厂商不断切换思路，完成对摄像头的更新换代，促使摄像头需求量呈现增长态势。根据 2018 年手机摄像头模组市场调研报告显示，截至 2017 年，双摄渗透率超过 20%，其中华为的双摄渗透率高达 52.68%。回顾近几年终端的应用情况，手机摄像头模组大致可分为固定焦距（FF）、自动对焦、光学变焦三种类型，其中光学变焦受限于成本等因素，只出现在少数高端机型上，目前手机主要还是采用固定焦距、自动对焦类型摄像模组。目前自动对焦镜头主要应用在智能手机的主摄像头，从出货情况来看，2016 年，智能手机主摄像头自动对焦镜头渗透率近七成。[3]

音圈电机（Voice Coil Motor，VCM）是一种直线电机，因原理和结构与扬声器相似而得名。其工作原理较为简单，即通电线圈（导体）在磁场中会产生推力，且推力的大小与施加在线圈的电流成比例，具有结构简单、体积小、速度高、加速度大（可超过 20g）、响应速度快（可达毫秒级）、位置精度高（可达 1~5 μm）、维护方便、可靠性高等优点，从而成为自动聚焦照相手机中的常用电机。[4]音圈电机对焦速度的快慢和准确性直接影响手机的成像效果和用户感受。

（二）手机摄像头用音圈电机技术简介

手机摄像头通常也被称为手机摄像模组，从最开始的 11 万分辨率定焦手机摄像模组发展到现在高端智能手机所用的 1300 万像素及以上的自动聚焦手机摄像模组。[5]伴随而来的其他功能，除了像素的持续升级，还有光学防抖（Optical Image Stabilizer，OIS）、裸眼 3D、景深辅助、广角辅助、光学变焦（Zoom Optical）等技术的发展，手机摄像头成为智能手机的一个重要卖点。

从手机摄像头的结构看，如图 1-1 所示，[4]主要包括四个部分：高分辨率的镜头、实现聚焦功能的音圈电机、将光信号转换为电信号的感光芯片和驱动音圈电机的驱动芯片。

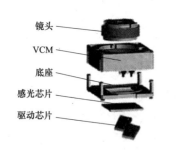

图 1-1 手机摄像头的结构示意图

具有音圈电机的手机摄像头的工作原理是：在音圈电机带动镜头运动的过程中，拍摄景物，通过镜头将生成的光学图像投射到感光芯片上，通过处理软件实时处理找到清晰度最大值，根据清晰度的变化来计算出电机运动方向和距离；通过驱动芯片控制供给音圈电机的电流，使音圈电机带动镜头运行到清晰度最大值处，完成聚焦过程；在清晰度最大值处的图像转化为电信号后被送到手机处理器中进行处理，最终转换成手机屏幕上能看到的图像。

音圈电机主要有线圈、磁体、支撑引导结构、驱动电路和支撑固定的框架结构，其中线圈和磁体中的一个与外壳组合为定子结构，线圈和磁体中的另一个与镜头固定组合为转子结构。图1-2给出了专利US8743473B2的手机摄像头用音圈电机结构。图中手机摄像头用音圈电机10，从左到右，包括透镜组合成的镜头100、外壳11、上支撑环、上弹片13、镜筒21、磁体14、磁体固定部15、线圈22、下弹片13、基板12。其中音圈电机的定子包括磁体，音圈电机的转子包括线圈。而上弹片13和下弹片13用以支撑引导转子的运动，属于支撑引导结构；外壳11、上支撑环、镜筒21和基板12用于支撑固定电机和镜头，属于支撑固定的框架结构；驱动电路在图1-2中未示出，常见为与基板12固定的电路板，集成有驱动芯片，用以控制供给音圈电机的电流。

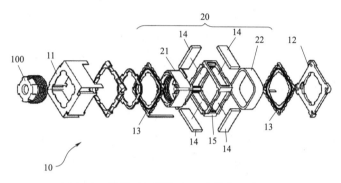

图1-2　常见手机摄像头用音圈电机的结构

音圈电机有多种类型，按支撑引导结构的不同，有引导轴式、滚珠式和弹片式等，图1-2所示即为弹片式结构。滚珠式结构是利用滚珠支撑引导转子的运动，即将弹片替换为滚珠。相似地，用引导轴来支撑引导转子的运动，属于引导轴式结构。按运动形式的不同，有平动和摆动两种。

虽然音圈电机的结构和运动形式存在变化，但是音圈电机的基本运行原理一样。[6]在实际生产应用中，对手机摄像头用音圈电机的改进方向是相似的，可以归类为以下四个方向：

①电机本体的改进方向，包括对线圈、磁体、支撑引导结构和导磁磁轭的改进。

②模组结构的改进方向，包括对镜片、镜头组件的改进，例如从单摄像头到双摄像再到三摄像头伴随发生的改进。

③框架结构的改进方向，包括对外壳、上支撑环、镜筒和基板等支撑结构的改进。

④控制方式的改进方向，包括对驱动芯片的改进，电路、电流供给方式和控制算法的改进。

（三）手机摄像头用音圈电机专利技术研究对象和方法

本文选择手机摄像头用音圈电机领域的国内外专利申请为研究对象。根据改进方向的不同，从电机本体、模组结构、框架结构和控制方式这四个技术分支进行研究。

1. 数据检索介绍

本文采用国家知识产权局专利检索与服务系统（Patent Search and Service System，以下简称"S 系统"）进行数据检索。考虑手机这一关键词在摘要中可能无法体现，中国数据主要采用中国专利文摘数据库（CNABS）进行检索，并同时在中国专利全文文本代码化数据库（CNTXT）检索，并将检索结果转库到 CNABS，与 CNABS 的检索结果进行合并，从而获得中国专利申请数据；全球数据采用德温特世界专利索引数据库（DWPI）进行检索，并在美国专利全文文本数据库（USTXT）、国际专利全文文本数据库（WOTXT）、欧洲专利全文文本数据库（EPTXT）和英国专利全文文本数据库（GBTXT）进行英文补充检索，并将检索结果转库到 DWPI，在日本专利全文文本数据库（JPTXT）进行日文补充检索并将检索结果转库到 DWPI，在韩国专利全文文本数据库（KRTXT）进行韩文补充检索，将检索结果转库到 DWPI，并将上文获得的中国专利申请数据转库到 DWPI，将检索结果合并从而得到全球专利申请数据。

在对手机摄像头用音圈电机进行检索时，首先进行初步检索，选择关键词对技术主题进行检索，对检索到的专利文献的分类号进行统计分析，避免遗漏分类号；其次在初步确定分类后，进行分类号结合关键词的尝试检索，通过抽样阅读检索结果，确定合适的分类号。通过确定的分类号结合部分关键词进行检索，并对相关专利文献进行人工抽样阅读，提炼关键词，获知手机表达可扩展到电话、移动通信终端、移动通信终端和智能终端，音圈电机的表达通过弹片等固有结构的进一步限定可扩展到透镜驱动器、镜头致动器。通过在检索过程中对检索策略反复调整、反馈，总结各检索要素在检索策略中所处的位置，从而制定全面的检索策略。全面检索时，充分、精确扩展关键词和分类号，采用合理的检索要素搭配，利用检索工具的截词符、同在运算符和逻辑算符，并将不同数据库的检索数据进行转库，合并得到相对全面、准确的检索数据。

2. 数据范围

本文专利申请数据检索截止时间均为 2019 年 6 月 20 日，检索文献涵盖了公开日或公告日在 2019 年 6 月 20 日之前的中国和全球的发明和实用新型专利申请。由于专利申请从申请日到公开日需要一定的时间，所以 2018~2019 年的样本会存在不完整的问题。

3. 术语约定

本文中对相关的技术术语约定如下。

（1）同族专利

基于同一优先权文件，同一项发明创造在多个国家或地区申请专利而产生的一组内容相同或基本相同的专利文献，被称为一个专利族。从技术角度看，属于同一专利族的多件专利申请被视为同一项技术，它们之间互为同族专利。在本文中，在分析全球专利申请数据，对专利族中的各件专利申请进行单独统计时单位为件，对同族专利进行合并统计时单位为项；在中国专利申请数据分析时，专利族中的各件专利申请进行了单独统计。

（2）技术来源国家或地区

在分析全球专利申请数据时，专利申请优先权 PR 字段涉及专利技术来源国家或地区的确定；在分析中国专利申请数据时，采用 CNABS 的国省名称 CNAME 字段确定技术来源国家或省份。

（3）申请日约定

在分析全球专利申请数据时，以最早的优先权日确定；在分析中国专利申请数据时，采用了 CNABS 导出的申请日字段确定。

二、手机摄像头用音圈电机相关专利申请概况

（一）全球专利申请分析

1. 全球专利申请概况

图 2-1 是全球关于手机摄像头用音圈电机的专利申请年度分布。从整体发展趋势看，手机摄像头用音圈电机的专利申请呈现增长态势，在 S 系统检索得出 1992 年开始出现相关的专利申请，1992~2019 年的全球专利申请总量为 3348 项。

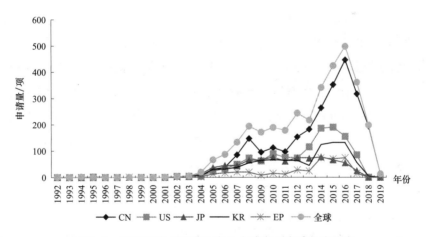

图 2-1　手机摄像头用音圈电机全球专利申请年度分布

（1）萌芽期（2003 年之前）

可以看出，2003 年之前为手机摄像头用音圈电机技术的萌芽期，专利申请量相对较少，年专利申请量为个位数。在该阶段的专利申请文件中，仅提出了能够将音圈电机用于手机摄像头，但音圈电机并不直接驱动镜头，镜头上设置旋转构件，音圈电机带动旋转构件转动，从而间接驱动镜头运动，如何将音圈电机和镜头结合等基础问题没有得到

完全解决。由于这些关键性的问题没有得到解决，人们难以把握产品的未来，投入风险较大，因此手机摄像头用音圈电机的研发所能获得的人力、物力投入非常有限，发展缓慢。

（2）成长期（2004~2008年）

自2004年起，全球有关手机摄像头用音圈电机的专利申请量整体上呈现逐年增长趋势，迎来成长期。2004年，全球专利申请量首次超过两位数，2007年首次突破了百项，这表明在手机摄像头用音圈电机领域的研发投入逐渐加强，表现出良好的发展前景。各种基础问题已经逐步得到解决，特别是音圈电机如何与镜头结合这一基础问题得到解决后，手机摄像头用音圈电机性能开始快速提升，效率和可靠性得到较大程度的提高，从而增强了企业的投资信心和力度，吸引了大量人力、财力，进一步促进手机摄像头用音圈电机技术的快速完善。

（3）稳定期（2009~2013年）

2009~2013年，全球的手机摄像头用音圈电机技术开始趋于稳定。音圈电机用于驱动手机摄像头实现自动对焦的功能已趋于完善，各类重要问题已基本得到解决。例如针对如何控制供给音圈电机的电流使其稳定地停在最佳聚焦位置这一问题，已经出现了直接对焦控制模式、线性对焦控制模式等多种实现精准稳定对焦的方法。

（4）快速发展期（2014~2016年）

2014年至今，手机摄像头用音圈电机技术步入快速发展期，全球有关手机摄像头用音圈电机的专利申请快速增加。2015年，全球专利申请量首次突破400项，2016年达到全球专利申请量的最高峰，为498项。对比图2-1中的全球专利申请趋势和中国专利申请趋势，可知这一时期的快速增长主要是中国专利申请的快速增长带动的。这或许得益于我国移动支付和移动互联网产业的发展，特别是2012年12月5日支付宝推出二维码支付业务[7]，2013年12月4日工业和信息化部正式向中国的三大移动通信运营商颁发了TD-LTE制式的4G牌照，标志着中国电子通信行业正式进入了4G时代。[8]手机拍照和录像成为人们日常生活的一个常用工具，手机摄像头的市场需求大幅上涨。

（5）成熟期（2017年至今）

从2017年至今，手机摄像头用音圈电机步入成熟期，全球有关手机摄像头用音圈电机产业每年都保持着较高的专利申请量。由于一部分专利申请公开的滞后性，2018~2019年的数据量少于实际专利申请量，图2-1无法完整反映近两年来的专利申请趋势。手机摄像头用音圈电机经过一段时期的快速发展，其固有结构导致的本质问题（例如机械结构无法进一步减小、使用弹片使其抗震能力有限、需要持续通电而耗电量无法可靠降低等问题）暴露出来。这一时期手机摄像头用音圈电机产品已经进入大批量生产阶段，此时专利申请中针对手机摄像头用音圈电机的技术改进较少，更多的是对其应用领域的扩展，例如虹膜识别、面部识别、增强现实等领域。由此可见，手机摄像头用音圈电机产业发展迅速，手机摄像头用音圈电机先后经历萌芽期、成长期、稳定期和快速发展期后，现在正处于成熟期。

为了解手机摄像头用音圈电机领域全球主要国家或地区的专利申请情况，对图 2-1 中的中国（CN）、美国（US）、日本（JP）、韩国（KR）和欧洲（EP）五大专利局公布的专利申请趋势进行研究。

从图 2-1 可以看出，中国、美国、日本、韩国、欧洲五局公布的专利申请总量与全球专利申请总量趋势一致，整体呈增长态势，在经历小高峰和小低谷后，开始快速发展，逐步进入成熟期，这也说明了上述领域的专利申请主要是向中国、美国、日本、韩国和欧洲提出的。

2003 年之前为中国、美国、日本、韩国和欧洲在手机摄像头用音圈电机技术的萌芽期，专利申请量相对较少，且申请人集中在日本、美国和韩国，说明日本、美国和韩国在该领域研究起步较早，中国起步较晚。这一时期的中国专利申请主要来源于美国、日本、韩国和欧洲的来华申请，说明了在手机摄像头用音圈电机产业伊始，主要国家或地区就在中国进行专利布局，说明了对中国市场的重视。

2004~2008 年是中国、美国、日本、韩国和欧洲手机摄像头用音圈电机技术的成长期。中国的专利申请量在 2007 年开始超过美国、日本、韩国和欧洲的专利申请量，说明了中国市场对手机摄像头用音圈电机的需求快速增长。该时期中国的专利申请也出现了国内申请人，例如富士康、香港应用科技研究院和光宝集团。

2009~2013 年，中国、美国、日本、韩国和欧洲企业对手机摄像头用音圈电机产业的重视，主要国家或地区专利申请量快速增加。

2014~2016 年是中国、美国、日本、韩国和欧洲手机摄像头用音圈电机技术的快速发展期，特别是中国手机摄像头用音圈电机技术的快速发展期。2016 年五局年申请总量达到最高峰，且这一时期的中国专利申请人呈百家争鸣的态势，金龙、瑞声、大立光电、宁波舜宇、信利光电、欧菲光、皓泽电子等众多公司投入手机摄像头用音圈电机的研发中。

2. 全球专利布局

图 2-2 是中国、美国、日本、韩国和欧洲五大局在手机摄像头用音圈领域专利布局。通过对手机摄像头用音圈电机领域五大专利局的专利布局进行分析，可以得出主要国家或地区的专利布局重点区域。

值得指出的是，最大的专利来源国为中国，体现出中国申请人对研发进行了大量的投入。虽然在手机摄像头用音圈电机领域中国专利申请量最多，但中国申请人向其他四局提交的专利申请量较少，不及韩国申请人和日本申请人向其他四局的申请总量，这在一定程度上反映出中国申请人缺乏在其他主要国家或地区进行专利布局的意识。从美国申请人、日本申请人、欧洲申请人、韩国申请人的专利布局来看，中国专利申请量占专利申请总量的比例相对较高。这说明中国已成为主要国家或地区手机摄像头用音圈电机重点市场。

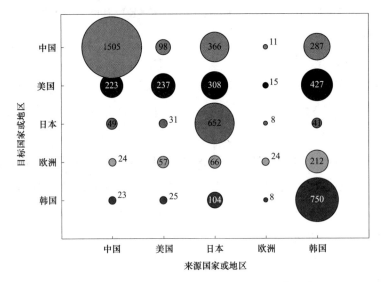

图 2-2　手机摄像头用音圈电机领域五大局专利布局

注：图中数字表示申请量，单位为项。

美国申请人在中国、日本、欧洲和韩国都进行了专利布局，向中国布局的专利申请量仅次于其在美国本土的专利申请量，反映了美国申请人非常重视中国市场。

日本与韩国的情况类似，日本申请人或者韩国申请人在进行本国专利布局的情况下，都向其他国家或者地区进行了大量的专利布局，结合专利申请数量，可以看出他们在该领域具有较强的专利技术实力。从图 2-2 也可以看出，日本申请人和韩国申请人都十分注重中国市场。

3. 申请人分析

图 2-3 给出了手机摄像头用音圈电机技术领域的专利申请量排名前 20 位全球专利申请人情况。可以看出，企业在手机摄像头用音圈电机技术领域中具有较大份额。在排名前十位的申请人中，中国、日本、韩国分别占 3 位、5 位、2 位。韩国的 LG 和三星的专利申请量居前两位，且与其他申请人的专利申请量相比具有明显数量优势，由此可见，其在该领域的绝对领先地位和研发实力。日本的东电化、日本电产、三美电机、思考电机和阿尔卑斯电气株式会社的专利申请量分别排在第三、第六、第七、第八、第九位。中国申请人欧菲光、富士康和河南省皓泽电子有限公司分别排在第四、第五和第十位，专利申请量在中上等水平。

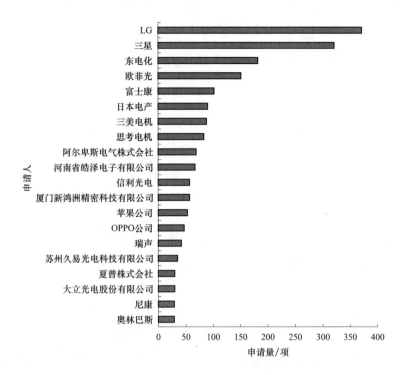

图 2-3 手机摄像头用音圈电机专利申请量排名前 20 位全球申请人情况

结合图 2-1 和图 2-3，虽然中国申请人的专利申请量居全球第一位，但是就单个申请人来看，申请数量和韩国企业存在差距，例如位列第四的中国公司欧菲光的专利申请量仅为韩国 LG 的 40%。这说明中国申请人相对分散，该领域内企业众多，专利申请量排名靠前企业的专利优势不够突出。

（二）中国专利申请分析

1. 中国专利申请概况

图 2-4 示出了中国手机摄像头用音圈电机领域专利申请年度分布。中国摄像头用音圈电机领域专利申请在 2000 年开始出现，呈现增长态势，专利申请总量为 2528 件，其中实用新型专利申请有 965 件，发明专利申请有 1563 件。2000~2004 年，中国手机摄像头用音圈电机专利申请量非常少，之后逐步发展到年专利申请量为两位数。2005~2012 年波动增长，2008 年专利申请量首次突破 100 件，2009~2010 年专利申请量小幅度下降，在 2012 年之后的每一年都维持在百件以上。2013~2017 年专利申请量持续增长，并在 2015 年具有较大幅度的上涨。2018 年和 2019 年的专利申请存在还未公开的情况，因此 2018 年和 2019 年申请总量小于 2017 年的申请总量，但总体上是呈上升趋势的。这表明中国企业在手机摄像头用音圈电机领域的研发投入逐渐加强，专利保护意识也在逐步增长。另外，实用新型专利申请出现较晚，绝大多数年份发明专利申请数量多于实用新型

专利申请的数量，这一定程度上可以反映中国在手机摄像头用音圈电机领域的技术创造性高度较高。

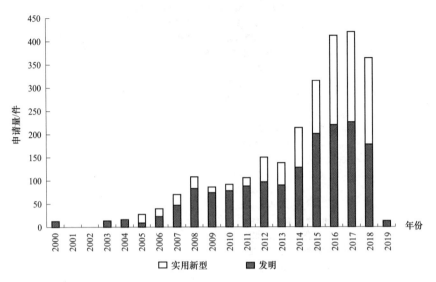

图 2-4　手机摄像头用音圈电机中国专利申请年度分布

对不同申请人类型的专利申请年度分布进行分析，如图 2-5 所示，企业在手机摄像头用音圈电机专利申请中具有较大份额，其申请变化趋势与总趋势保持高度一致，或者说企业专利申请趋势总体上影响着手机摄像头用音圈电机专利申请趋势变化；合作的申请仅次于企业申请，且其专利申请量的变化趋势也与总趋势一致；研究机构（含高校）和个人的专利申请量非常少，体现了手机摄像头用音圈电机技术产业化程度较高。

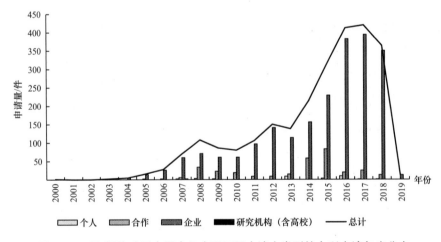

图 2-5　手机摄像头用音圈电机中国不同申请人类型的专利申请年度分布

2. 中国专利布局现状

图 2-6 列出了手机摄像头用音圈电机领域中国国内和来华国家/地区专利申请对比。

从图中可以看出，关于手机摄像头用音圈电机领域的中国专利申请，按来源地计，中国本国申请占大多数，百分比为 59.5%，其次为日本来华申请，占比为 14.5%，韩国来华申请占比为 11.4%，美国和欧洲来华申请分别为 3.9% 和 0.4%，其他国家/地区来华申请占比为 10.3%。由此可见，就中国专利申请而言，中国申请人具备一定的创新实力。另外，日本和韩国等发达国家在中国积极开展专利布局，表明其对中国手机摄像头用音圈电机领域的重视，这与中国广阔的市场有关。

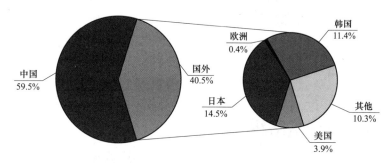

图 2-6　手机摄像头用音圈电机中国国内和来华国家/地区专利申请分布

3. 中国专利申请人区域分布

图 2-7 是手机摄像头用音圈电机中国专利申请人区域分布。从图中可以看出，广东、台湾、江苏、江西和浙江申请人的专利申请量占比较大。

4. 中国专利法律状态分析

通常来说，专利的维持时间越长，技术含量和经济价值越高。相比申请量和授权量，有效专利数量更能说明专利的价值。而专利存活率是有效专利量占专利授权量的比值，可在一定程度上衡量专利的技术水平和重要性。手机摄像头用音圈电机中国专利法律状态的统计结果如图 2-8 所示。2000~2019 年中国专利申请

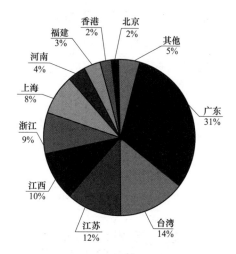

图 2-7　手机摄像头用音圈电机
中国专利申请人区域分布

总量为 2528 件，其中处于有效状态的专利申请共 2070 件，占比 81.9%。其中有效的授权专利 1313 件，占比 51.9%；有效但尚未被授权的专利申请 757 件，占比 30.0%。处于失效状态的专利共计 458 件，占比 18.1%，其中授权后失效的专利 241 件，占比 9.5%；未能获得授权而失效的专利 217 件，占比 8.6%。在授权案件中，专利质押有 2 件，专利实施许可有 12 件，专利申请权、专利权的转移有 185 件。有效但尚未授权的专利申请占

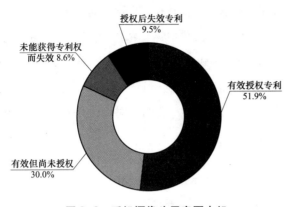

授权后失效专利 9.5%

未能获得专利权而失效 8.6%

有效授权专利 51.9%

有效但尚未授权 30.0%

图2-8 手机摄像头用音圈电机
中国专利法律状态对比

30.0%，这些专利申请处于公开后的实审生效阶段，体现了随着我国企业知识产权保护意识的提升，中国在手机摄像头用音圈电机领域近两年的专利申请量大幅增长；专利的总体授权率在60%以上，授权后失效专利较少，有效的授权专利占绝大多数，这组数据反映了在手机摄像头用音圈电机领域中国申请人比较重视授权后的专利维持。

三、专利技术发展路线分析

以下根据手机摄像头用音圈电机的电机本体、模组结构、框架结构、控制方式四个技术分支，结合各技术分支的重要专利，绘制了专利技术发展路线。

重要专利代表了技术发展的重要节点，本文中筛选重要专利主要以被引用频次、布局情况、同族数量、申请人情况、保护范围大小、专利有效性等作为综合判断标准，然后以技术分支为横坐标，以时间为纵坐标，绘制技术发展路线（见图3-1和图3-2）。

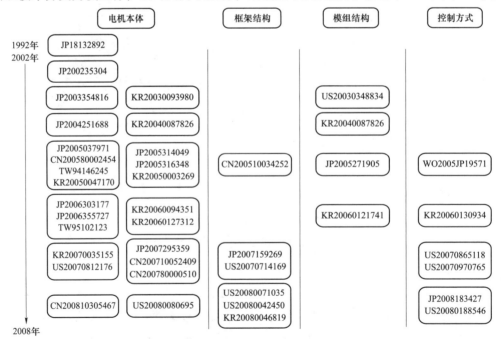

图3-1 1992~2008年手机摄像头用音圈电机专利技术发展路线

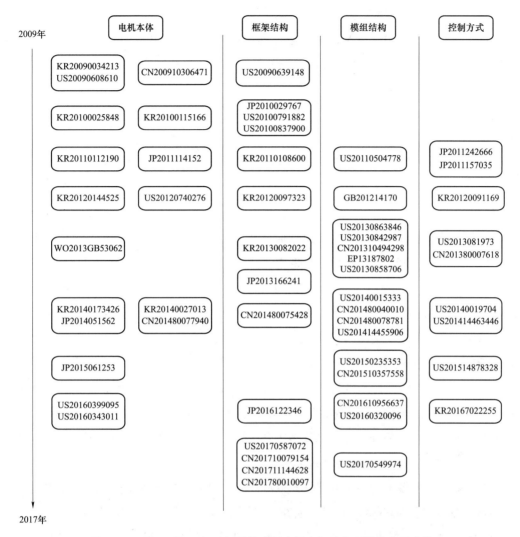

图 3-2　2009~2017 年手机摄像头用音圈电机的专利技术发展路线

（一）电机本体的重要专利分析

1992 年，美能达株式会社在专利申请 JP18132892 中提出将音圈电机用于手机摄像头。但音圈电机并不直接驱动镜头，镜筒和音圈电机之间具有连接构件，以实现力的传递，即音圈电机带动连接构件运动，从而间接驱动镜头运动，其驱动效果、小型化等问题亟待解决。2002 年，日本电产和三协精机制作所合作的专利申请 JP200235304 中提出了改进音圈电机的本体结构，将驱动磁体与镜头之间夹着磁轭安装，磁轭作为镜头的镜筒的一部分。这是音圈电机在镜头模组中的基本结构，通过将镜头和音圈电机整合为一体简化结构，基本上解决了小型化问题，但镜头的运动，是依靠在磁体中除镜筒外的三面设置的线圈驱动，存在如何引导镜头沿着光轴方向运动这一问题。三协精机制作所和日本电产在 2003 年提出的专利申请 JP2003354816 中公开了线圈固定在外壳面向镜筒的上下两面上，尝试控制镜头沿光轴方向运动，但仅靠电磁力驱动并不能可靠引导镜头沿光轴方向运动。同年，HYSONIC 株式会社提出的专利申请 KR20030093980 中公开了将线圈结合到镜筒，且其中一个实施例公开了用两个弹片支撑镜筒，通过控制线圈的电流实现较为精准的位置控制。

关于电机本体中的支撑引导结构，即用于引导转子的运动、连接转子和定子的结构，多件专利申请也对其进行了多个方向的改进。2004 年，三菱电机提出的专利申请 JP2004251688 中公开了使用引导轴用以引导转子运动，能够减小轴向尺寸并使镜头运动更为稳定。2004 年，LG 的专利申请 KR20040087826 中公开了弹簧支撑的音圈电机，其转子的初始位置能够向前和向后运动，减少运动范围，从而能够减少耗电量。2005 年，索尼在专利申请 JP2005037971 中提出了通过两个弹簧构件向驱动线圈供给电流，不需要向驱动线圈供给电流的专用装置，由此能够减少镜头单元中部件的数量，实现小型化。松下电器提出的专利申请 CN200580002454 中设置了上弹片和下弹片的形状不同以进一步实现小型化。财团法人"工业技术研究院"提出的专利申请 TW94146245 中公开了通过使用非金属复合材料制作弹片，以提高稳定性，使其防摔防震。三星的专利申请 KR20050047170 提出了使用悬挂线替换弹片，解决了弹片复杂的形状导致成本高和组装耗时的问题。2006 年，日本电产的专利申请 JP2006303177 中提出将一端的弹簧分割即可实现供电，而不用两端的弹簧供电，可以便于绕线和供电，且日本电产在同年的专利申请 JP2006355727 中公开了弹片具有多个臂部，臂部具有蛇行部，减少板弹簧产生塑性变形和断裂，具有优良的抗震性和抗冲击性。

2006 年，三星提出的专利申请 KR20060094351 中公开了使用滚珠作为支撑引导结构，能够实现音圈电机长时间运行，而在三星同年提出的专利申请 KR20060127312 中公开了使用悬线配合支撑板支撑以实现小型化和低成本。2007 年，磁化电子在专利申请 KR20070035155 中公开了使用滚珠式结构能够使透镜组件平稳移动。同年，尼康的专利申请 US20070812176 中公开了在壳体设置定位部用于组装滚珠，以防止错误安装。2008 年，富士康的专利申请 CN200810305467 中提出了在用以装载镜头组件的活动筒上设置定位柱，用以配合弹片的定位孔，从而限制活动筒，使弹片与活动筒良好固定，提高了防摔抗震性能。2009 年，三星的专利申请 KR20090034213 中公开使用多根弹性悬挂线和下端弹片配合，以防止悬挂线由于外界冲击而产生变形。同年，大立光电的专利申请 US20090608610 中提出了改进弹簧的形状，有效降低弹簧 K 值，以降低弹簧的变形和偏移。

2010 年，三星的专利申请 KR20100025848 中公开了滚珠在音圈电机主体的一侧，驱动音圈电机上下滑动，从而减少镜筒向上和向下操作时产生的振动。2011 年，思考电机的专利申请 JP2011114152 中公开了改进弹簧的弹性系数，减少透镜支撑体偏离所希望移动方向的情况。LG 在专利申请 KR20110112190 中提出在线簧和 PCB 连接处设置缓冲单元，以改善装配性。2013 年底，剑桥机电在 WO2013GB53062 中提出了将球状物和挠曲部结合的悬挂系统，该悬挂系统还使用了多根形状记忆合金线，从而可靠驱动，并不易受到损坏。2014 年，瑞声在专利申请 KR20140173426 中提出防抖载体组配于外壳内，防抖弹簧一端固定于外壳，另一端固定于防抖载体，复数个轴承钢珠设置于基底和防抖载体之间，可实现防抖、轻巧化和小型化，镜头复归初始位置的动作快。思考电机在专利申请 JP2014051562 中提出弹簧部件与至少两个咬合部位相接，上述至少两个咬合部位被设置在弹簧支架中，至少一个咬合部位是与外部电源连接的终端，另一个咬合部位并非通电连接的虚拟终端，因此可实现小型化。2015 年，三美电机在专利申请 JP2015061253 中提出一种支撑结构，与应用吊线的情况相比，提高抖动修正的稳定性。2016 年，苹果公司在专利申请 US20160399095 的实施例中提出了一种具体的弹性元件方案，保证支撑刚度。核心光电在专利申请 US20160343011 中提出两个音圈电机的旋转或倾斜由两个弯曲滚珠引导。

关于电机本体的改进，还包括关于线圈、磁体和磁轭的改进。2005 年，日本精工电子的专利申请 JP2005314049 公开了爪形轭结构，减小了磁铁和线圈之间的间隙，实现小型化。2004 年，柯尼卡和美能达合并，2005 年，柯尼卡美能达的专利申请 JP2005316348 中公开了增大角部和磁轭之间位置磁体的厚度来提高驱动力。三星的专利申请 KR20050003269 公开了在磁体和线圈之间注入磁性流体，以改善耐冲击性能。华硕电脑在 2006 年的专利申请 TW95102123 中公开了在壳体上固定磁性元件以增强回复力，降低耗电量。日本电产在 2007 年的专利申请 JP2007295359 中公开了防止缠绕的线圈散开的装置和方法。华中科技大学在专利申请 CN200710052409 中提出设置不同形状的磁体，包括环形、瓦形或圆柱形磁体，使磁通充分利用，磁漏大幅度减少，可保证对小型机械系统驱动的高行程。香港应用科技研究院在专利申请 CN200780000510 中提出了通过支架进行直线运动和倾斜运动实现防抖。2008 年，诺基亚在专利申请 US20080080695 中提出设置上下两组永磁体，中间设置线圈，实现不同方向的驱动，从而实现光学防抖。2009 年，富士康在专利申请 CN200910306471 中公开了设置四个线圈和八个四面的磁体，实现光学防抖。

2010 年，LG 的专利申请 KR20100115166 中提出了移动体设置有供线圈的卷绕起始的线圈端部和卷绕结束的线圈端部卷绕的两根接线柱，以便于绕线。2012 年，苹果公司在专利申请 US20120740276 中提出了设置自动聚焦线圈和光学防抖线圈，且都与多个磁体相对，实现光轴平行方向的驱动和光轴正交方向的防抖。三星在专利申请 KR20120144525 中提出设置平行于光轴的中性区的磁体，改进磁体结构实现稳定和防抖。2014 年，磁化电子在专利申请 KR20140027013 中提出抖动校正驱动部相互垂直地配置于安装有自动对焦驱动部的边角的相反面或边角，抖动校正驱动部中磁铁左右形成一对，实现小型化的同时可稳定、准确地控制手抖动校正驱动。博立多媒体在专利申请CN201480077940中提出设置预磁力件，使预磁力件和磁体之间预先存在磁力，驱动时只需要更小的电磁力，相应减小驱动电流，降低功耗。

（二）框架结构的重要专利分析

2005年，富士康的专利申请CN200510034252中提出了设置防水圈。2007年，富士胶片在专利申请JP2007159269中提出通过封罩覆盖保护，并在封罩设置缓冲构件，提高防震动性能。东电化在专利申请US20070714169中提出了采用八角形结构，提供良好的驱动效果和小型化。2008年，德昌电机在专利申请US20080071035中提出了设置法兰优化框架结构，提高镜头耐冲击性能。东电化在专利申请US20080042450中提出设置金属外壳底部有至少一个导电板，从而避免受外部电磁干扰和静电电荷的影响。LG的专利申请KR20080046819公开了卡箍直接耦合于基座，保持密封状态，能防止外部杂质渗入内部，且不会由于外部碰撞而损坏。2009年，富士康的专利申请US20090639148公开了固定组件设置有第一导向件，可动组件的装筒的顶部与底部分别设置有与所述第一导向件相匹配的第二导向件，第一导向件与第二导向件之间在沿可动组件的轴向方向上相互卡制，且可沿可动组件的轴向相对滑动，抗旋转扭力大、可靠性高。2010年，松下电器的专利申请JP2010029767中公开了具有插入侧壁的内表面与磁铁的外表面之间而与磁轭接合的突起部，在对磁轭内磁铁的配置空间影响程度少的同时将磁轭与其他结构部件结合。富士康的专利申请US20100791882公开了设置凹槽避免了胶水溢出对其他元件造成影响，从而提升音圈电机的组装良率。诺基亚在专利申请US20100837900中提出通过在音圈电机线圈架和/或透镜架内模制铁磁粉末材料来增加音圈电机线圈电感，从而减小纹波电流并因此减少电磁干扰。

2011年，LG在专利申请KR20110108600中提出在底面的侧表面形成防异物单元。2012年，LG在专利申请KR20120097323提出了在防旋转单元和内轭部单元之间形成防止物体出现部，以防止异常旋转和外部粉尘进入。2013年，LG在专利申请KR20130082022中提出在透镜镜筒外周表面形成槽，使用绝缘和导电的单条多区域胶带，避免电干扰影响，提高生产率和可靠性。三美电机在专利申请JP2013166241中提出设置独立于基座的防灰尘产生部件，至少覆盖线圈基板的内周侧壁，以防止线圈基板的内周侧壁受到刮擦而产生灰尘。2014年，富士胶片在专利申请CN201480075428中提出通过设置具有突出部和导向部的抑制部，机械性地抑制手抖校正活动部的倾斜。2016年，阿尔卑斯在专利申请JP2016122346中提出了改进框架结构，在框架的角部设置有平缓的圆弧形状的曲面部，即使在强烈冲击下，也不易断线的结构。2017年，东电化在专利申请US20170587072中提出使用单一材料覆盖电子部分和引线框架结构实现封装，防止了引线框架由于热量而倾斜或脱离。华为在专利申请 CN201780010097 中提出合理设置密封盖的位置，能够避免水或粉尘进入摄像头的内部光路而影响终端的拍照质量和清晰度。维沃移动通信有限公司在专利申请 CN201710079154 中提出在音圈电机中设置限制动子移动距离的限位体，限位体具有在不同的电性连接状态下高度不同的特性，音圈电机的动子在工作状态下具有较大的移动距离，以确保音圈电机的正常工作，而在非工作状态下使动子具有较小的移动距离，在音圈电机受到外力冲击时起到限制动子移动的作用，实现降低现有音圈电机整体厚度的目的。OPPO 公司在专利申请 CN201711144628 中提出设置能够伸缩的滑动座，从而实现镜头组件的轻薄化，便于握持和携带。

（三）模组结构的重要专利分析

2003 年，威动光有限公司在专利申请 US20030348834 中提出通过驱动可变焦透镜实现变焦。2005 年，柯尼卡美能达在专利申请 JP2005271905 中提出了驱动器的至少一部分配置在由透镜外径差而产生的透镜周围空间中，由此通过模组结构的改进而进一步小型化。2006 年，三星在专利申请 KR20060121741 中提出通过角度调节单元调节入射光的光路，实现抖动校正。2011 年，弗莱克斯电子在专利申请 US20110504778 中提出在每个音圈电机设置磁屏蔽，解决多个摄像头单元之间的磁干扰问题，解决了传统避免磁干扰在多个摄像头单元之间设置间距，限制摄像头设置数量的问题。2012 年，博立多媒体在专利申请 GB201214170 中提出在模组中设置三个螺纹配合的筒，采用螺纹驱动的超声波电机与音圈电机相结合的方式，分别驱动不同的光学透镜组，使结合以后的焦距调节结构能很好地保持光轴的稳定性，且不同驱动方式的结合有利于配合不同功能的透镜组，有利于实现长行程的对焦，因而有利于实现变焦。2013 年，苹果公司在专利申请 US20130863846 中提出通过反射镜结合 L 形镜筒结构，采用音圈电机驱动，实现变焦。核心光电有限公司在专利申请 US20130842987 中提出了将广角镜头和长焦镜头放在单个电路板上并且通过最小化两个镜头之间的距离，实现小型化。北京释码大华科技有限公司在专利申请 CN201310494298 中提出在生物成像模组中使用音圈电机，解决用户需要主动配合来寻找合适的虹膜成像位置的问题。奥普托图尼股份公司在专利申请 EP13187802 中提出使用可变透镜和音圈电机配合使用，提供一种以简单的方式调整透镜设备的焦距以及用于调整光束方向的设备。美商楼氏电子在专利申请 US20130858706 中提出使用可变光学透镜和音圈电机结构的致动器，实现小型且相对便宜的变焦设备。

2014 年，高通在专利申请 US20140015333 中提出在阵列相机具有高度限制时，驱动部件用于在与衬底的平面正交的方向上移动，操纵杆使驱动部件的移动被转移到第二光引导表面，允许低轮廓的折叠式光学阵列相机中的多个相机的自动聚焦。华为在专利申请 CN201480040010 中提出通过同时采集两个摄像单元的图像，并计算深度信息，根据对焦的深度信息获得目标位置，从而控制第一镜头运动到目标位置。博立多媒体在专利申请 CN201480078781 中提出变焦驱动机构套设于对焦驱动机构外部，能够轻易实现较大的光圈，也更易于安装实现。核心光电在专利申请 US201414455906 中提出广角和长焦镜头分别通过音圈电机驱动，配合反射单元提供折叠式光学路径，实现小型化的长焦摄像头。2015 年，苹果公司在专利申请 US20150235353 中提出第一相机单元和第二相机单元之间定位的共享磁体，以生成可用于在第一相机致动器和第二相机致动器两者中产生运动的磁场。欧菲光在专利申请 CN201510357558 中提出通过音圈电机带动第二载体，第二载体通过连杆与第一载体、第三载体相连接，因此可以通过第二载体同时带动第一载体及第三载体上/下运动，由于采用了一个驱动机构来同时驱动两个镜头单元，可以有效降低磁性干扰，提高了画面质量。2016 年，华为在专利申请 CN201610956637 中提出第一 Hall 传感器在第一电机中的第一设置位置和第二磁铁在第二电机中的第二设置位置的距离大于等于第一预设距离，能够降低具有防抖功能的电机对另一个电机中的 Hall 传感器的磁干扰，提高了用户体验。东电化在专利申请 US20160320096 中提出了可切换光路径的光学防震机构，两个成角度的入射光模块，以优化成像。2017 年，春虹光电股份有限公司在专利申请 US20170549974 中提出音圈电机作为可形变透镜的推进装置，从而实现拍摄物体极近时的清晰对焦。

（四）控制方式的重要专利分析

关于控制方式的改进，2005 年，三菱电机在专利申请 WO2005JP19571 中提出驱动电流控制单元通过脉冲宽度调制的驱动脉冲控制要馈送到音圈电机的驱动电流，从而执行有效的透镜位置控制。2006 年，三星在专利申请 KR20060130934 中提出使用多速率比例积分微分 PID 控制方案来控制致动器，采用较短的控制周期执行若干次控制，减小控制周期，防止图像不稳定。2007 年，阿莱戈微系统在专利申请 US20070865118 中提出一种线性运动控制方式，基于所述透镜的所述位移范围值和期望的帧数来确定每一帧值，使用所述每一帧值和当前的帧号来确定与所述透镜的期望位移相对应的值，由此实现精准位置控制。高通在专利申请 US20070970765 中提出了将透镜移动分成 N 个小步长，每个步长后插入等待时间，以减小弹性震动，优化图像质量。2008 年，佳能在专利申请 JP2008183427 中提出分别基于第一和第二振动检测单元的检测振动的角速度、加速度，提取预定频带中的信号，输出校正单元，基于由第一和第二提取器提取的信号，校正第一振动检测单元的输出，驱动单元用于基于由所述输出校正单元校正后的所述第一振动检测单元的输出，驱动所述振动校正单元，可高精度地校正由于平行振动而发生的图像抖动。日本的神钢电机在专利申请 US20080188546 中提出了使用端子通过导电膏连接，以实现可靠的电连接。2011 年，日本电产在专利申请 JP2011242666 中提出位置检测单元中设置于底座与透镜框一方的反射部具有相对于透镜的光轴倾斜的反射面，可进行高精度和高分辨能力的透镜位置检测。三美电机在专利申请 JP2011157035 中公开了各霍尔元件配置在相机抖动修正用线圈部的多个线圈部分分离的部位，能够避免作为位置检测传感器的霍尔元件受到流动于线圈中的电流产生磁场的恶劣影响。

2012 年，LG 在专利申请 KR20120091169 中公开了使用通过在未施加驱动信号的情况下使转子保持在远离基座的状态，通过施加驱动信号将转子驱动到面向基座或者远离基座的两个方向，以及在转子被特别驱动到两个方向的情况下，防止耦接到转子的弹性构件干扰覆盖转子的外壳，来防止音圈电机在对焦操作期间产生驱动故障。2013 年，东电化在专利申请 US2013081973 提出了通过具有六个接点的霍尔元件，以达到 3 轴闭路回馈控制该电磁驱动模块的功效，实现良好的驱动和光学防抖。旭化成微电子在专利申请 CN201380007618 中提出使用了闭环控制的自动对焦机构和抖动校正机构，共用自动对焦用磁体和抖动校正用磁体，从而谋求小型化的位置检测装置。2014 年，快图有限公司在专利申请 US20140019704 中提出一种校准方法以克服音圈电机的自动聚焦系统的固有非线性。苹果公司在专利申请 US201414463446 中提出致动器被驱动，同时产生图像序列，其中在数字图像序列的每个相应的读出阶段的一部分期间，使用线性驱动电路来驱动致动器，并且其中在每个相应的像素整合阶段的一部分期间，使用开关模式驱动电路来驱动致动器，从而在开关模式驱动的较大功率效率和线性驱动的较低噪声水平之间获得良好的折中，从而产生所得的数字图像，该所得的数字图像不具有由开关模式驱动所导致的明显的伪影。2015 年，LG 在专利申请 US201514878328 中提出了印刷电路板上的端子设置方式，防止发生干涉。2016 年，动运科学技术有限公司在专利申请 KR20167022255 中提出一种用于相机模块的音圈电机驱动控制装置及音圈电机驱动控制方法，能够降低音圈电机在镜头初始驱动和着地时异音的产生，响应于相机操作命令而对所述音圈电机施加以第一斜率线性增加到预先设定的第一拐点的电流，及对所述音圈电机施加从所述拐点起以小于所述第一斜率的第二斜率线性增加到无限位置的电流。

（五）重要专利分析小结

日本电产的专利申请 JP200235304 和 JP2003354816 是将磁体与镜头结合，磁体带动镜头运动，属于动磁模式。由于通常磁体相比于线圈重量大，且其移动是通过控制输送给线圈的电流变化导致的磁场变化控制的，控制的位置精度比较难以把握，但由于线圈是固定在外壳上的，线圈供电较易实现。HYSONIC 株式会社的专利申请 KR20030093980 是将线圈与镜头结合，线圈在磁场的作用下带动镜头运动，属于动圈模式，其线圈供电相对于固定的线圈来说较难实现，但其位置精度较易控制，且运动的惯性较小，更易于将镜头稳定在最佳对焦位置。在手机摄像头用音圈电机的发展过程中，动圈模式和动磁模式都相应得到发展，总体上使用动圈模式的占比较大。

电机本体中支撑引导结构有引导轴、滚珠和弹片等方式。从技术发展路线可知，引导轴结构虽然能够可靠引导镜头沿光轴运动，但该结构占用空间大，不利于手机摄像头用音圈电机的小型化，因而这类专利申请在早期较多，到技术发展的中后期，相关专利申请较少。而滚珠式结构具有较好的防震防摔性能，且连接可靠，但滚珠组装不易，需要设置专门的结构用以定位安装，因而不利于小型化。三星在滚珠式结构方面开展了持续的研究，值得指出的是，三星 2013 年发布的 GALAXY Note 3 使用的是滚珠式音圈电机。[3] 而弹片式结构有利于小型化，特别是弹片能够用于向线圈供电，省去专门的供电端子，大大简化了音圈电机的结构，而且弹片的弹力支撑能够使其转子在初始位置向前和向后运动，有利于实现快速对焦。虽然其最初的防摔抗震性能不佳，但通过对结构、材料、与框架固定方式以及控制方式的改进，该问题已得到解决。例如，高通在专利申请 US20070970765 中提出将镜头移动要求分成较小的镜头移动，在完成较小的镜头移动后插入等待时间，以减少镜片振动。目前弹片式音圈电机是手机摄像头用音圈电机中最常见的电机类型，且在发展进程的中后期，出现了弹片和滚珠结合使用，如瑞声的专利申请 KR20140173426，也有进一步将形状记忆合金线与弹片结合，如剑桥机电的专利申请 WO2013GB53062。

从专利技术发展路线看，小型化是伴随手机摄像头用音圈电机技术发展的整个生命周期的，是技术发展前期主要任务。2003 年之前，专利申请涉及改进支撑引导结构、线圈和磁体的设置方式，以实现小型化。随着技术发展，如何稳定地实现聚焦功能，成为研究的重点，从 2004~2008 年的重要专利申请可知，提供可靠的驱动力和防摔防震动性能，从而稳定地实现聚焦功能，是该时期的技术发展重点，并且在这一时期出现了具有光学防抖功能的手机摄像头用音圈电机。从 2009~2013 年的重要专利申请可知，该时期的重要专利申请主要涉及对已有性能的优化，手机摄像头用音圈电机的改进重点变为配合镜头的镜筒、透镜等部件而进行的改进，且出现以替代音圈电机为目标的一些新的技术，例如微机电系统（MEMS）、液态镜片、液晶镜头等。从 2014 年之后的重要专利申请可知，该时期的重要专利申请主要涉及配合多摄像头设置而进行的防电磁干扰、小型化和综合控制方面的改进。这一时期的专利申请量有一定增加，从重要专利申请的技术内容来看，在该技术领域无明显的技术革新，因此专利申请量的增加或许得益于智能手机的普及，手机摄像头市场需求的增长。在手机市场上，LG 和 HTC 在 2011 年分别推出了双摄像头手机，当时在市场上反响不大，但华为在 2016 年 4 月发布与德国徕卡合作的旗舰手机 P9，开创了智能手机的双摄浪潮，苹果公司在 2016 年 9 月发布的 iPhone 7 Plus 也配备了双摄像头。随着双摄手机受到消费者的欢迎，多摄像头成为手机摄像头发展的一个重要方向。关于多摄像头音圈电机的技术改进专利申请占多数，且裸眼 3D、景深辅助、广角辅助、光学变焦等技术的发展也依赖于多摄像头技术的发展。

关于光学防抖功能，手机摄像头小且轻，手持时容易受操作者手抖影响，导致图像模糊，因此手机摄像头需要具备光学防抖功能。手机摄像头用音圈电机光学防抖的实现主要是依靠对电机本体和控制方式的改进，在电机本体上除设置用于自动对焦用的线圈或磁体外，另设了磁体和/或线圈用于实现抖动修正，控制方式上设置检测器件并采用闭环控制。例如佳能的专利申请 JP2008183427 提出的方式，当检测到光轴产生偏移时，通过用于抖动修正的线圈或磁体驱动镜头进行倾斜调整，降低偏移的影响。具体地，可以另设线圈和磁体，即设置光学防抖音圈马达，也可以设置磁体与自动对焦用的音圈电机共用线圈，或者设置线圈与自动对焦用的音圈电机共用磁体，例如，香港应用科技研究院的专利申请 CN200780000510、诺基亚的专利申请 US20080080695 和苹果公司的专利申请 US20120740276。手机摄像头驱动用音圈电机在光学防抖中具有优异表现，而在手机摄像头具有的裸眼 3D、景深辅助、广角辅助、光学变焦功能上，手机摄像头用音圈电机处于辅助位置，主要配合可变焦透镜或者模组结构进行实现。

四、重要申请人分析

综合考虑专利申请量和重要专利，现选取 LG、三星、东电化、日本电产和欧菲光为重要申请人，对其全球专利申请进行归类和整理，以期更全面地分析手机摄像头用音圈电机的专利技术的发展。由于本文专利数据检索截止时间为 2019 年 6 月 20 日，2019 年的样本数据过少，因此下文是对截至 2018 年重要申请人的专利申请进行分析。

（一）LG

1. 公司简介

LG 成立于韩国首尔，旗下有 LG 电子（LG Electronics Inc.）、LG 伊诺特（LG Innotek Co. Ltd.）、LG 化学、LG 显示公司（LG Display）、GS 加德士（GS Caltex Corporation）等多个子公司，其中涉及手机摄像头用音圈电机技术的公司主要有 LG 伊诺特与 LG 电子。

如图 4-1 所示，LG 伊诺特作为 LG 旗下的电子零部件制造商，在手机摄像头用音圈电机领域的专利申请量最多，专利申请量达到 321 项，占比 87%；LG 电子的专利申请量为 45 项，占比 12%；其余 5 项由 LG 的其他子公司申请。

2. 专利申请年度分布

图 4-2 为 LG 在手机摄像头用音圈电机领域的专利申请年度分布，总共为 371 项专利族。LG 于 2004 年首次提出了相关领域的专利申请，涉及 1 项专利族，5 件专利申请，分别以中国、

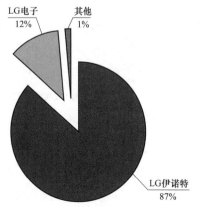

图 4-1　手机摄像头用音圈电机 LG 主要子公司的专利申请量对比

日本、韩国、欧洲、美国为目标国家或地区提交专利申请。随着技术的发展，其专利数量也不断攀升。然而，近一两年来 LG 在此领域的专利申请数量大幅减少。

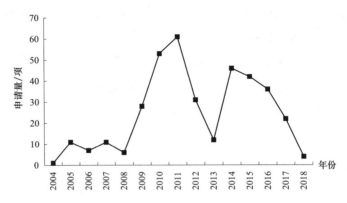

图 4-2　LG 在手机摄像头用音圈电机领域的专利申请年度分布

3. 专利申请国家或地区分布

图 4-3 为 LG 在主要目标国家或地区的手机摄像头用音圈电机专利申请量占比情况。

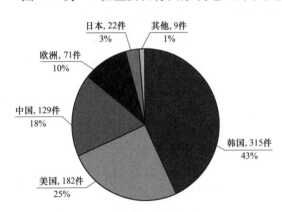

图 4-3　手机摄像头用音圈电机 LG 主要
目标国家或地区专利申请量占比

韩国申请最多，具有专利申请 315 件，其次分别为美国专利申请（182 件）、中国专利申请（129 件）、欧洲专利申请（71 件）、日本专利申请（22 件）、其他国家或地区专利申请（9 件）。

图 4-4 所示为手机摄像头用音圈电机领域 LG 在主要目标国家或地区的专利申请年度分布。2004 ~ 2005 年，除了在韩国本国提交申请以外，LG 在其他几个目标国家或地区均衡部署专利申请。但随着美国与中国两国经济的发展以及市场规模的扩大，LG 开始更专注以美国与中国为目标国的专利申请。美国是 LG 伊诺特最大的市场，苹果公司是 LG 伊诺特最大的合作商。2017 年，LG 伊诺特对苹果公司的营销额占 LG 伊诺特营销额总数的一半。因此，为了维持其在美国市场的优势地位，LG 以美国为目标国进行了大量的专利布局，从 2004 年至今美国都是 LG 除韩国外的重要专利申请目标国。而随着近年中国经济的提升，手机终端销售量大增，对于手机摄像头的需求也随之增长。同时，中国申请人也加大相关领域的研究投入，出现了比路电子、欧菲光等厂商，大大加剧了市场竞争。因此，为了争夺市场并保持技术的领先位置，LG 近年来在中国提交了大量专利申请，中国也成为其专利布局的重要一环。自 2004 年 LG 开始该领域的专利申请以来，一直通过欧洲专利局进行欧洲地区的专利布局，并未向单个欧洲国家局提交专利申请。

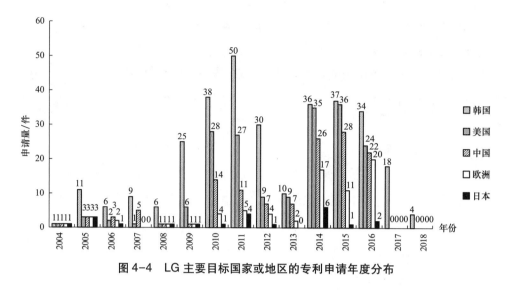

图 4-4　LG 主要目标国家或地区的专利申请年度分布

4. 技术手段和技术效果分析

通过统计分析各专利申请的技术手段与技术效果标引结果，得到手机摄像头用音圈电机领域 LG 专利申请的技术手段与技术效果矩阵，如图 4-5 所示。从中可以看出，在

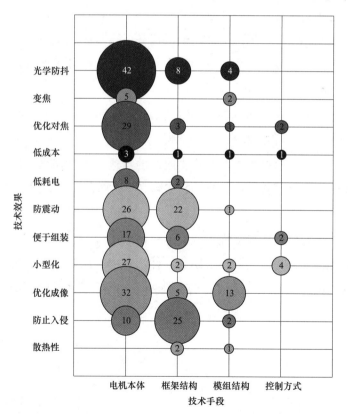

图 4-5　手机摄像头用音圈电机 LG 专利申请的技术功效分布

注：图中数字表示申请量，单位为项。

手机摄像头用音圈电机领域，LG 主要从电机本体和框架结构两个技术分支进行研究创新。从技术效果的角度来看，主要达到了小型化、光学防抖、优化对焦的技术效果，这正符合当前智能手机对拍照功能日益严苛的要求。对于光学防抖这一热点技术问题，LG 主要是通过改进电机本体达到相应效果。对于框架结构的改进多用于防止异物入侵以及防震动。

5. 专利技术发展路线

图 4-6 示出了 LG 在手机摄像头用音圈电机领域的专利技术发展路线。2004 年，LG 已经布局申请了摄像头变焦、优化对焦的申请。在早期的专利申请中，主要涉及优化对焦、变焦以及小型化的特征，如 2004 年的专利申请 KR20040087826 提出了弹簧支撑的音圈电机，其转子的初始位置能够向前和向后运动，减少运动范围，从而能够减少耗电量盖转子的外壳，来防止 VCM 在对焦操作期间产生驱动故障。专利申请 CN200510107524 提出了一种透镜驱动设备，能够增加位移而不受限制，通过透镜的驱动接头实现变焦、自动对焦、小型化、低耗电的技术效果。专利申请 CN201210026592 提出了一种变焦反射镜与包括其的照相机模块，在模块的变焦反射镜中，反射面具有响应薄膜的曲率半径变化而变化的曲率半径，通过驱动变焦反射镜实现聚焦和光学缩放功能。专利申请 KR20120091169 提出了，在未施加驱动信号的情况下使转子保持在远离基座的状态下，通过施加驱动信号将转子驱动到面向基座或者远离基座的两个方向，以及在转子被特别驱动到两个方向的情况下防止耦接到转子的弹性构件干扰。

近些年随着光学防抖摄像头的兴起，在这一方面的申请逐渐增多，专利申请 CN201380036698 提出了一种照相机模块，利用弹簧构件等组成缓冲单元，起到光学防抖的有益效果，解决了现有技术中必须提供附加的角速度传感器进行防抖的问题。专利申请 WO2018012813 则采用双摄进行补偿，起到光学防抖的技术效果。

同时，LG 在手机防震动、防止异物入侵方面也部署了相关专利，专利申请 KR20110108600 提出在底面的侧表面形成有防异物单元；专利申请 KR20120097323 提出了在防旋转单元和内轭部单元之间形成防止物体出现部，以防止异常旋转和外部粉尘进入；专利申请 KR20130082022 提出在透镜镜筒外周表面形成槽，使用绝缘和导电的单条多区域胶带，避免电干扰影响，提高生产率和可靠性。

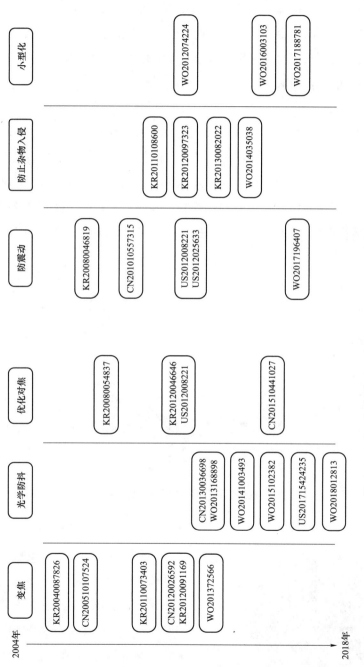

图 4-6　LG 手机摄像头用音圈电机领域的专利技术发展路线

（二）三星

1. 公司简介

三星成立于1938年，初始是一家贸易企业，目前以电子产品，尤其是以高科技领域新产品的研发能力而闻名世界。三星最早于1999年推出手机产品，并在随后十几年中创新推动，研发了500万像素手机、千万像素手机等，并推出了主要突出拍摄功能的G系列手机。在移动互联网兴起时，三星迅速地加入了开放的安卓阵营，并在2010~2012年占据智能手机市场的较大份额。

2. 专利申请年度分布

三星于2004年首次提出了手机摄像头用音圈电机领域相关专利申请，涉及1项专利族，分别以韩国、日本、美国为目标国家提交专利申请。图4-7是三星在手机摄像头用音圈电机领域的专利申请年度分布，总共为320项专利族。如图所示，三星在手机摄像头用音圈电机领域的专利申请整体呈上升趋势。2004~2011年专利申请量有所波动，但进入2011年以后，专利申请量呈明显增长，在2016年达到最高峰，达到76项，但在2017年开始大幅减少。

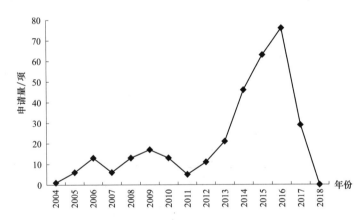

图4-7　三星在手机摄像头用音圈电机领域的专利申请年度分布

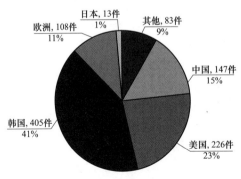

图4-8　手机摄像头用音圈电机三星
主要目标国家或地区专利申请占比

3. 专利申请国家或地区分布

在手机摄像头用音圈电机领域，三星始终面向全球市场进行专利布局。三星主要通过PCT向主要国家或地区提交专利申请。图4-8所示为手机摄像头用音圈电机领域三星在主要目标国家或地区提交的专利申请占比。其中韩国专利申请量为405件，占比达到了41%，其次分别是美国、中国、欧洲，专利申请量分别为226、147和108件，占比分别为 23%、15% 和 11%。可见三星虽然在韩国本土的专利申请量最大，但海外专利申请也占有较大比例，特别是美国、中国和欧洲等重要的国家或地区。

图 4-9 所示为手机摄像头用音圈电机领域三星在主要目标国家或地区的专利申请年度分布。除了在韩国本国提交申请以外，美国一直都是三星的重要专利申请目标国。三星虽然在初期阶段向中国提交的专利申请量较少，但逐年提升，大有赶超美国之势，可见中国市场是三星音圈电机在全球布局中重要的一环。同样地，初期阶段三星在欧洲的专利申请数量不多，但 2014 年以后涨势迅猛，可见该阶段三星对欧洲音圈电机市场也是给予了相当的关注。结合图 4-7 和图 4-9，在手机摄像头用音圈电机领域，虽然三星专利申请总量是在 2016 年达到高峰，但其对海外市场的布局，以中国和美国市场为例，从 2011 年开始增长到 2015 年达到高峰，从 2016 年开始呈下降趋势，可知，海外市场的专利申请量的减少早于三星本国专利申请的减少。从 2017 年和 2018 年专利申请数据可知，三星在手机摄像头用音圈电机领域的研发投入大大减少。

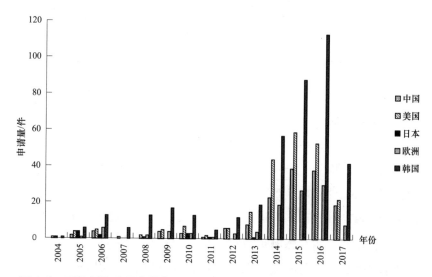

图 4-9　手机摄像头用音圈电机三星主要目标国家或地区的专利申请年度分布

4. 技术手段和技术效果分析

通过对三星手机摄像头用音圈电机 320 项专利申请的标引分析，给出了如图 4-10 所示的摄像头用音圈电机领域三星手机专利申请的技术功效矩阵。三星以电机本体和模组结构为重点提交的专利申请数量较多，说明三星手机摄像头用音圈电机的改进方向主要集中这两个方面。而在所要达到的技术效果上，主要体现在光学防抖、小型化、低成本和防入侵物几个方向，这与当下人们对于相机的使用需求紧密挂钩，体现了三星紧跟市场需求的战略决策。相对于主要的技术手段和技术效果，三星在变焦方面的投入相对较少；而音圈电机本身是一种小型的元件，在散热方面的需求也不突出，因此三星在该方面的投入、产出也相对较少。

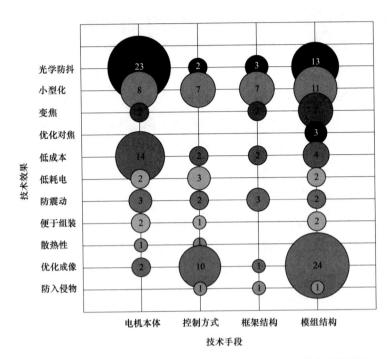

图4-10　手机摄像头用音圈电机三星手机专利申请的技术功效分布

注：图中数字表示申请量，单位为项。

5. 专利技术发展路线

图4-11是三星手机摄像头用音圈电机领域的专利技术发展路线。从技术效果看，主要涉及光学防抖、小型化、变焦、优化对焦、低成本、低耗电、防震动、便于组装、散热性、优化成像和防入侵物。

专利申请CN200710194763提出了一种用于校正图像拍摄装置抖动的设备和方法。其中设备包括抖动感测单元，感测拍摄对象的图像拍摄装置的抖动；第一光路改变单元，改变向图像拍摄装置入射的光的光路；角度调节单元，根据感测到的抖动调节第一光路改变单元的光入射面的角度；图像产生单元，通过已被第一光路改变单元改变了光路的光来产生对象的图像，保证了在不增加相机模块大小的情况下实现光学防抖。

专利申请CN200910266053提出了一种透镜驱动模块。该透镜驱动模块包括壳体和镜筒，镜筒容纳在壳体的容纳空间内且内部具有透镜，驱动单元通过两端被锁定到壳体上的形状记忆合金牵线的收缩拉力向镜筒施加驱动力，以使镜筒沿光轴方向向上移动，转动件插在壳体和镜筒之间，预紧单元沿光轴方向牵拉镜筒以使镜筒向下移动到初始位置，并且该预紧单元沿与光轴垂直的方向牵拉镜筒，使镜筒与转动件保持接触，镜筒通过形状记忆合金牵线的收缩量或者伸展量移动，实现了简单的结构和小型化。

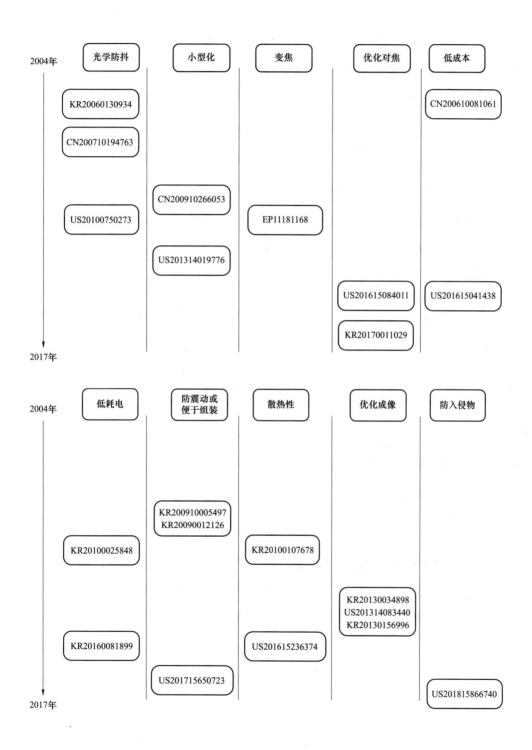

图 4-11　三星手机摄像头用音圈电机领域的专利技术发展路线

专利申请 US201615084011 提出了一种用于成像装置的光学装置，具有第一和第二驱动装置，以产生第一和第二驱动力，使透镜组件在光轴方向上向前/向后移动，可以容易地控制镜头的位置并且可以快速执行聚焦操作，并且聚焦所需的时间减少，在拍摄移动物体或执行连续拍摄操作时确保了良好质量的图像。专利申请 KR20130034898 提出了一种相机模块。相机模块包括透镜镜筒、外壳和红外滤光器，透镜镜筒包括设置在光轴上的至少一个透镜，外壳中设有透镜镜筒，红外滤光器结合到外壳的内侧且设置在透镜镜筒下方，其中，在红外滤光器的一个表面的一部分施加有涂覆材料，以阻挡漫反射的光，保证图像的成像质量。

专利申请 CN200610081061 提出了一种使用悬挂线的移动终端致动器，包括固定器、安装在固定器内的磁体、安装在固定器内并且位于磁体内侧的线圈、与线圈连接并且在中心处具有透镜的线圈骨架，以及悬挂线，其端部与所述固定器连接，并以特定角度弯曲以弹性压迫所述线圈骨架。通过使用该移动终端致动器，可以简化制造工艺并且降低制造成本。专利申请 KR20160081899 提出了一种致动器的驱动器集成电路及包括此的相机模块，能够减少致动器的开关损耗。

（三）东电化

1. 公司简介

TDK 株式会社（TDK Corporation，以下简称"东电化"），前身为"东京电气化学工业株式会社"（TDK Electronics Co., Ltd.），是一家生产并在全球销售电子原料、电子元件、记录及资料储存媒体的日本公司。作为制造电子工业领域内的巨头，东电化在智能手机和平板电脑领域内提供众多的电子元器件。

2. 专利申请年度分布

东电化在手机摄像头用音圈电机领域于 2005 年首次提出了相关专利申请，涉及 5 项专利族，分别以日本、中国、欧洲、美国为目标国家或地区提交专利申请。

东电化在手机摄像头用音圈电机领域的专利申请年度分布如图 4-12 所示。东电化在手机摄像头用音圈电机领域专利申请量整体呈上升趋势，特别是在 2007 年、2010 年和 2013 年，专利申请量达到了一个小高潮，2015~2017 专利申请量进入快速发展阶段，特别是在 2016 年，专利申请量为 43 项，2017 年专利申请量为 41 项。这体现出东电化对手机摄像头用音圈电机领域的重视，以及在手机摄像头用音圈电机研发创新中取得了较为显著的进步。

3. 专利申请国家或地区分布

东电化作为全球跨国公司，在手机摄像头用音圈电机领域，也始终重视全球市场的专利布局。自 2005 年开始，东电化专利申请主要通过在主要国家或地区的当地公司提交专利申请，向中国、美国、日本、印度等主要市场进行专利布局。

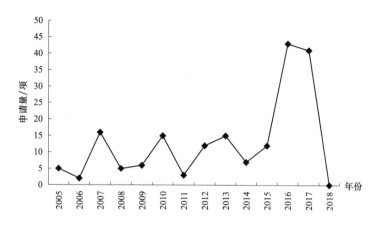

图 4-12　东电化在手机摄像头用音圈电机领域的专利申请年度分布

图 4-13 表示东电化在手机摄像头用音圈电机领域主要目标国家或地区提交的专利申请占比。中国和美国申请最多，中国占比达到了 46%（166 件），其次是美国，占比达到了 34%（120件），充分体现了中国市场和美国市场对东电化公司的重要性；紧随其后的分别为日本、印度以及其他国家，占比分别为 15%（54 件）、3%（9 件）、2%（8 件）。

图 4-14 表示东电化在手机摄像头用音圈电机领域主要目标国家

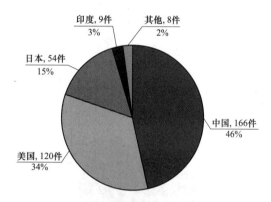

图 4-13　手机摄像头用音圈电机东电化主要目标国家或地区提交的专利申请占比

或地区提交的专利申请年度分布。2005～2011 年，东电化对日本本土市场以及中国和美国市场均十分重视。自 2012 年开始，日本专利申请量逐渐被美国和中国超越，体现出中国市场和美国市场在手机摄像头用音圈电机领域对东电化的重要性逐渐升高。东电化一开始在该领域专利申请中并未重视欧洲市场，欧洲的专利申请量几乎达到了忽略不计的程度。此外，就该领域而言，东电化从 2016 年开始，在全球专利申请量实现了明显增加，其中 2016 年专利申请量接近 2015 年专利申请量的 4 倍，且在中国的相关专利申请量一举超过美国、日本，中国成为最重要的专利申请的目标国家。随着中国手机市场的日益壮大和华为、小米等中国智能手机研发企业的迅速发展，为了应对竞争，东电化在中国市场的专利布局成为全球市场专利布局中的重中之重。

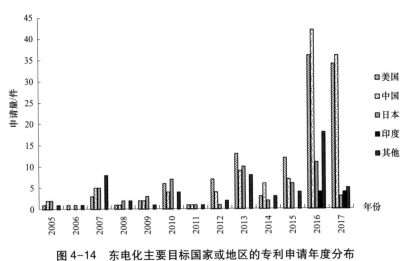

图 4-14　东电化主要目标国家或地区的专利申请年度分布

4. 技术手段和技术效果分析

对东电化在手机摄像头用音圈电机领域中涉及的 182 项专利技术进行阅读分析，主要从技术手段和技术效果考虑，其中，技术手段可分为电机本体、模组结构、框架结构以及控制方式分析，技术效果主要从光学防抖、小型化、优化对焦、低成本、低耗电、防震动、便于组装以及防入侵物分析，从而得到如图 4-15 所示的技术手段效果矩阵，

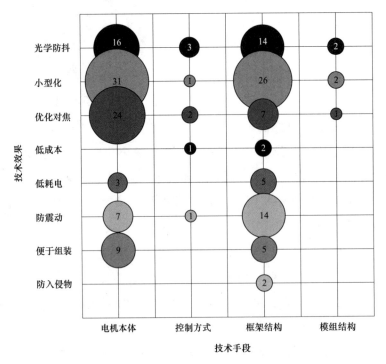

图 4-15　东电化手机摄像头用音圈电机领域的技术功效分布

注：图中数字表示申请量，单位为项。

可以看出申请人重要的研究方向和科研投入力度。如图4-15所示，东电化在手机摄像头用音圈电机领域中，主要从电机本体和框架结构两个技术手段进行研究创新；从技术效果的角度来看，主要达到了小型化、光学防抖、优化对焦的技术效果。从图4-15中可以看出，对电机本体进行研发改进，以此达到的效果排序为小型化、优化对焦、光学防抖、便于组装等；而对框架结构的改进达到的效果依次排序为小型化、光学防抖、防震动、优化对焦等。这也与手机摄像头用音圈电机中的电机本体和框架结构本身的作用相符合。针对控制方式和模组结构进行的改进相对较少，而在技术效果中，涉及低成本、低耗电、防入侵物的专利申请相对较少。

5. 专利技术发展路线

如图4-16所示，自2007年开始，东电化在手机摄像头用音圈电机领域进行专利布局。从技术效果角度来看，2007～2013年，专利申请主要涉及实现音圈电机小型化、光学防抖、优化对焦、低耗电、防震动的效果。2004～2017年，特别是2016～2017年，主要涉及的是手机摄像头用音圈电机的小型化、光学防抖、优化对焦的技术创新。

具体而言，专利申请US20100910519提供一种用于自动对焦模块的倾斜式防抖补偿结构，其允许自动对焦模块使用其中心作为支点向前、向后、向左或向右倾斜，补偿了由手造成的抖动。专利申请TW2013000123439提供一种可切换光路径的光学防抖机构，凭借运用切换机构驱动和防震装置，将不同的光路径经由该光学镜片模块投射于该影像撷取模块上达到切换的目的。专利申请CN201510589558提供一种具有至少两个影像撷取组件的摄影模块，影像撷取组件在适当的间距下正常运作，并具有快速合成3D影像/立体影像的能力。

专利申请CN200910146307提供一种无螺纹结构的镜头单元，该镜头单元可沿着光轴方向线性移动，将影像光线对焦于影像传感器上，让镜头单元的结构制作更为小型化。专利申请CN201711092011提供了一种光学机构，以解决有限的空间中配置感测元件，并使其感测到信号不失真的问题，有利于镜头装置的小型化。

专利申请CN201710344412提供了一种影像撷取单元，以降低摄像模块内部的磁性元件所产生的磁干扰，能够提高镜头的对焦速度及准确度。

专利申请JP2007179644提供了一种微透镜主动机构保护结构，具有防止微透镜聚焦机构中的弹性部分变形的保护结构。

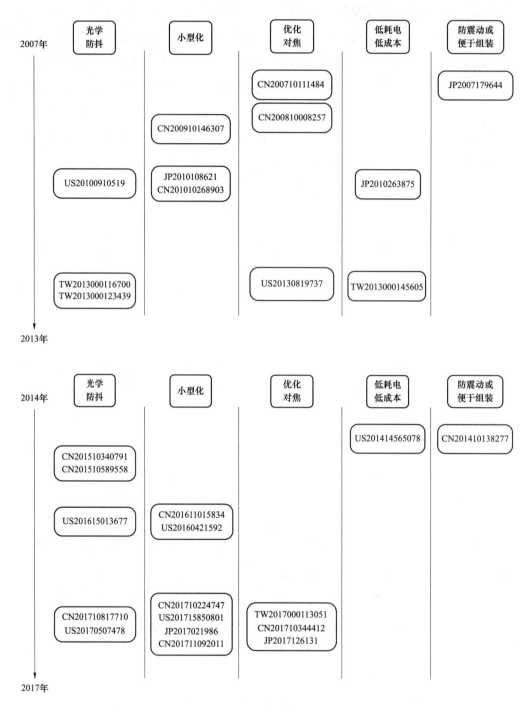

图 4-16   东电化手机摄像头用音圈电机领域的技术发展路线

（四）日本电产

1. 公司简介

日本电产株式会社（NIDEC CORPORATION，以下简称"日本电产"）成立于 1973

年，是电子电气行业的一家日本上市集团企业。业务内容为精密小型马达、中型马达、机器装置、电子光学零部件及其他产品的生产和销售，主要生产各种超精密马达、直流无刷马达、轴流风机、硬盘驱动装置用主轴马达。

日本电产 2003 年成为株式会社三协精机制作所最大股东，株式会社三协精机制作所后更名为日本电产三协株式会社。株式会社三协精机制作所于 1957 年开设驻纽约办事处，1975 年在中国台湾地区成立公司，1995～2001 年，相继在韶关、福州、上海、深圳、香港成立公司，2004 年成立三协精机（韩国）株式会社，2006 年开始量产透镜驱动器，2009 年开发光学抖动补偿组件，成立日本电产三协电子（东莞）有限公司，2011年入股美国 Persimmon Technologies 公司、Tammy Corporation 成为集团子公司，并配合其商业决策进行透镜驱动技术的专利布局。

2. 专利申请年度分布

如图 4-17 所示，日本电产在手机摄像头用音圈电机领域的专利申请年度分布，总共为 89 项专利族。日本电产在 2003 年成为株式会社三协精机制作所最大股东之后，日本电产的微特电机优势结合株式会社三协精机制作所 50 多年的相机、放映机等产品的技术优势及国际市场优势，以株式会社三协精机制作所 2002 年提出的透镜驱动装置的专利申请为优先权，通过《巴黎公约》分别向美国、韩国、中国提出专利申请。

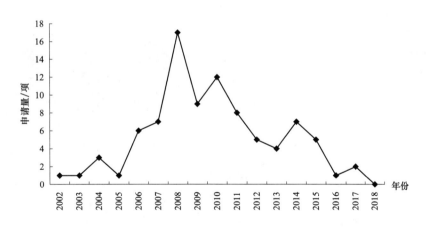

图 4-17　日本电产在手机摄像头用音圈电机领域的专利申请量年度分布

日本电产在 2006 年开始量产透镜驱动器，在 2009 年开发光学抖动补偿组件，因此 2006 年、2008 年专利申请量大幅提升。2010~2011 年智能手机市场爆发，自动对焦功能成为智能手机标准配置。VCM 厂家都以自动对焦致动器模块方式出货，韩国厂家 JAHWA、HYSONIC 开始杀价竞争，这两家的核心产品就是自动对焦致动器，而日本厂家如日本电产、三美、TDK 均为大公司，VCM 收入不到其总收入的 2%，若成本控制不利，亏损额便会巨大，故日本电产第一个退出此领域，随之，日本电产透镜驱动领域整体专利申请量下滑。

3. 专利申请国家或地区分布

图 4-18 示出了日本电产在手机摄像头用音圈电机领域主要目标国家或地区提交的专利申请占比，总共为 89 项专利族，均进行了本国申请，并选择性地在中国、美国、韩国进行专利申请，目前进入中国 74 件，进入美国 60 件，进入韩国 9 件。

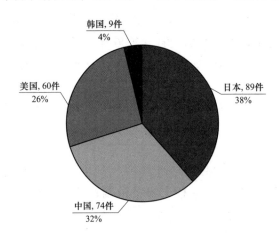

图 4-18　手机摄像头用音圈电机日本电产
主要目标国家或地区提交的专利申请占比

日本电产更多地在中国和美国进行了专利布局，并且为了更好地支援中国业务，2012 年 4 月在中国大连设立了拥有当地团队的知识产权分室。日本电产在手机摄像头用音圈电机领域专利申请的目标国家明确。

4. 技术手段和技术效果分析

对日本电产在手机摄像头用音圈电机领域中涉及的专利申请进行阅读分析，主要从技术手段和技术效果考虑，得出如图 4-19 所示的日本电产在手机摄像头用音圈电机领域技术手段和技术效果矩阵，可以看出申请人重要的研究方向和科研投入力度。日本电产在手机摄像头用音圈电机领域主要从电机本体、框架结构和控制方式三个方面改进，以达到小型化、防震动和光学防抖的技术效果，有少量专利申请的目标为实现优化对焦、低成本、低耗电、便于组装和优化成像。

5. 专利技术发展路线

日本电产在手机摄像头用音圈电机领域的专利技术发展路线如图 4-20 所示。为了将摄像头内置于智能手机等电子设备，首先需要实现的就是小型化。日本电产微特电机和株式

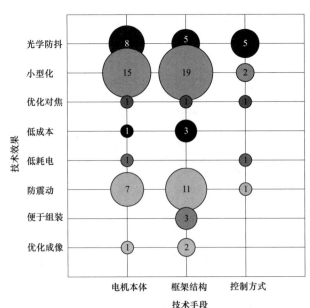

图 4-19　日本电产在手机摄像头用音圈电机
领域技术功效分布

注：图中数字表示申请量，单位为项。

会社三协精机制作所相机等产品为日本电产进入手机摄像头领域提供了技术基础，并在手机摄像头用透镜驱动器的研发过程中发挥了一定的技术优势。

2002~2005 年的专利申请，通过配置磁铁线圈采用磁力驱动镜头以实现透镜驱动装置的小型化。改进的方面具体包括磁铁线圈配置方式，例如专利申请 JP2003354816；框架结构的改进，例如专利申请 JP2004274420 公开的改进绕线筒结构；防震动，稳定镜头保持位置，例如专利申请 JP2004171086；小型化，通过板簧控制镜头移动结构的移动，例如专利申请 US20050273005。

如图 4-20 所示，2006 年的专利申请开始在不断追求小型化的前提下解决防震动的技术问题，通过改进电机的板簧结构或者电机的磁体结构来实现。例如，专利申请 JP2006355727 改进电机的板簧结构，具体的板簧包括多个臂部，臂部具有蛇行部，这些蛇行部利用内侧折返部分以及外侧折返部分，将沿半径方向延伸的多个直线部分串联连接而成，以达到防震动的效果，同时镜头与板簧间隙窄，可实现小型化；该年专利申请的小型化是从框架结构和板簧结构的角度进行改进，例如专利申请 JP2006093351 公开了板簧结构的改进。

2007 年的专利申请，延续之前针对小型化、防震动的技术效果进行的改进。例如，专利申请 JP2007295359 涉及改进电机线圈结构，包括用于转换线圈绕线方向的转换部，弹簧部件配置在形成有转换部的端部之外的端部附近，线圈的卷绕起始端和卷绕结束端被电连接，提高绕线效率和质量，实现小型化；专利申请 JP2007324158 涉及改进控制方式，供电给线圈以与镜头移动相反方向限制套筒移动以防震动。

2008~2009 年的专利申请，为开发光学抖动补偿组价进行专利布局。如图 4-20 所示，日本电产首件光学防抖的专利申请 JP2008147187 公开了具有手抖校正功能的光学单元。该单元具有由枢轴部分旋转的可移动模块，并且通过万向弹簧被推向枢轴部分，为了使摄影单元摆动来对抖动进行修正，在隔着枢轴部的两侧的两个部位上分别设置两个成对的第一摄影单元驱动机构和第二摄影单元驱动机构，在这些摄影单元驱动机构中，将摄影单元驱动用磁体保持在作为可动体侧的摄影单元侧，将摄影单元驱动用线圈保持在固定体侧，摄影单元被包括彼此朝周向的相同方向延伸的多条臂部的万向簧片朝向枢轴部按压。后续光学防抖的专利申请覆盖框架结构（例如专利申请 JP2008251278）、电机的磁体（例如专利申请 JP2008255362）、电机的弹簧（例如专利申请 WO2009JP05239）、控制方式的改进（例如专利申请 JP2009218197）。

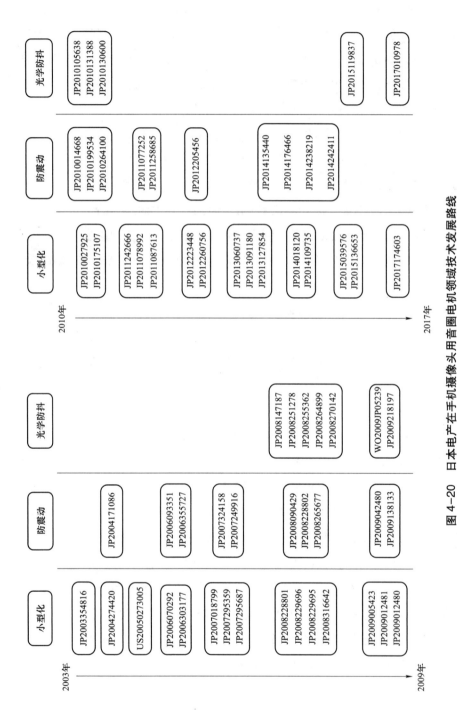

图4-20 日本电产在手机摄像头用音圈电机领域技术发展路线

2010 年，日本电产首次提出能够同时实现优化对焦、自动对焦和小型化的专利申请 JP2010027925，其包括枪管支架，枪管支架由方形 C 形支撑板支撑。减小自动聚焦单元的尺寸，可以容易地安装大直径镜头附着在基板上的形状记忆合金线；肘节单元利用形状记忆合金线旋转，可以扩展形状记忆合金线的伸缩量，可以大大地设定筒架的移动距离，并且可以消除形状记忆合金线在肘节单元的接合部分中的滑动移动。

2011~2017 年，如图 4-20 所示，日本电产所提出的专利申请主要从电机本体、框架结构和控制方式三个方面改进以达到透镜驱动装置更具普适性的小型化、防震动的技术效果，大幅减少了摄像头的透镜驱动装置更为专用的光学防抖功能的专利申请。2017 年，日本电产首次提出透镜驱动装置具有滚动元件的专利申请 JP2017174603，该滚动元件接触第一导线的导体和第二导线的导体，同时引导驱动部分相对于基座元件的移动，驱动部分可以移动到光轴方向，而不受布线的限制，实现小型化、低成本且便于组装。

（五）欧菲光

1. 公司简介

欧菲光成立于 2001 年，是一家国内领先的精密光电薄膜元器件制造商，以拥有自主知识产权的精密光电薄膜镀膜技术为依托，长期从事精密光电薄膜元器件的研发、生产和销售。目前，欧菲光的主要产品包括红外截止滤光片及镜座组件，产品应用领域广泛。

2. 专利申请年度分布

图 4-21 为欧菲光在手机摄像头用音圈电机领域的专利申请年度分布。从该图中可以看出，从 2012 年起欧菲光开始提出手机摄像头用音圈电机领域的专利申请，并且其专利申请量逐年增加，2015 年的专利申请量达到峰值，随后每年专利申请量有所下降。

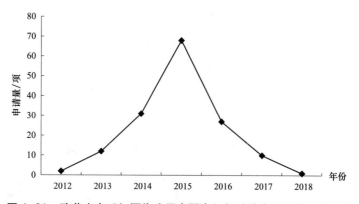

图 4-21　欧菲光在手机摄像头用音圈电机领域的专利申请年度分布

欧菲光手机摄像头用音圈电机领域的专利申请共有 150 项，其中 PCT 申请有 6 项，占比 4%；与外国企业合作直接向美国进行的专利申请有 2 项，国外申请占比 1.3%。可见欧菲光具有在海外进行专利布局的意识，专利申请主要针对国内，说明其具有一定的研发能力。但现阶段其海外专利申请量较少，仍有很大的发展空间。欧菲光的专利申请情况从一定程度上也表明了我国本土技术正在快速发展。

3. 技术手段和技术效果分析

图 4-22 为欧菲光涉及手机摄像头用音圈电机领域的专利申请技术手段和技术效果矩阵。从技术效果来看，其主要是为了实现小型化、降低生产成本、防止跌落受损、光学防抖、防止异物入侵以及优化成像质量六个方面。采取的技术手段有框架结构、模组结构、控制方式以及电机本体四种。

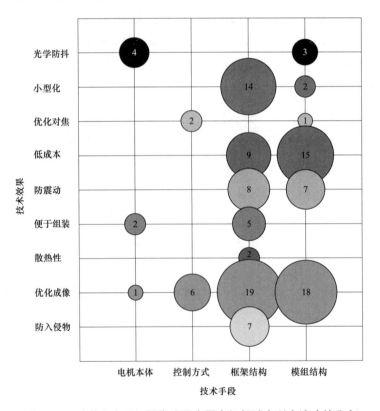

图 4-22　欧菲光在手机摄像头用音圈电机领域专利申请功效分布

注：图中数字表示申请量，单位为项。

为了实现小型化，采用的技术手段主要是在框架结构方面改进，例如在封装体的顶面向靠近基板的方向凹陷形成有收容槽，光学部组装至封装体的收容槽内，从而实现小型化。

为了降低生产成本，采用的技术手段主要有框架结构与模组结构两种。在框架结构上的改进包括在线路板上设置用于电连接的卡槽，将传统的焊接改为可插拔式连接，缩短制作周期，从而降低生产成本等方法。在模组结构上的改进包括以简单的结构替代悬吊线结构，从而降低生产成本等方法。

为了防震动，采用的技术手段主要有框架结构与模组结构两种。在框架结构上的改进包括使用密封件包裹被动元件等方法。在双摄中，为防止其跌落受损，在模组结构上的改进包括将至少两个摄像模组通过焊接与框体固定连接等方法。

为了实现光学防抖，采用的技术手段主要集中在电机本体与模组结构两方面。在电机本体上的改进包括设置导向结构，导引套筒仅沿外壳的轴向进行移动，从而使得套筒不在垂直于外壳轴向方向的平面内发生移动，使镜头在垂直于光轴的平面上不会产生偏移。在模组结构上的改进包括设置防抖装置，补偿载体因抖动而发生的位移等方法。

为了防止异物入侵，采用的技术手段主要是在框架结构方面改进，例如音圈电机的支架设置成具有内部空间与外部空间，影像感测芯片安装在内部空间内，其他电子元件安装在外部空间内，避免了电子元件被水汽腐蚀和灰尘污染。

4. 专利技术发展路线

自 2012 年起欧菲光开始提出手机摄像头用音圈电机领域的专利申请以来，研发改进主要是为了光学防抖、小型化、优化对焦/优化成像、低成本以及防震动/便于组装等。图 4-23 为欧菲光在手机摄像头用音圈电机领域的专利发展路线。从该图可以得出，欧菲光的研发主要围绕如何小型化、如何降低生产成本、如何优化成像质量以及如何实现光学防抖。例如，专利申请 CN201410056328 提出了一种采用导向结构的音圈马达，导引套筒仅沿外壳的轴向进行移动，从而使套筒不在垂直于外壳轴向方向的平面内发生移动，镜头在垂直于光轴的平面上不会产生偏移，实现光学防抖，从而提高拍摄的质量。专利申请 CN201720721833 提出了一种摄像模组及其感光组件，将感光元件通过导电胶设置于基板上，在基板上通过模塑成型的方式形成封装体，封装体很牢固地形成在基板上，通过封装成型的封装体相较于传统的底座支架来说，在相同承载强度的要求下，封装体的尺寸可以更小，进而达到小型化的目的。专利申请 CN201410267607 提出了一种对焦方法，根据相机模组的当前拍摄状态，获得所述当前拍摄状态对应的音圈马达所需的起始驱动电流，并控制驱动电源向音圈马达提供起始驱动电流，以带动镜头移动，提高对焦精度，从而优化成像质量。专利申请 CN201510450765 提出了一种摄像头模组及其第一线路板与第二线路板，金手指母座上开设有卡槽，卡槽内设有电性接触垫，电性接触垫与电路板电性连接，其中，卡槽用于与摄像头模组的第二线路板可插拔连接，以使电路板通过电性接触垫及摄像头模组的第二线路板与外部电路板电性连接，将上述第一线路板应用于摄像头模组中能有效缩短制造样品周期，进而降低生产成本。专利申请 CN201510431055 提出了一种双摄像头模组，其音圈马达为一体式结构，由于音圈马达为一体式结构，可以同时承载和容纳两个镜头单元，从而保证两个镜头单元中心轴相互平行，使组装更精准，便于组装，提高产品优良率。

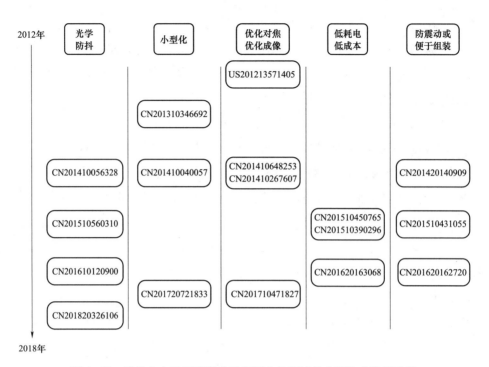

图4-23 欧菲光在手机摄像头用音圈电机领域的专利技术发展路线

2012~2015 年，欧菲光在涉及手机摄像头用音圈电机领域的专利申请主要针对单摄像头，在此期间，其申请围绕如何小型化、如何降低生产成本、如何优化成像质量以及如何实现光学防抖布局；自 2016 年后欧菲光在涉及音圈电机领域的申请主要针对双摄像头，其申请仍然围绕如何小型化、如何降低生产成本、如何优化成像质量以及如何实现光学防抖布局。可见，无论单摄像头还是多个摄像头，对于企业来说，小型化、降低生产成本、优化成像质量以及光学防抖是永恒的追求。

为实现上述目标，在单摄像头与双摄像头时期，申请人面临的实际技术问题存在差异，所采取的技术手段也会有所不同。例如，为了降低成本，在单摄像头时期，申请人从材料和时间的角度出发，采用了省去特定支架或节约时间的方法；在双摄像头时期，申请人从多摄像模组出发，采用了设置至少两个摄像模组的焦距相同的方法，使至少两个摄像模组的结构更加简单，降低成像模组的成本，同时，多摄像模组焦距相同也能够使图像处理算法更简单，进一步降低成本。

五、总结

通过对手机摄像头用音圈电机全球专利申请和中国专利申请的分析，本文梳理了专利申请总体变化趋势、地域分布和专利技术发展路线，并对国内外重要申请人的全球专利申请进行归类和整理，对其技术发展路线、技术热点进行了细致分析，主要结论如下：

关于全球技术和产业发展概况，从全球专利申请量趋势、专利技术发展路线、主要申请人专利申请情况等因素综合分析，目前，音圈电机在手机摄像头的镜头驱动上的应用已经处于技术成熟阶段，主要体现在：该领域的全球专利申请量和申请人数量在经历快速增长期之后趋于平稳，并在近年来有所下降；部分申请人开始降低对该技术市场的重视，如专利申请量排名靠前的LG、三星、日本电产、东电化和欧菲光；重要专利的重心转移，不再是针对音圈电机的改进，而是在手机摄像头中与音圈电机配合的模组结构的改进，且出现以替代音圈电机实现对手机摄像头的镜头进行驱动的技术，如MEMS、液态镜片、液晶镜头等。然而，音圈电机在光学防抖上具有优异表现，在手机摄像头的镜头驱动领域将保有重要地位。

关于国内发展现状以及与国外存在的差距，我国在手机摄像头用音圈电机领域的专利申请总量位居全球第一，但外国申请人来华占比较高，我国单个申请人的申请总量与处于领先地位的韩国和日本企业存在差距，且研究领域较为集中在模组结构和框架结构上，关于音圈电机的电机本体、控制方式的研究则相对较少，国内企业在专利申请的质量上处于下风。

关于专利布局建议，随着移动支付、物联网等技术的发展，手机摄像头产业的市场需求越来越大，因此音圈电机作为手机摄像头的驱动器具有广阔应用前景。在技术上，多摄像头与单摄像头的发展路线相似，也需从小型化、防震动、优化对焦、光学防抖、低成本等角度入手进行研究。在手机摄像头用音圈电机相关的模组结构和框架结构方向上，国内企业需在已有基础上扩大研究、加强技术研发的同时应注意专利布局。在手机摄像头用音圈电机相关的电机本体和控制方式方向上，考虑通过与优势企业合作、引进国外先进专利技术，对其技术进行研究、消化、吸收和创新，再将创新的技术向国外申请专利，在不同的国家或地区有侧重地进行专利布局，通过一定数量的高质量专利对相关产品进行保护。

本文通过展示手机摄像头用音圈电机领域技术的发展脉络和趋势、主要技术路线、区域分布、重要专利技术、主要申请人，以期为国内手机摄像头用音圈电机领域企业和科研机构的技术发展提供一定参考。

参考文献

[1] 马建设，李合银，程雪岷，等. 嵌入式自动聚焦摄像模组控制系统的设计 [J]. 光学精密工程物理，2012，20（10）：2222-2228.

［2］ GAMADIA M, KEHTARNAVAZ H, ROBERTS H K. Low-light auto-focus enhancement for digital and cell-phone camera image pipelines ［J］. Consumer Electronics, IEEE Transactions, 2007, 53（2）: 249-257.

［3］ 旭日大数据-2017 年音圈马达发展白皮书 ［EB/OL］. ［2017-12-31］. http:// max. book118. com/ html/2017/1224/145754585. shtm.

［4］ 李翁衡，卢琴芬. 微型音圈电机在手机摄像模组中的应用 ［J］. 微电机, 2018, 51（7）: 8-11.

［5］ 袁云. 基于 LabVIEW 环境的 VCM 测控系统研究 ［D］. 中国优秀硕士学位论文全文数据库·工程科技 II 辑, 2015（3）: C042-171.

［6］ 曹家勇. 具有方形线圈的平动音圈电动机的设计 ［J］. 电机与控制应用, 2009, 36（6）: 1-4.

［7］ 章剑林，黄左彦. 杭州市互联网经济发展报告（2012 年）［M］. 杭州: 浙江大学出版社, 2013: 66.

［8］ 上海财经大学，中国产业发展研究院. 2015 中国产业发展报告: 新常态与新战略 ［M］. 上海: 上海财经大学出版社, 2015: 347.

智能传感器专利技术综述[*]

高民芳　胡百乐[**]

摘要　本文介绍了智能传感器相关技术的国内外专利申请的基本情况，归纳和总结了相关专利申请趋势以及主要国家/地区的技术实力情况，并基于该领域代表性专利申请，分析并梳理了智能传感器各技术分支的发展路线和核心专利。同时根据上述内容对智能传感器相关技术的中国专利现状进行了总结和概括，并对如何提升专利质量、增强市场竞争力提出了建议。

关键词　智能传感器　核心专利　发展路线

一、概述

智能传感器是集成了传感器、致动器与电子电路的智能器件，或者是集成了传感元件和微处理器，并具有监测与处理信号功能的器件，其主要基于硅材料微细加工和CMOS 电路集成技术制造。[1]智能传感器将传感器信息检测的功能与微处理器信息处理的功能有机地结合起来，弥补了传统传感器性能的不足。信号的输出方式可以采用串行或者并行输出。智能传感器的基本结构框图如图 1-1 所示。[2]

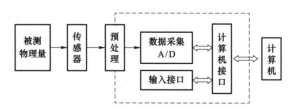

图 1-1　智能传感器基本结构框图

在当今信息化时代，诸多的应用场景需要传感器更加快速地获得更精准、更全面的信息，而传感器位于最关键的感知层，其作为接收和传递信息的入口，还需要分析、处

---

* 作者单位：国家知识产权局专利局专利审查协作北京中心。

** 等同于第一作者。

理、记忆、存储海量数据等。智能传感器比传统传感器在功能上有了极大的提高，智能传感器的具体功能优势包括：

（1）自补偿与自诊断功能；

（2）信息存储与记忆功能；

（3）自学习、自适应与自校准功能；

（4）数字和模拟输出功能；

（5）其他常用功能如数据交换通信接口功能，备用电源的断电保护功能等。

本文将智能传感器专利技术按照应用领域进行技术分解，划分为消费电子、工业电子、汽车电子、其他电子四个分支，其中消费电子包括运动传感器、图像传感器、环境传感器等；工业电子包括位移传感器、压力传感器、温度传感器、湿度传感器、温湿度传感器、气体传感器等；汽车电子包括超声波传感器、全景摄像头、激光雷达传感器、红外传感器等；其他电子包括微生物传感器、酶传感器、细胞传感器、组织传感器等。该划分依据中国信息通信研究院的智能传感器分类并综合相关文献确定。智能传感器技术分解如表 1-1 所示。

表 1-1　智能传感器技术分解

一级分支	二级分支	三级分支	四级分支
智能传感器	消费电子	运动传感器	加速度计、陀螺仪、磁力计、惯性测量单元
		图像传感器	COMS 图像传感器
		环境传感器	MEMS 麦克风、环境光传感器
	工业电子	位移传感器	位移传感器/线性传感器
		压力传感器	压力传感器
		温/湿度传感器	湿度传感器、温度传感器
		气体传感器	气体传感器
	汽车电子	超声波传感器	超声波传感器
		全景摄像头	3D 摄像头
		激光雷达传感	激光测距传感器
		红外传感器	红外探测器
	其他电子	微生物传感器	光学生物传感器
		酶传感器、细胞传感器	酶传感器、细胞传感器
		组织传感器	心率传感器、指纹传感器、虹膜识别传感器

检索要素利用了二级、三级、四级分支所有具体传感器的关键词和关键词扩展、分类号和分类号扩展。检索使用的数据库为专利检索与服务系统（Patent Search and Service System）中的中国专利文摘数据库（CNABS）和德温特世界专利索引数据库（DWPI），数据样本，包括申请日（有优先权日的为最早优先权日）自 1990 年 1 月 1 日起，并于 2019 年 6 月 30 日之前公开的全部专利申请。共检索到中国专利申请 56996 件，全球专利申请 94044 项。

二、智能传感器专利申请情况

（一）智能传感器专利申请整体情况

1. 全球/中国专利申请和授权态势

从图 2-1 来看，智能传感器全球专利申请一直在平稳增长，申请量逐年递增，从 2001 年开始申请量突破 2000 项。2014 年申请量迅速增加，这是由于人工智能进入了增长爆发期，因此作为人工智能数据采集前端的智能传感器也获得了爆发式增长。特别是新一代人工智能的发展，需要以大数据为训练基础，而大数据的采集需要具有更快、更灵敏、更智能的传感器配合。技术和市场的需求刺激了研发主体对于智能传感器的研发热情。中国专利申请态势与全球专利申请态势相同。

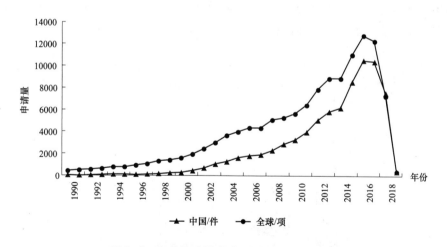

图 2-1　智能传感器全球/中国专利申请态势

从图 2-2 可以看出，2003 年之前，中国在专利授权数量上一直低于美国和日本授权量，在 2003 年后开始超越日本，在 2009 年开始超越美国，此后一直保持快速增长，并且在近几年授权量远超其他国家/地区。而欧洲、日本、韩国授权量保持了平稳发展，数量上相对较少。从授权量变化可以看出，中国虽然发展起步晚，但近几年增长势头强劲。值得注意的是，美国、日本等国家/地区传感器技术实力较强，虽然授权量相对较少，但是基础技术实力更强。

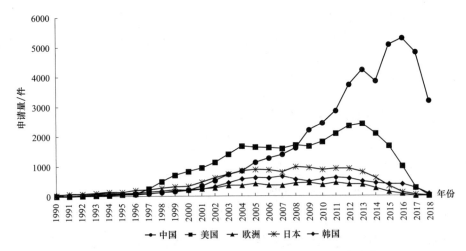

图2-2　智能传感器技术主要国家/地区专利授权量态势

2. 主要国家/地区专利申请量和授权量对比情况

从图2-3可以看出，美国的授权率最高，中国、韩国和日本次之。可见，美国的专利申请相对授权率较高，说明其专利申请整体技术含量高。中国是该领域专利申请量最大的国家，同时其授权比例也相对较高，说明中国在整体上有意识地进行了积极的专利申请，专利申请质量也在进一步提高。

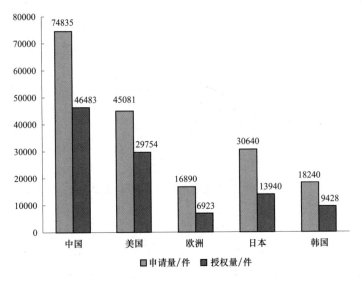

图2-3　智能传感器主要国家/地区专利申请量和授权量对比

3. 全球/中国主要申请人

在智能传感器领域，全球专利申请量排名前20位的申请人分别来自美国、中国、日本、韩国和中国台湾地区，其中以日本企业居多，如图2-4所示。

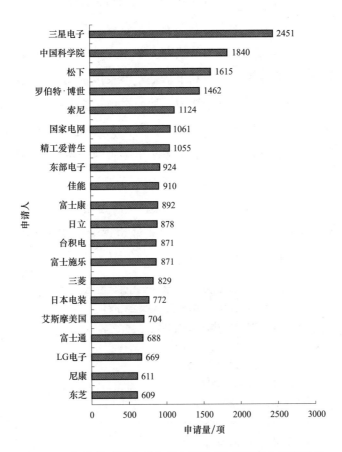

图 2-4　智能传感器全球专利申请前 20 名申请人专利排名

从图 2-4 可以看出，日本有 11 位申请人进入了前 20 名，包括松下、索尼、精工爱普生、佳能、日立、富士施乐、三菱、日本电装、富士通、尼康、东芝。日本在智能传感器领域具有较强的实力，且专利申请集中在上述申请人手中。美国在智能传感器领域也具有较强实力，但是其专利申请分布广泛，并没有集中在某些申请人手中，因此，在全球专利申请前 20 名申请人中仅有艾斯摩美国上榜。韩国与日本情况类似，专利申请也集中在少数申请人手中，三星电子、东部电子、LG 电子上榜，上述 3 家企业也是韩国半导体和智能传感器领域技术实力较强的科技企业。中国台湾地区在半导体领域具有较强的实力，因此，在智能传感器这种与半导体技术密切联系的领域也拥有较多申请。日本、韩国、中国台湾在积极申请专利的同时，积极开展智能传感器的运用实践，在其相关代表性产品中均应用了智能传感器。此外，中国也有两位申请人进入了前 20 名，分别是中国科学院和国家电网。中国科学院作为中国重要的科研机构，在智能传感器领域具有一定的研究基础。国家电网作为中国的重要国有企业，较为重视专利保护，也对智能传感器的应用进行了大量申请。

从图 2-5 可以看出，中国科学院作为中国重要的科研院所，具有庞大的研究专家团队，在该领域具有深入的研究。国家电网作为国有企业，基于先进技术与产业的融合需求，在智能传感器领域也具有较为广泛的研究。歌尔声学作为国内领先的科技公司，在该领域也具有一定研究，歌尔声学的专利申请基本涉及声音相关的领域，通过开发智能传感器的配套技术，形成了较强的创新能力，从而在市场竞争中占据有利地位。在中国申请人中，中国高校和科研院所占据比例较高，高校和科研院所具有前瞻性的研发视角和较强的科研实力，在基础理论研究方面可能产生突破性的技术，但是需要加强对专利技术的运营和转化，才能形成市场竞争力。在中国前 20 名申请人中，除了高校和科研院所，也有广东欧珀电子、京东方这种在产品中积极运用智能传感器的公司，并且欧菲、中芯国际这种直接生产制造智能传感器的企业也逐渐崭露头角，跻身中国前 20 名申请人，展现出了一定的技术实力。

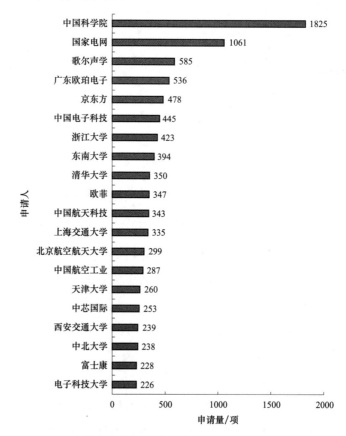

图 2-5 智能传感器中国专利申请前 20 名申请人专利排名

4. 全球专利申请布局区域研究

从图2-6可以看出，中国占比为31%，表明中国是最重要的国际市场之一；美国排名第二位，占比为18%；其后依次为日本、欧洲和韩国。此外，还有9%的专利申请选择了PCT申请，排名第四位，这说明相当数量的专利申请是以进入多个市场国为目标的，有较多申请人开始积极进行全球布局。

图2-7为智能传感器全球专利申请的技术原创国家/地区（优先权所在国家/地区）分布，其中，中国原创技术占比达到44%，美国占比为20%，日本占比为16%。

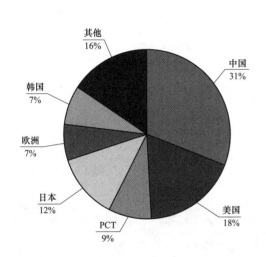

图2-6　智能传感器全球专利申请
主要国家/地区分布

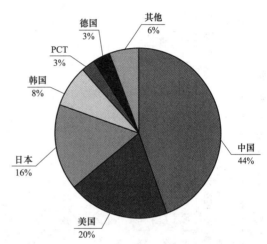

图2-7　智能传感器全球专利申请
主要技术原创国家/地区分布

从智能传感器全球主要技术原创国家/地区分布可以看出，中国是全球第一大创新主体，伴随着国内人工智能、自动驾驶等产业的兴起，智能传感器作为关键的信息前端采集器件，得到了广泛的研究。美国、日本虽然不是最大的技术原创国家，但是美国、日本研发开始时间较早，掌握了大量基础专利申请，这些基础专利申请会成为中国申请人进行专利布局和产品出口的重大障碍。

5. 全球/中国主要申请人专利申请年度分布和区域分布情况

从表2-1可以看出，日本、韩国的企业很早就开始了积极布局，并且日本企业相较其他国家专利布局更早，技术发展早期已经开始布局，并持续引领技术的发展。例如，松下专利申请量排名第三位，但是布局时间较早，早期申请量多于排名第一的三星电子。不过值得注意的是，日本企业的后续研发开始减缓，而韩国的企业和消费型电子产品（如智能手机等）联系更加紧密，随着消费型电子产品的逐年发展和换代升级，韩国在

表 2-1　智能传感器全球主要申请人专利年度分布

单位：项

年份

申请人	1990	1991	1992	1993	1994	1995	1996	1997	1998	1999	2000	2001	2002	2003	2004	2005	2006	2007	2008	2009	2010	2011	2012	2013	2014	2015	2016	2017	2018	2019
三星电子	2	4	3	1	3	5	8	8	9	16	5	25	46	39	69	83	106	66	73	57	92	119	182	299	289	312	282	246	2	
中国科学院	9	2	3	3	2	2	4	8	15	10	24	25	29	35	37	67	86	78	77	90	103	101	140	136	164	137	207	124	114	8
松下	8	11	19	20	47	43	53	45	70	88	63	71	81	87	134	110	100	75	76	90	76	76	59	31	25	18	18	11	2	
罗伯特·博世	6	4	4	5	5	4	10	20	17	18	19	21	24	39	52	63	74	70	97	73	99	89	135	122	126	86	88	86	3	
索尼	2	3	7	14	4	6	11	8		21	18	44	52	35	63	57	42	56	74	102	80	111	55	69	48	53	45	32	3	
国家电网											1					3	2	1	12	16	29	26	70	136	151	141	160	190	115	5
精工爱普生	2	2	5	5	2	1	4	2	5	6	25		34	63	51	75	69	43	44	77	77	65	86	64	64	67	47	61		
东部电子					1	3			6				2	16	96	130	149	245	188	61		2	6	1	2	1	8	7		
佳能		5	4	16	11	18	29	23	31	18	23	26	29	53	52	38	50	50	49	72	49	51	45	38	38	30	27	35	3	
富士康	2	3	10	4	12	12	12	7	14	11	18	20	27	36	50	45	56	62	80	61	68	45	72	40	32	32	33	25		
日立	11	13	7	28	30	24	40	20	28	30	37	37	44	43	36	67	52	44	56	27	24	35	41	14	24	20	17	32	2	
台积电						4	7	8	7	23	15	23	18	20	16	18	18	19	11	33	39	82	118	123	62	81	56	68	2	
富士施乐		6		4	13	9	12	6	15	15	23	20	30	44	56	59	74	48	57	55	55	39	70	52	28	39	24	15	2	
三菱	35	39	25	25	17	21	29	21	26	21	22	37	43	41	37	35	24	33	44	34	29	26	30	41	21	27	20	18		
日本电装	2	6	5	6	14	17	8	16	32	19	25	29	46	39	62	52	51	43	47	39	33	34	30	20	35	19	28	15		
艾斯摩美国						1	1	1		1	3	6	25	64	73	82	85	71	74	46	35	43	27	9	14	17	14	12		
富士通	21	33	31	32	30	23	27	14	21	16	18	11	24	28	29	34	37	36	36	14	19	27	14	11	22	16	21	16		
LG电子	2	2	1	6	2	3	5		2	7	1		20	30	32	25	37	25	26	21	25	52	41	62	51	68	75	39	2	
尼康	2	4	9	10	11	20	37	18	14	19	17	14	38	59	41	37	42	43	49	37	21	17	19	12	4	11	3	1		
东芝	8	7	8	14	12	9	19	13	16	23	23	17	18	30	23	22	30	26	32	36	40	34	41	33	26	17	15	16	2	

智能传感器领域的专利申请量增长迅速。在中国，以中国科学院为代表的申请人，布局稍早于其他国内申请人，表明其能够更早地捕捉技术热点，而以国家电网为代表的中国申请人，2013 年左右也开始加速专利布局。

从图 2-8 可以看出，申请人在本国的申请量基本是最多的。三星电子、松下等国外申请人，均在全球范围内广泛布局，并积极通过 PCT 的形式进行专利布局，所以在全球范围内布局形势较好。而中国申请人则多以本国为布局重点，较少进行海外布局。

从表 2-2 来看，中国科学院、浙江大学、东南大学、清华大学、天津大学等布局开始时间较早，但是其中只有中国科学院布局持续增加，其他高校布局数量则较少。整体上，中国申请人在近几年布局才开始发力。

6. 全球/中国专利技术布局情况

从图 2-9 可以看出，在各技术分支中，中国的申请量可以占到全球申请量的一半以上。这一方面可能是基于中国近年来对于智能传感器领域的政策引导和产业规划，大量中国申请人投入该领域研究，特别是众多大学/科研院所在国家的支持下，在该领域开展了广泛的研究；另一方面，中国作为快速崛起的新兴经济体，人口众多，潜藏着巨大的商业机会，吸引了中外各创新主体的目光，有意愿在中国进行专利布局。

从图 2-10 可以看出，申请量最多的是消费电子相关的智能传感器，这和目前的市场需求相关。智能电子产品，例如智能移动终端等，已经成为日常生活必需品，因此，相关传感器需求增长迅速，专利申请量也最大。其次是工业电子类型智能传感器，这和工业需求相关，并且随着智能制造的广泛开展，工业电子的相关智能传感器也仅次于消费电子。而汽车电子位居第三，也具有一定的市场需求，伴随着无人驾驶的研发热潮，汽车领域的智能传感器开始逐渐发力，并有望成为新的增长点。而其他电子，包括生物组织信息获取相关的传感器，受限于技术的限制，目前申请数量还较少。

从中国占比看，与全球的情况不同，中国的工业电子类型传感器占比超过消费电子。这和中国广泛开展智能制造相关，并且消费电子相关的智能传感器已经被国外企业所掌控，技术上较难突破，而工业电子相关传感器还具有研发的潜力，也具有更广泛的市场需求。

从图 2-11 可以得出，东芝、尼康等日本申请人在四个技术分支都有分布，除其他电子申请较少，其他分支相对比较均衡，而中国申请人，中国科学院分布均衡，国家电网主要发力在工业电子。

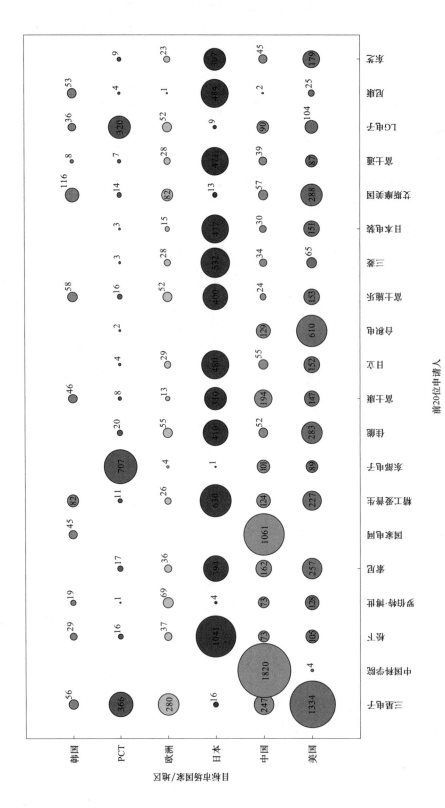

图 2-8　智能传感器全球前 20 位申请人专利布局区域

前20位申请人

注：图中数字表示申请量，单位为项。

216

表 2-2　智能传感器中国主要申请人专利年度分布

单位：件

申请人	1990	1991	1992	1993	1994	1995	1996	1997	1998	1999	2000	2001	2002	2003	2004	2005	2006	2007	2008	2009	2010	2011	2012	2013	2014	2015	2016	2017	2018	2019
中国科学院	9	2	3	3	2	2	4	8	15	9	24	25	29	35	37	67	86	78	77	88	102	101	139	134	163	131	207	124	113	8
国家电网					3							1				3	2	1	12	16	29	26	70	136	151	141	160	190	115	5
歌尔声学																1		8	7	9	17	26	35	55	50	127	89	94	65	2
广东欧珀电子工业																			1			1	4	6	6	49	112	226	117	14
京东方																	2	2		7	5	8	27	33	22	59	93	106	99	14
中国电子科技														10					11	29	13	14	30	36	58	59	55	64	41	5
浙江大学	1		6							2	1		4	6	4	12	9	21	23	29	29	14	27	49	29	48	38	24	40	5
东南大学	1		1			1	1	1				1		4	11	6	3	11	6	25	40	52	22	43	24	37	38	39	39	2
清华大学	2				2					1	2	7	15	20	16	18	10	9	13	14	16	23	37	14	23	16	32	32	32	2
欧菲																							1	1	51	100	59	132	4	
中国航天科技								1								1	2	10	3	4	5	14	22	31	36	42	55	59	59	
上海交通大学							1					1		5		24	13	25	27	22	8	18	23	25	26	28	31	22	24	2
北京航空航天大学									1				2		8	4	22	27	16	13	21	16	22	29	14	15	41	34	34	2
中国航空工业											1			1	1	1	5		2	4	8	8	16	16	23	37	48	62	25	2
天津大学		2	1											1	1	3	16	7	4	6	10	37	24	30	29	23	28	28	25	
中芯国际													4			9	11	9	10	18	15	15	6		61	31	17	26		
西安交通大学				1	1	2		1				3		6	2	7	4	3	5	7	12	25	22	21	16	17	26	20	29	3
中北大学																14	5	7	5	8	11	14	34	24	8	25	26	33	28	1
富士康														5	14		19	23	33	20	28	13	10	13	7	8	11	5	1	
电子科技大学												1	1	1	2	1	1	1	8	13	10	7	19	21	25	23	33	23	35	1

年份

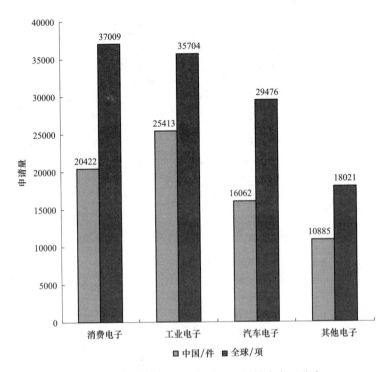

图 2-9　全球/中国智能传感器二级技术专利分布

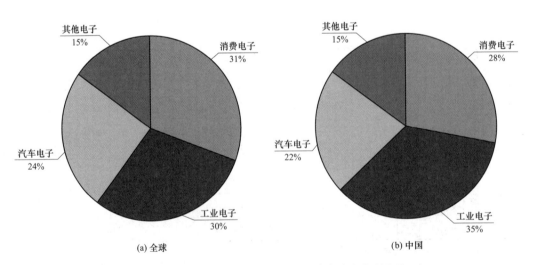

(a) 全球　　　　　　　　　(b) 中国

图 2-10　智能传感器全球/中国二级技术分支专利占比

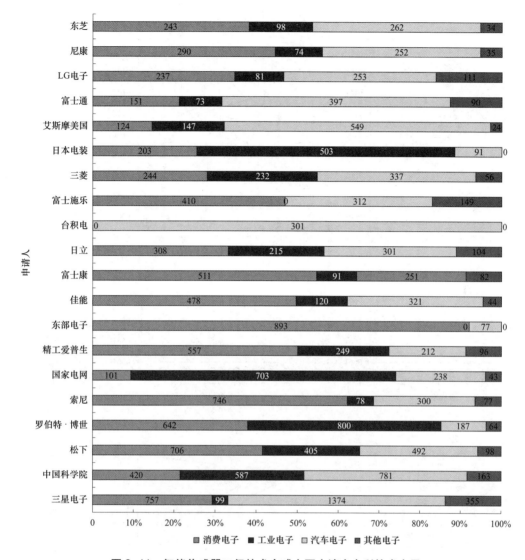

图 2-11　智能传感器二级技术全球主要申请人专利技术布局

注：柱形中的数字表示申请量，单位为项。此图为示意图，图中比例关系仅供参考。

（二）智能传感器各技术分支专利现状研究

1. 主要分支全球/中国申请和授权态势

图 2-12 示出了相关专利在全球及中国申请的年度分布情况。由图 2-12 可知，在全球范围内，2000 年以前，专利申请数量非常少，增长速度缓慢，但是在 2000 年之后，出现飞跃式增长，且增长量逐步增加，增长速度明显加快。这可能是受到人工智能算法、计算机软件层面的突破影响，智能传感器发展飞速。2010 年左右，消费电子类智能传感器申请量经历一小段时间的下滑，但是之后申请量又继续增长。这可能得益于 2010 年大数据时代的到来，计算机计算能力飞速提升，互联网技术得到了快速普及并且各国

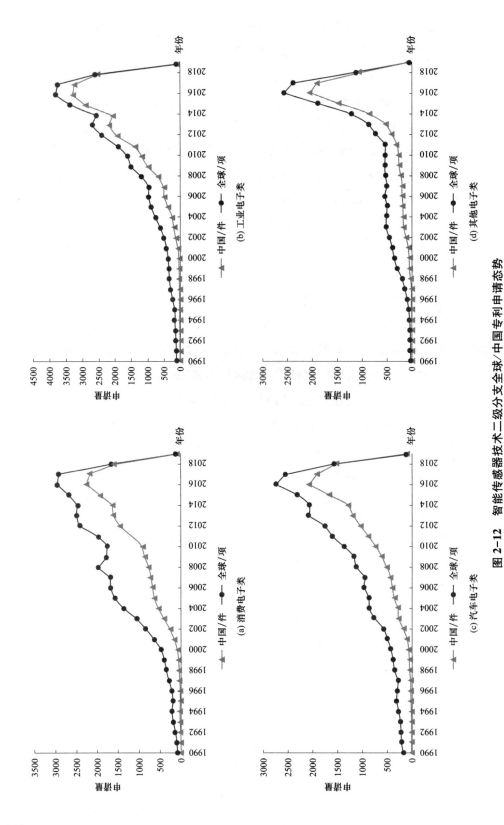

图 2-12 智能传感器技术二级分支全球/中国专利申请态势

政府对人工智能更加重视。尤其是2014年以后，各类智能传感器申请量均得到快速提升，这是因为人工智能作为技术发展重点分支，已经得到全世界范围内的关注，也促进着智能传感器的迅速发展。从各技术分支来看，其他类智能传感器主要包括生物传感器，相对于其他分支一直发展缓慢，2014年之后申请量才开始快速增长。

从中国申请量来看，中国申请量与全球总申请量趋势一致，保持平稳快速的增加，这说明我国在智能传感器方面发展动力持续，稳中有进。

图2-13示出了智能传感器二级分支技术相关专利申请在中国、美国、欧洲、日本及韩国的授权量分布情况。从主要国家/地区授权量态势可以看出，各二级分支的授权分布情况如下：美国在1997年开始授权量明显增加，而其他国家/地区则在2000年以后才出现授权量的增加，这说明美国在智能传感器方面的技术发展领先于其他国家/地区，具有很大的技术优势。但是在消费电子方面，中国从2013年起超越美国；在工业电子方面，中国从2006年超越美国；在汽车电子方面，中国从2012年超越美国；其他类电子方面，中国从2009年超越美国，成为年授权量最大的国家。欧洲、日本、韩国授权量发展相对平稳。由此可见，中国作为全球最大市场，主要国家/地区都非常重视其在中国的专利布局，另一方面也说明中国坚持科技创新，加快建设国家创新体系，大力增强科技对经济社会发展的支撑能力。

2. 各技术分支主要国家/地区申请量和授权量占比情况

图2-14示出了智能传感器技术各技术分支在中国、美国、欧洲、日本及韩国的申请和授权量占比情况。其详细数据如表2-3所示。

表2-3　智能传感器各分支主要国家/地区授权率对比

国家/地区	消费电子	工业电子	汽车电子	其他电子
美国	69.90%	67.48%	65.14%	59.66%
中国	61.56%	69.09%	59.20%	49.77%
日本	43.69%	46.83%	47.21%	46.30%
韩国	56.35%	58.76%	45.87%	45.77%
欧洲	42.98%	47.31%	37.37%	35.26%

从各技术分支授权率综合来看，美国授权率最高，足见其申请的技术含量比较高，核心技术占比较大，技术发展一直处于领先地位。中国授权率位列第二，这与中国近年来注重科技发展有一定的关系；欧洲、日本、韩国不仅申请量低，而且其授权率处于比较落后的地位。从各技术分支来看，美国在消费电子、汽车电子、其他电子类智能传

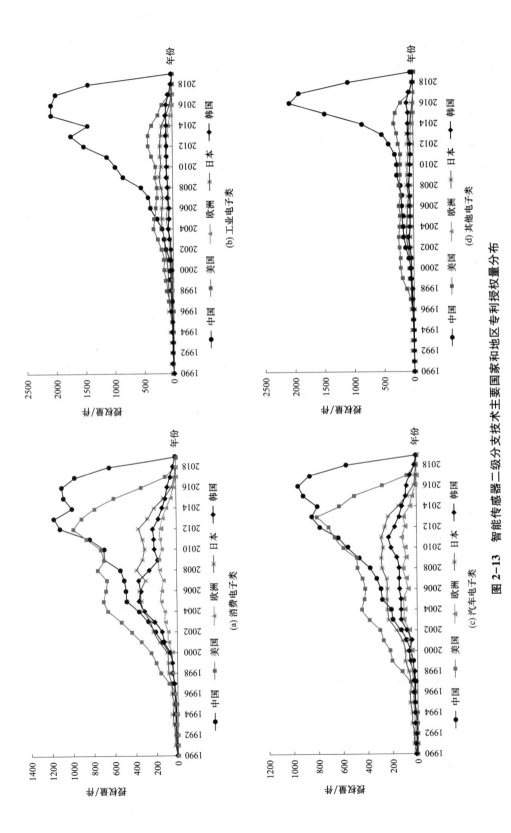

(a) 消费电子类

(b) 工业电子类

(c) 汽车电子类

(d) 其他电子类

图 2-13　智能传感器二级分支技术主要国家和地区专利授权量分布

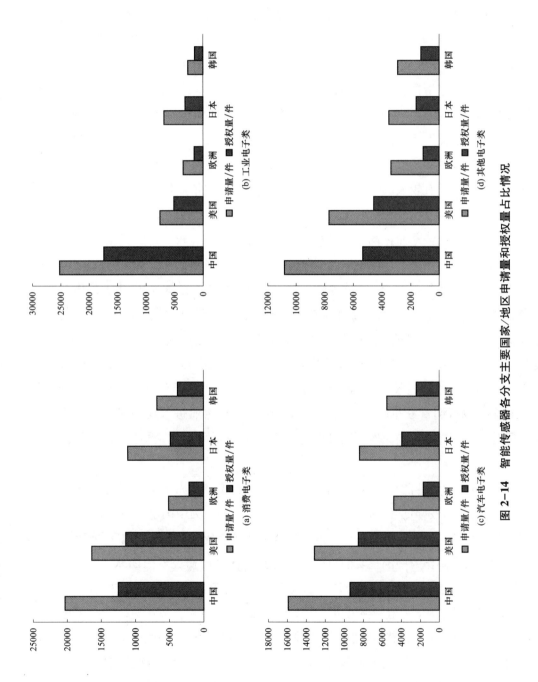

(a) 消费电子类
(b) 工业电子类
(c) 汽车电子类
(d) 其他电子类

申请量/件　授权量/件

图 2-14　智能传感器各分支主要国家/地区申请量和授权量占比情况

感器方面授权比率显著高于其他国家/地区，其工业电子类智能传感器授权比率也仅稍低于中国，位于授权率第二，说明美国在智能传感器方面发展较为强势，且各方面发展较为均衡；中国在工业电子类智能传感器方面授权率为第一，其他分支均位于第二，可见，中国在智能传感器方面的发展也比较均衡，且科技实力已经处于世界领先水平。

3. 主要申请人分析

图 2-15 示出了智能传感器各分支全球前 20 位申请人申请排名情况。在智能传感器领域，全球专利申请排名前 20 位的申请人，主要来自日本、美国、德国、中国、韩国。其中，日本企业无论在哪个分支，均占据最多席位，其中包括索尼、松下、精工爱普生、富士康、佳能、富士施乐、日立、TDK、尼康、三菱、东芝、JSR 等。可见，日本虽然专利申请数量和授权量均不高，但是其主要集中于这几家大公司，相对来说，这些公司在该技术领域有较大的领先优势。同时，德国企业包括罗伯特·博世和英飞凌等在智能传感器领域也有比较绝对的优势，但是这两家公司主要是在消费电子和工业电子方面具有比较大的优势，而在汽车电子和其他电子方面则实力较弱，发展相对不均衡。美国企业包括霍尼韦尔、艾斯摩美国、国际商业机器、高通等在各分支也均占据比较重要的位置，但是相对其申请量、授权量来说，其在全球排名前 20 位中所占的席位较少，重点企业不突出，但是从另一方面也说明美国科技发展竞争激烈，而不是个别企业独居鳌头。进入全球排名前 20 位的中国企业或科研院所包括歌尔声学、台积电、国家电网、中国科学院、中国电子科技、广东欧珀电子工业、东南大学、浙江大学、清华大学、京东方、小米科技、中国航空工业、深圳市汇顶科技等，企业或科研院所所占席位较多，也可谓百家争鸣。瑞士、韩国等国家也有企业进入前 20 位，其中包括意法半导体、三星电子、东部电子、LG 电子等，这些公司也均是半导体方面实力较强的公司。

图 2-16 示出了智能传感器技术各分支中国前 20 位申请人申请排名。从中国申请人排名可以看出，歌尔声学作为中国高新技术企业，其一直为中国电声行业龙头企业，始终以科技应用为基础，为消费者提供技术支持，其在消费电子、工业电子方面占据一席之位；中国科学院作为中国重要的科研院所，具有庞大的研究专家团队，在消费电子、工业电子、汽车电子等方面均具有深入的研究；国家电网在四个分支中均占据一席之位，可见，国家电网作为电力电网类公司，其涉足范围较广，发展比较迅速；广东欧珀电子工业作为一家工业类企业，其在其他电子类智能传感器应用中位列中国申请人第一，主要由于其他电子类智能传感器涉及利用生物部位实现的传感器，而对于红膜识别、指纹识别等作为现代科技经常使用的传感器，广泛应用于手机、平板电脑等电子用品，因此，其更加偏重于各种智能传感器的应用；其他高校或科研院所，包括北京航空航天大学、上海交通大学、东南大学、中北大学、浙江大学、清华大学等在该领域的理论研究

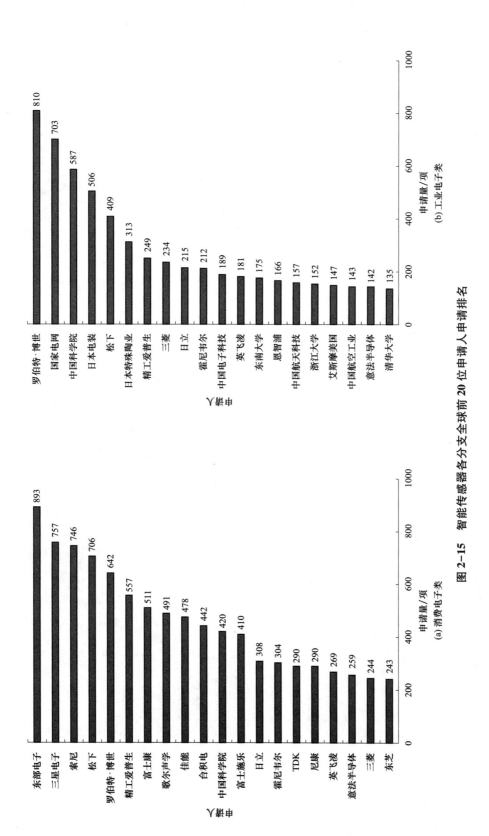

图 2-15 智能传感器各分支全球前 20 位申请人申请排名

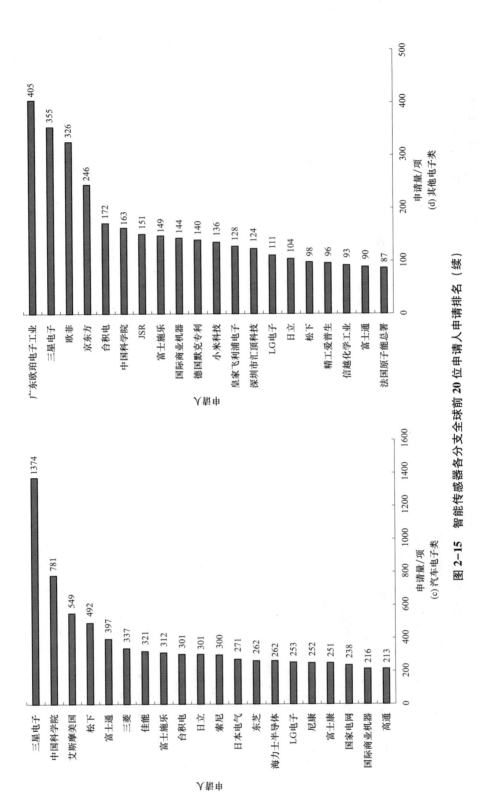

图2-15 智能传感器各分支全球前20位申请人申请排名（续）

图 2-16　智能传感器各分支中国前 20 位申请人申请排名

(a) 消费电子类

(b) 工业电子类

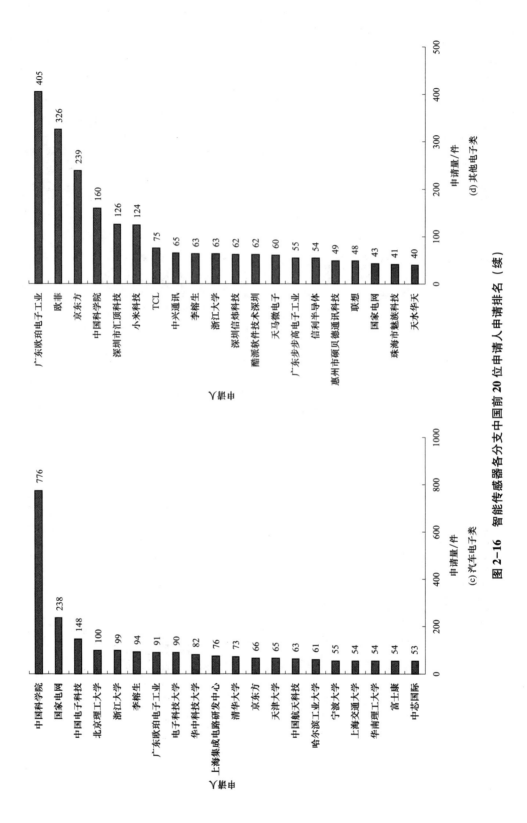

图 2-16 智能传感器各分支中国前 20 位申请人申请排名（续）

也发展迅速；京东方、中芯国际、瑞声声学科技、中国航天科技等作为中国高科技企业，其基于先进技术与产业的融合需求，也分别涉足不同领域，在智能传感器方面也具有广泛的研究。从中国申请人排名也可以得出，中国在科研、应用等各个领域发展均衡，理论联系实践，在应用中发展理论，在理论中实现应用。

4. 全球区域布局

图 2-17 示出了智能传感器各分支专利申请原创国家/地区分布。可以看出，中国、美国、韩国和日本是各分支主要的技术原创国。中国原创技术在四个分支中占比分别达到 33%、59%、35%、42%，是全球第一大创新主体，这是基于中国近年来对人工智能的政策引导和产业规划，大量中国申请人投入该领域进行技术研究，特别是众多大学和科研院所在国家基金的支持下，在该领域开展了广泛的研究。美国和日本作为全球科技发展的重要创新驱动力，其原创技术占比分别达到 22%、11%、24%、25% 和 21%、14%、18%、9%，可见，美国的龙头地位仍然不容小觑，而日本在半导体方面的重要公司众多，其影响力也较大。韩国各分支占比分别为 10%、4%、10%、8%，从技术原创性看，韩国在该领域的发展明显落后。但是三星电子作为全球排名靠前的主要申请人，其实力依然不容忽视。

图 2-18 示出了各分支专利申请全球目标市场国家/地区分布情况。从目标市场国家/地区分布来看，中国在四个分支中的占比情况分别为：26%、43%、25%、27%，远小于技术原创国占比，这说明中国在智能传感器方面虽然申请了很多专利，但是其主要在国内申请，并没有"走出去"，专利布局意识仍然较弱。美国和日本在四个分支的占比情况分别为：21%、13%、21%、19% 和 14%、12%、13%、9%，从目标市场国占比看，二者的占比与原创国中的占比略有下降，考虑到主要国家之外的其他国家重点企业的影响，该数据说明这两国在世界范围内专利布局情况还是比较合理的。中国在专利布局上仍然需要向美国、日本学习，进一步提高自身在世界范围内的专利布局质量。

5. 全球/中国主要申请人各分支布局重点

从全球主要申请人年度分布来看，在消费电子方面（见表 2-4），东部电子从 2003 年开始加速，并在 2007 年达到顶峰，之后逐步下降，但是其申请量仍然占据首位。三星电子则从 2001 年开始加速，经过一次振荡，但是其申请量仍然逐年保持稳定。索尼、松下等企业则从 1990 年开始一直有相关申请，并稳步提升，在 2006 年以前，松下的申请量一直高于索尼，而在 2007 年开始，松下申请量逐年下降，索尼则一直保持稳定增长，但是在 2011 年开始也出现一定程度的下降。歌尔声学则从 2005 年开始提交第一件专利申请，从 2007 年开始稳步提升，增长迅速。

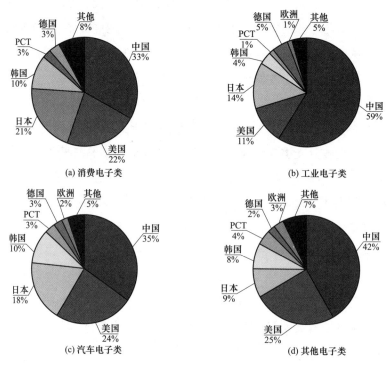

(a) 消费电子类

(b) 工业电子类

(c) 汽车电子类

(d) 其他电子类

图 2-17　智能传感器各分支专利申请原创国家/地区分布

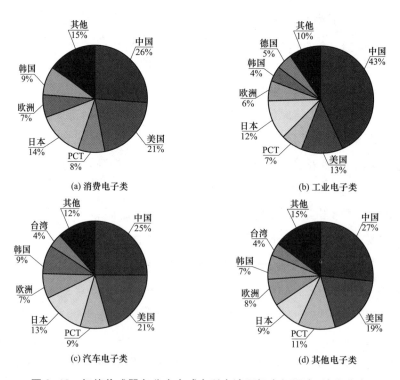

(a) 消费电子类

(b) 工业电子类

(c) 汽车电子类

(d) 其他电子类

图 2-18　智能传感器各分支全球专利申请目标市场国家/地区分布

表 2-4　消费电子全球主要申请人专利申请年度分布

单位：项

年份

申请人	1990	1991	1992	1993	1994	1995	1996	1997	1998	1999	2000	2001	2002	2003	2004	2005	2006	2007	2008	2009	2010	2011	2012	2013	2014	2015	2016	2017	2018	2019
东部电子					1									14	95	130	145	239	185	59	35	2	6	1	2	1	6	7		
三星电子		1	1	1	1	2	4	1	8	3	1	16	31	26	39	60	64	35	47	23	47	43	53	67	58	52	45	40		
索尼	1	1	3	4	1	3	4	3	3	4	8	23	41	14	50	42	30	46	52	74	50	79	39	49	34	38	29	23	1	
松下	4	2	6	6	12	13	13	16	15	31	20	25	41	43	62	58	48	44	45	48	52	37	27	15	3	7	6	5		
罗伯特·博世	1	2	1	1	1	2	6	3	11	7	8	10	9	13	14	16	33	21	37	36	52	55	68	66	66	37	38	27	1	
精工爱普生			2		1	8	3	1	3	2	2	14	12	36	25	44	42	30	28	38	36	33	48	30	36	38	22	34		
富士康	2	2	4	2	6	8	5	2	4	4	7	12	18	19	29	21	33	41	54	35	36	29	51	25	17	19	13	11	2	
歌尔声学																1		8	7	9	19	27	35	46	42	104	71	73	47	2
佳能	1	1	2	8	6	7	13	9	11	6	14	9	15	25	18	17	28	30	30	44	27	26	30	18	23	17	17	27		
台积电									2	12	5	8	6	8	11	14	11	11	6	22	18	35	67	58	38	48	27	34	1	
中国科学院							1	1	1	3	5	5	14	5	5	15	15	15	14	19	19	21	51	31	43	31	52	35	20	
富士施乐		1	2	2	8	5	1	1	4	5	5	4	20	20	21	33	54	29	36	26	24	16	39	24	11	14	6	5	1	
日立	1	2	1	4	10	4	13	5	6	8	6	9	17	14	13	34	23	23	22	10	13	16	12	7	12	7	7	6	1	
霍尼韦尔	1	1	3	3	2	3	5	9	3	3	4	9	20	24	14	22	29	18	26	15	18	19	19	7	16	10	9	6	1	
TDK				2	2			3	2	2	2	4	4	2	2	13	13	12	4	8	12	29	22	27	44	45	20	18		
尼康		2	2	6	8	9	10	9	6	10	7	10	26	39	23	21	18	11	24	4	9	18	11	6	2	2	2	1	2	
英飞凌							1		3	2	3	6	5	6	2	6	5	13	10	5	11	18	21	43	28	21	33	29		
意法半导体								3		1	3	7	5	2	11	11	12	14	13	23	23	18	16	23	16	15	25	17		
三菱	8	3	2	5	3	5	8	11	6	7	7	16	15	15	16	9	7	10	18	10	14	11	6	13	4	7	3	1		
东芝	2	2	2	1	1	2	5	4	4	4	5	3	13	11	10	8	14	12	17	17	18	17	27	19	9	9	6	3		
LG电子	1	1	1	1	1	1	8	11	2	3	4	4	13	16	15	14	26	15	10	8	4	15	18	18	11	13	18	9		

从全球主要申请人国家/地区专利分布（见图2-19~图2-22）来看，所有申请人在本国的申请量是最大的，基本所有申请人都会采取这样布局策略，申请量排名第二、第三位的地区更能说明申请人所侧重的国家和地区。

从消费电子全球主要申请人国家/地区专利分布来看，瑞士的意法半导体的布局相对比较均衡，其在美国、中国、日本、德国等均进行了布局。日本的富士康布局也相对均衡，在日本、中国、美国的布局数量均相对较高，但是在日本、中国、美国以外的公司布局相对较少甚至没有。此外，从目标市场来看，美国最受重视，然后是日本和中国。

从工业电子全球主要申请人年度分布（见表2-5）可以看出，在工业电子方面，罗伯特·博世从1990年开始专利申请，并一直保持稳步提升的趋势。国家电网则从2005年开始发力，大量进行专利申请，并在2013年开始呈现爆发式增长。中国科学院申请则从1990年开始一直保持稳步增长。日本电装、松下、日本特殊陶业等公司在1995~2008年申请量较多，之后逐步下降，说明其科研实力已经弱化。三菱、日立等公司则一直保持稳定，说明其对科技发展一直投入稳定。此外，在工业电子方面，进入全球排名前20位申请人的中国高校较多，其中包括东南大学、浙江大学、清华大学，这些高校基本是在2001年前后开始投入科研，进行相关专利申请，这说明中国科研力量从2001年开始向智能传感器、人工智能等方向倾斜。

从工业电子全球主要申请人国家/地区专利分布来看，德国的罗伯特·博世布局相对比较均衡，其在美国、日本、中国、欧洲、德国、法国均进行了专利布局。荷兰公司恩智浦也相对布局较广，其在美国、中国、欧洲、法国均有布局，恩智浦在全球20多个国家和地区拥有大批员工，因此，在相关国家和地区进行专利布局也是意料之中的。

从汽车电子全球主要申请人年度分布表2-6可以看出，在汽车电子方面，日本企业研发时间较早，松下、富士通、三菱等在1990年就已经开始申请专利，并一直保持稳步提升的趋势。中国科学院虽然涉足时间也较早，但是申请量较少。而三星电子虽然研发时间稍晚，但是在后期申请量较多，在该方向上技术研发力度较大。此外，在汽车电子方面，进入全球主要申请人排名前二十的中国申请人除中国科学院和国家电网之外，没有其他申请人，说明中国在此类传感器方面存在技术壁垒，相对于日本、美国、韩国等传统的汽车产业强国具有一定的技术劣势。

从汽车电子全球主要申请人国家/地区专利分布来看，美国的艾斯摩美国布局相对均衡，其在美国、日本、欧洲、韩国、德国均有布局。日本的公司除本土外更注重在市场广大的美国、中国布局，如松下、佳能、富士施乐、索尼。

关于其他电子类方面，该分支与前三个分支相比较，从表2-7可以明显看出其申请量相对较少，这一方面凸显生物传感器的研究相对较少，另一方面其应用单一。广东欧珀工业电子是近几年发展较为迅速的中国电子企业，其在2012年首次出现其他电子类智

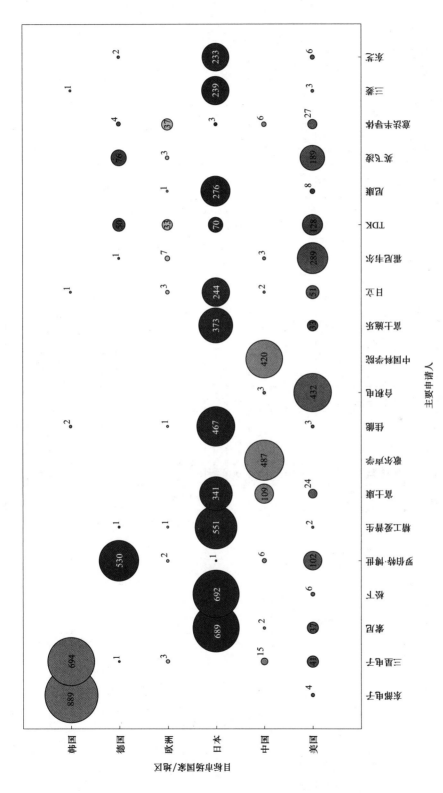

图2-19 消费电子技术全球主要申请人国家/地区专利分布

注：图中数字表示申请量，单位为项。

单位：项

表2-5 工业电子全球主要申请人专利申请年度分布

年份

申请人	1990	1991	1992	1993	1994	1995	1996	1997	1998	1999	2000	2001	2002	2003	2004	2005	2006	2007	2008	2009	2010	2011	2012	2013	2014	2015	2016	2017	2018	2019
罗伯特·博世	4	2	2	3	5	2	5	13	5	12	10	8	16	24	32	39	40	39	54	34	49	35	74	60	66	57	67	50	2	0
国家电网	0	0	0	0	1	0	0	0	0	0	0	1	0	0	0	2	1	1	8	8	23	20	52	108	104	95	101	110	66	2
中国科学院	8	2	2	2	1	1	3	2	7	6	7	6	5	8	13	12	28	26	21	35	46	39	44	51	41	36	60	35	38	2
日本电装	1	5	4	1	6	10	6	11	24	16	18	24	30	15	29	25	33	29	40	26	23	27	16	16	30	14	15	12	0	0
松下	0	2	2	3	10	15	29	21	28	41	24	16	17	20	36	21	17	12	14	21	10	15	5	9	9	4	3	2	0	0
日本特殊陶业	0	1	0	0	0	0	1	2	13	5	16	13	23	21	22	19	20	10	12	13	13	23	11	18	10	10	22	15	0	0
精工爱普生	0	0	3	3	1	1	0	0	1	1	2	1	7	8	8	18	17	12	10	26	17	12	18	11	19	17	16	20	0	0
三菱	12	9	13	4	5	6	11	4	5	2	4	9	14	6	8	13	4	9	13	12	5	6	14	9	10	8	12	8	0	0
日立	5	5	3	7	6	7	13	6	8	11	4	11	6	4	8	12	10	5	13	6	5	6	12	3	5	7	6	19	1	0
霍尼韦尔	0	3	3	2	3	1	0	3	1	2	2	5	12	15	18	18	14	20	16	7	7	12	7	10	5	7	6	7	3	0
中国电子科技	0	0	0	0	0	0	0	0	0	0	0	0	0	7	2	3	2	5	5	17	8	6	17	12	21	28	18	18	17	3
英飞凌	0	0	0	0	0	0	0	2	4	2	2	6	3	8	6	2	6	8	9	2	5	5	17	19	23	14	16	19	1	0
东南大学	1	0	1	1	0	0	1	1	0	0	0	0	0	0	5	3	2	0	2	13	31	30	11	19	6	15	13	8	4	0
恩智浦	0	0	0	0	0	0	0	0	0	0	0	0	0	0	1	7	12	6	7	13	9	19	28	17	16	13	8	8	0	0
中国航天科技	0	0	0	0	0	0	0	0	0	0	0	0	1	0	0	0	1	2	1	2	4	7	8	15	15	27	30	23	21	0
浙江大学	1	0	4	0	0	0	0	1	1	0	1	0	0	3	4	8	2	5	9	7	11	5	9	17	6	25	8	8	15	0
艾斯摩美国	0	0	0	0	0	0	0	0	0	0	0	0	4	13	9	18	17	18	19	9	7	8	8	1	4	3	5	3	0	0
中国航空工业	0	0	0	0	2	3	0	3	1	2	0	0	3	0	2	0	2	0	4	2	3	9	9	10	10	24	31	25	23	0
意法半导体	0	0	1	0	2	3	3	3	3	2	4	2	3	2	2	12	2	3	4	8	4	4	11	15	14	9	19	12	0	0
清华大学	2	0	0	2	2	1	1	0	0	0	2	2	6	6	4	5	5	4	4	7	8	9	16	6	8	6	8	10	9	1

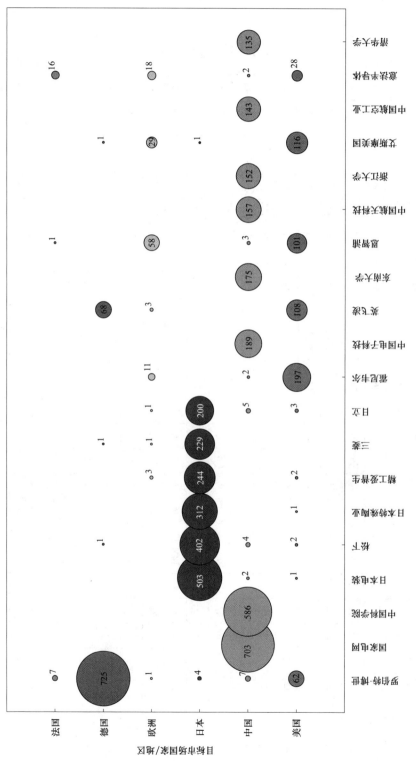

图 2-20 工业电子技术全球主要申请人国家/地区专利分布

注：图中数字表示申请量，单位为项。

单位：项

表2-6 汽车电子全球主要申请人专利申请年度分布

年份

申请人	1990	1991	1992	1993	1994	1995	1996	1997	1998	1999	2000	2001	2002	2003	2004	2005	2006	2007	2008	2009	2010	2011	2012	2013	2014	2015	2016	2017	2018	2019
三星电子	1				1	1	1	4	1	7	2	2	5	11	16	13	29	21	15	30	53	78	129	228	197	224	165	140	1	
中国科学院		1	1	1	1	1	1	5	5	1	14	15	7	15	11	35	45	32	38	44	41	42	47	54	76	59	83	49	54	3
艾斯摩美国				12	27		11	1		1	2	4	21	46	63	64	65	56	59	42	26	36	20	6	9	12	6	8		
松下	4	7	11	12	27	15	11	8	24	20	13	27	18	27	25	33	37	18	19	20	18	29	24	9	12	8	9	4		2
富士通	18	31	28	25	22	19	19	9	15	11	10	11	5	9	4	16	18	23	15	7	14	14	8	4	9	6	14	12		
三菱	15	25	9	15	6	12	11	6	14	9	15	14	15	17	11	12	13	13	16	13	7	10	11	15	5	10	6	10		
佳能		4	4	8	4	7	14	10	13	5	6	5	10	21	19	14	15	14	10	21	21	21	13	18	16	13	10	7		
富士施乐		2	2	2	4	3	9	4		6	7	10	12	18	29	13	14	15	19	21	16	17	15	19	14	19	15	7	1	
台积电					1	2	2	4	1	2	3	1	2	3	3	2	6	4	2	11	20	38	48	58	25	24	14	26		
日立	5	6	4	16	13	11	9	6	13	9	10	12	19	17	8	20	15	18	12	11	7	13	18	3	8	5	5	7		
索尼		1	3	8	3	4	3	3	5	10	6	8	14	6	12	10	8	11	18	31	38	34	11	18	7	10	11	5		2
日本电气	12	25	12	16	17	23	18	9	16	16	8	6	5	6	4	6	7	7	6	8	7	8	9	9	4	1	6			
东芝	5	4	5	10	11	5	10	5	6	8	12	13	5	10	8	8	14	8	11	18	20	13	8	12	9	7	5	9		
海力士半导体			1		1	1	1			1	1	1		1	1		1	1	4	5	2	1	6	55	36	53	48	43		
LG电子				1						3	1	3	2	3	6	4	5	8	11	9	20	37	23	31	24	20	25	17		
尼康	2	2	4	4	3	10	24	8	7	9	8	3	7	15	6	10	15	24	26	27	9	6	4	6	2	9	1			
富士康	1	1	5	2	7	5	6	3	9	6	10	5	11	14	12	17	14	16	11	17	15	12	12	6	7	6	10	12		
国家电网																							12	22	39	27	36	44	38	
国际商业机器	2		5	1	10		1		5	6	7	6	5	13	9	4	6	11	12	11	13	14	13	19	12	14	10	6		
高通	2										2		1	1	1	2	3	4	4	6	14	21	30	42	24	26	17	15		2

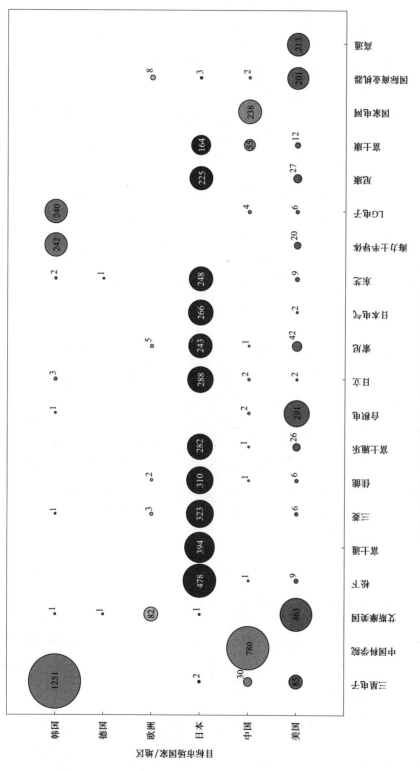

图2-21　汽车电子技术全球主要申请人国家/地区专利分布

注：图中数字表示申请量，单位为项。

表2-7 其他电子全球主要申请人专利申请年度分布

单位：项

年份

申请人	1990	1991	1992	1993	1994	1995	1996	1997	1998	1999	2000	2001	2002	2003	2004	2005	2006	2007	2008	2009	2010	2011	2012	2013	2014	2015	2016	2017	2018	2019
广东欧珀电子工业																							2	19	47	45	109	189	58	2
三星电子								1		2	1	5	10	5	9	6	10	9	11	6	2	3	6			47	79	77		
欧菲															50	96	56	121	3											
京东方													2											1	5	41	63	63	61	10
台积店						2	5	4	3	12	10	17	11	9	1	3	3	6	4	8	3	15	13	12	4	7	11	8	1	
中国科学院								3	2	3	5	2	3	8	10	11	5	9	8	8	8	6	7	13	15	16	16	8	5	3
JSR		2		2	1	1				2			30	7				3	8		11	1	20	1						
富士施乐					1	2	3	1	7	4	13	6	5	4	5	10	4	1	8	9	19	6	10	11	6	4	3	2		
国际商业机器		1	2	2		2		2		9	2	10	10	6	10	5	6	5	9	9	4	4		8	6	9	9	9		
德国默克专利						1			1	1	2	2	1	1	10	4	1	9	7	10	12	13	24	9	17	3	17	7		
小米科技																							1		2	27	42	40	24	
皇家飞利浦电子							1			2		3	7	2		13	19	22	6		1	3	5	3	6	6	2	4	1	
深圳市汇顶科技																								3	15	13	20	39	34	
LG电子							2					1							4					10	9	31	24	12		
日立				3	3	3	6	3	4	3	10	9	6	8	7	4	8	3	11	1	1	1	3	2	2	2		1	1	
松下					1		1		3	2	6	11	8	6	16	6	4	7	3	3	8	5	3	2	2	6	1		1	
精工爱普生		1										2	12	19	12	11	7	1	2	7	2	2	5	6	4		1			
信越化学工业						1		1	1	6	7	9	7	7	4	3	6	3	4	2	5	4	4	3	2	3	7	4		
富士通					1	2	1	1	1	2	2	3	9	7	7	2	5	3	2	1	1	3	2	2	4	4	3	1		
法国原子能总署			1					1	3	2	2	3	3	7	6	2	5	6	5	8	3	3	4	3	1	6	5	3		

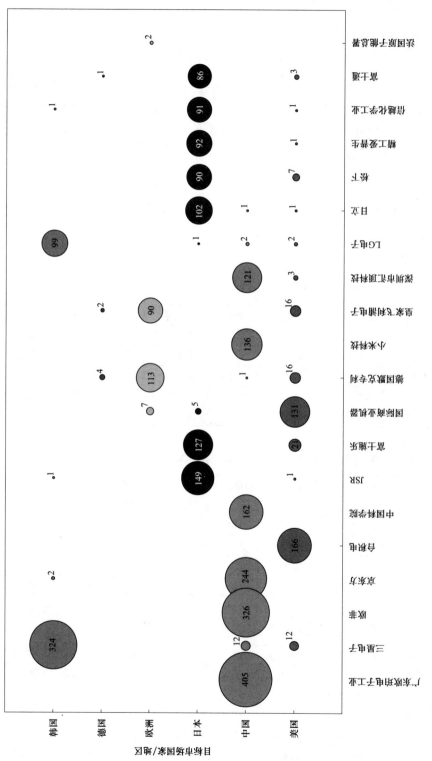

图 2-22 其他电子技术全球主要申请人国家/地区专利分布

注：图中数字表示申请量，单位为项。

能传感器相关专利申请，从 2015 年开始呈现爆发式增长。从该企业的专利申请来看，其主要偏向于指纹、虹膜识别等在电子设备中的应用。

从其他电子类全球主要申请人国家/地区专利分布来看，德国默克专利公司布局相对均衡，其在美国、中国、欧洲、德国均有布局，韩国 LG 电子在美国、日本、中国、韩国均有布局。中国公司、科研院所在其他电子类全球主要申请人中虽然所占席位较多，包括广东欧珀电子工业、京东方、中国科学院、小米科技、深圳市汇顶科技等，但是基本仅在本国布局，只有深圳市汇顶科技在美国有专利布局。可见，中国在该类智能传感器技术方面仍然比较落后。

6. 各分支全球主要国家/地区技术实力对比

下面从专利度、特征度、授权专利度、授权特征度、有效比例、失效比例、同族度、同族国家数、被引用度等几个方面对各技术分支全球主要国家/地区技术实力进行对比，如表 2-8～表 2-11 所示，其中，NULL 为无统计数据。

表 2-8　主要国家/地区消费电子技术实力对比

国家/地区	专利度	特征度	授权专利度	授权特征度	有效比例	失效比例	同族度	同族国家数	被引用度
中国	8.65	22.24	9.05	33.57	0.68	0.32	1.01	0.71	2.3
美国	21.8	12.64	18.66	15.28	0.87	0.13	2.87	11.26	3.56
日本	8.08	17.21	NULL	NULL	NULL	NULL	0.49	1.61	1.02
韩国	9.9	17.75	10.39	21.13	NULL	NULL	1.34	0.73	0.17
欧洲	15.92	13.86	NULL	NULL	NULL	NULL	4.01	4.57	1.09

表 2-9　主要国家/地区工业电子技术实力对比

国家/地区	专利度	特征度	授权专利度	授权特征度	有效比例	失效比例	同族度	同族国家数	被引用度
中国	6.3	22.23	6.53	35.64	0.59	0.41	0.37	0.3	1.69
美国	21.22	12.31	18.8	14.4	0.8	0.2	2.88	12.02	2.7
日本	6.6	17.76	NULL	NULL	NULL	NULL	0.55	1.7	0.54
韩国	9.67	19.59	9.67	22.95	NULL	NULL	0.73	0.84	0.11
欧洲	14.24	13.84	NULL	NULL	NULL	NULL	1.81	4.33	0.71

表 2-10　主要国家/地区汽车电子技术实力对比

国家/地区	专利度	特征度	授权专利度	授权特征度	有效比例	失效比例	同族度	同族国家数	被引用度
中国	7.89	25.87	7.97	38.31	0.66	0.34	0.87	0.56	1.98
美国	22.68	12.8	19.88	15.17	0.84	0.16	2.82	12.92	3.18
日本	7.26	18.46	NULL	NULL	NULL	NULL	0.5	1.4	0.64
韩国	11.46	22.09	10.12	21.28	NULL	NULL	1.4	0.8	0.15
欧洲	15.42	14.41	NULL	NULL	NULL	NULL	2.2	5.38	0.96
德国	14.5	14.56	NULL	NULL	NULL	NULL	2.68	2.91	0.87

表 2-11　主要国家/地区其他电子技术实力对比

国家/地区	专利度	特征度	授权专利度	授权特征度	有效比例	失效比例	同族度	同族国家数	被引用度
中国	9.27	21.83	9.3	33.98	0.7	0.3	0.72	0.52	1.59
美国	24.79	13.25	20.6	16.27	0.84	0.16	2.93	13.54	3.18
日本	8.11	17.52	NULL	NULL	NULL	NULL	0.71	1.35	1.19
韩国	10.89	23	8.92	21.18	NULL	NULL	1.36	0.71	0.17
欧洲	16.52	13.42	NULL	NULL	NULL	NULL	4.07	5.11	0.86

专利度指申请保护专利权个数，值越大越好，授权专利度指授权的专利权个数，值越大越好；特征度指技术限制特征数，值越小越好，授权特征度指授权的专利技术限制特征数，值越小越好。由上述表 2-8～表 2-11 可以看出，在专利度和特征度方面，无论是消费电子、工业电子、汽车电子还是其他电子技术，中国专利度值均是比较小的，均在 10 以下，而特征度值则很大，均在 21 以上；美国则相反，专利度值均在 21 以上，特征度值均在 14 以下。授权专利度、授权特征度方面则更加明显。四个技术分支中，中国授权专利度分布在 6～10，中国授权特征度则分布在 33～39；美国授权专利度分布在 18～21，美国授权特征度分布在 14～17。由此可见，中国虽然专利申请量很大，授权数量众多，但其是以特征度换取授权。然而，专利特征度越大，即专利技术限制特征数越多，说明该专利保护范围越小。可见，中国专利大部分是以缩小范围换取专利授权，这从一定层面上反映了目前中国专利申请的创新高度还有待提升。此外，日本、韩国、欧洲的专利度和特征度介于中国、美国之间。在有效比例、失效比例方面，中国的有效比例低于美国，失效比例高于美国。由此可见，专利的稳定性并不在于专利技术限制特征数量的多少，而在于其技术实质的内容。美国在其特征度远低于中国的情况下，还能保持有效比例高于中国的有效比例，可见其技术实力雄厚，值得各国家/地区申请人学习。在同族度和同族国家数方面，美国独占鳌头，数值远高于其他国家/地区，其次是欧洲。同族度和同族国家数是该专利进入的国家数量的反映（其中，同族度表示同族专利平均数，同族国家数表示同族进入国家的数量），其数量越大，说明在越多的国家/地区申请了该专利，而专利在世界范围内的授权情况必然反映该专利在世界范围内的影响。中国在这方面还有很大的提升空间。

三、智能传感器重点技术和核心专利

智能传感器中，消费电子和工业电子是两个申请量较多的分支，并且其技术发展代表了智能传感器的发展特点，通过对这两个分支的梳理，得到消费电子和工业电子的技术脉络，如图 3-1 所示。

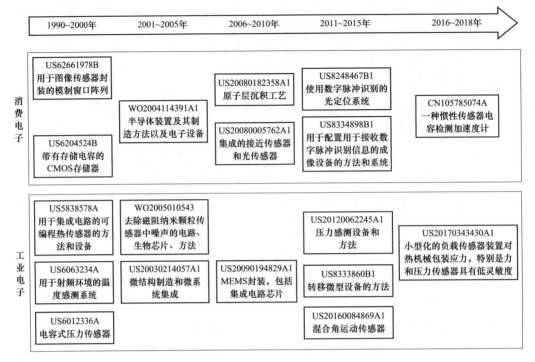

图 3-1 智能传感器中消费电子和工业电子技术专利发展路线

1. 消费电子传感器

从消费电子的技术发展路线看，20 世纪 90 年代申请人主要致力于图像传感器的研发。在这一阶段，消费类电子传感器普遍成本较高，处理器等相关电子装置的性能成为电子设备使用体验提升的瓶颈，数码相机等还是较为昂贵的消费电子产品。选择在这一阶段引用次数最高的两个专利为例。公开号为 US62661978B 的专利申请通过同时形成多个图像传感器封装，提升了封装的密集度，而且当同时制造多个图像传感器封装时，材料的使用更有效率，由此达到最小化每个图像传感器封装相关成本的技术效果。另外，在这一阶段，除了降低成本，进一步提升传感器的性能仍然是本领域的目标，公开号为 US6204524B 的专利申请公开了一种具有改进的信噪比和改善的动态范围的 CMOS 成像器。在该专利申请中，通过与成像器的光收集区域平行地制造存储电容器来提供改进的电荷存储，使得 CMOS 成像器表现出更好的信噪比和改善的动态范围，由此，相关技术为智能化的处理提供了更高性能的传感器，并扩大了传感器的使用场景，使得从相机系统到性能要求更高的运动检测等都可以使用相关技术。

到了 21 世纪初，伴随着研究技术的进展，材料合成工艺的发展，传感器的基础技术研发也具有了新进展。在该阶段，消费类电子产品开始对触摸技术有了强烈需求，而氧化锌因其自身的良好性能成为这个阶段关注度较高的材料。氧化锌在可视光下仍然是透明的，且在低温制作时也具有良好的性质，但是氧化锌较为敏感，必须被赋予保护层才能实现其正常功能。针对这个问题，具有众多同族专利的公开号为 WO2004114391A1 的专利申请通过隔离体将对气氛敏感的氧化锌或者 $Mg_xZn_{1-x}O$ 与气氛隔离，且通过将 I 族、III 族、IV 族、V 族或者 VII 族的元素添加到氧化锌或者 $Mg_xZn_{1-x}O$ 中，从而减少因提供隔离体而在活性层中产生的可移动电荷。且该专利提供了一种采用氧化锌或者 $Mg_xZn_{1-x}O$ 的半导体装置，该半导体装置具有特性稳定、不受气氛影响且可控制阈值电压在可实用的范围内，同时该半导体装置能够适当地应用在显示装置等电子设备中。该技术扩大了触摸技术的使用范围，满足了大众对于稳定的触摸技术的需求。

2006~2010 年，专利申请开始倾向于对传感器的基础使用技术的研究，例如本领域中广泛使用的薄膜晶体管。制造薄膜晶体管的关键步骤包括在衬底上沉积半导体。目前，大多数薄膜器件是使用真空沉积的非晶硅作为半导体材料制造的，但是非晶硅的使用过程中的高温环境和复杂工艺都是难点。尤其是高温环境，对于目前阶段使用塑料基板的柔性屏是不可逾越的障碍。而公开号为 US20080182358A1 的专利申请提出一种通过在衬底上沉积薄膜材料来制造用于晶体管的 n 型氧化锌基薄膜半导体的方法，其通过提供多种气态材料替代目前的非晶硅，使得制造薄膜晶体管的整个过程可在低于 300℃ 的最大支撑温度，甚至在室温（25~70℃）的温度下进行，并且该专利申请使得生产具有显著改善性能的包含薄膜晶体管的相对廉价的电路成为可能。在之前的阶段，申请人关注的主要是基础技术的研发，但是随着技术的发展和成熟，消费电子传感器的使用，逐渐进入消费电子开发相关申请人的视线。苹果公司公开号为 US20080006762A1 的专利申请则提供了一种环境传感器的使用方法，该专利申请公开了一种包括电磁辐射发射器和电磁辐射检测器的装置，该检测器具有传感器，以检测来自发射器的电磁辐射，并且可以在感测可见光时检测来自发射器之外的源的电磁辐射，或者至少可以暂时禁用发射器以允许检测器检测来自除发射器之外的源的电磁辐射，诸如环境光。这一申请是伴随着"诸如手机之类的便携式设备正变得越来越普遍"而诞生的。上述传感器在基础层面应用和设备上的使用提供了智能化的数据基础。

2011~2015 年，专利申请主要集中于传感器的智能化应用。并且在该阶段，传感器也不再局限应用于智能手机等主要电子设备，通过传感器的应用，日常生活用品也被赋予了智能化。例如公开号为 US8248467B1 的专利申请基于从一个或多个光源接收的光来为设备提供定位服务。这种基于光的定位服务使用由每个光源传输的光信息来确定设备的位置，该设备能够捕获一个或多个光源并检测由每个光源传输的信息。光信息可以包括用于识别光源位置的识别码。通过在设备上捕捉多个光源，可以提高设备位置的准确性。

一直到近年，应用于消费电子产品上的传感器功能的丰富和性能的提升开始成为技术研发的主要方向。例如公开号为 CN105785074A 的专利申请公开了一种惯性传感器电容检测加速度计，该专利申请采用过采样技术实现负反馈，提高了闭环系统的线性度和动态精度。该加速度计采用瞬时浮点模数转换器进行量化，为智能化的消费产品应用提供更加准确的数据采集。

2. 工业电子传感器

从工业电子的技术发展路线看，1990～2000 年，伴随着工业发展，作为实现工业现代化的重要装备之一，工业传感器发展比较快速，且方向众多。这个时期的主要关注方向可以归纳如下三个方面。

一是传感器本身在使用中的问题。例如，随着工业传感器技术的成熟，在工业环境下，使用传感器的集成电路的尺寸越来越大，相应的，集成的晶体管数量级也在增大，功率增强，导致集成电路和印刷电路热量增加，散热成为工业传感器使用中需要解决的一个重要问题。通常情况下，配备相应的风扇等机械冷却系统可以进行散热，但是，在有些较为特殊的情况下，风扇等机械冷却系统会带来震动、噪音等问题。为了解决该问题，公开号为 US5838578A 的专利申请公开的可编程热传感器能够在诸如微处理器的集成电路中实现，其外部传感器逻辑能自动控制微处理器的频率。如果微处理器温度升高，则系统时钟频率降低。相反，如果微处理器的温度下降，则系统时钟频率增加。该专利申请通过系统控制来实现集成电路的主动冷却。

二是传感器在工业环境下替代人类。例如，在高温、高压或者强辐射等不适宜人类工作的环境下的精确测量等。公开号为 US6063234A 的专利申请涉及一种即使在高射频环境下也能够使用接触传感器来准确地测量物品或区域温度的感测系统。在这个系统中主要使用了传感器探头，并且这一温度感测系统特别适合于监测和测量半导体制造设备（例如蚀刻、沉积和其他处理室）内的温度。

三是提升传感器精确度、灵敏度的新技术或者新工业。公开号为 US6012336A 的专利申请公开了一种与公共衬底上的电子电路集成的微机电（MEM）电容压力传感器以及形成这种器件的方法。MEM 电容压力传感器包括电容压力传感器，该专利申请通过在腔中形成电容式压力传感器，使衬底平坦化（例如通过化学机械抛光），从而可以使用标准的集成电路处理步骤来形成电子电路（例如使用铝或铝合金互连金属化）。该技术提高了传感器的灵敏程度。

随着工业现代化进程以及晶体管技术的进一步成熟，在相同面积的芯片集成更多的晶体管以实现更高的频率，减小芯片体积同时降低耗能已经开始成为新的目标。在2001～2005 年，传感器研发开始倾向于微型化。公开号为 WO2005010543 的专利申请提供了一种用于磁性纳米颗粒传感器装置中的噪声去除的集成电路和方法。该专利申请通过借助于噪声最优化电路使磁阻传感器的输出处的噪声最小化来确定磁阻传感器的最佳工作点。通过这种类型的传感器可以减小传感器的体积，为各种微型智能化设备提供性能更佳的传感器。而公开号为 US20030214057A1 的专利申请公开了微结构装置的制造可以在受控环境下进行，所述受控环境在铸造微结构装置时具有较低的温度。这种技术可用于制造微流体装置中的微结构以及其他微型器件，例如微型传感器。

在 2006~2010 年，智能传感器技术研发延续之前的微型化，并且开始涉及压力等物理变化的检测灵敏性。智能传感器的检测类型逐渐丰富。例如，对于传感器的微型化，MEMS 已经开始成为主流封装手段。公开号为 US20090194829A1 的专利申请提供具有系统级封装（SOP）配置和板上系统（SOB）配置的 MEMS 封装方案。MEMS 封装包括一个或多个 MEMS 裸片，具有一个或多个集成电路（IC）裸片的盖部分以及以堆叠方式布置的封装衬底或印刷电路板（PCB）。MEMS 封装方案可实现更高的集成密度，减少MEMS 封装尺寸，减少 RC 延迟和功耗。

对于检测的灵敏性，公开号为 US20120062245A1 的专利申请提供一种传感器装置，其包括多个传感器，每个传感器包括具有可压缩弹性介电材料和由介电材料分开的电路节点的基于阻抗的装置。每个传感器被配置为响应于施加到介电材料的压力的量引起的阻抗变化而产生输出。该专利申请的传感器可以在各种应用中实施，甚至利用该专利申请的压力传感系统，通过可移动关节之间的低压来检测驾驶员是否处于疲劳期间。这种检测类型的丰富为智能化应用提供了更多样化的可能性。

随着传感器的性能越来越强大，传感器在整个工业系统中的耗能问题也比较突出。在 2011~2015 年，传感器的研发主要致力于减少传感器的使用功耗。公开号为US20160084869A1 的专利申请提供了一种混合角速率系统，其包括两种不同类型的角速度传感器。通过对不同角速度传感器的配合使用减少功耗，为智能化传感器广泛使用提高可能性。

在 2016~2018 年，传感器的研发也更加小型化，并且更加注重灵敏度的控制。公开号为 US20170343430A1 的专利申请公开了一种负载感测装置，该装置布置在形成腔室的封装中，该封装具有可变形的基板，所述基板在使用中被配置为受外力而变形。该专利申请通过弹性元件的变形进行数据采集，该技术提升了智能传感器的灵敏度。

四、结语

本文基于应用领域对智能传感器进行多级划分，分析了智能传感器整体以及四个分支的全球和国内专利申请态势以及授权态势、主要国家/地区专利授权量对比、主要申请人、布局区域以及技术布局情况等，并对智能传感器中的消费电子和工业电子作了进一步分析。

通过以上分析可以看出，智能传感器的研发和使用受到越来越多创新主体的关注，保护力度也在逐渐加大。尤其是在传感器领域起步较晚的中国，已经开始重视并且作出了积极应对，追赶势头明显，并涌现了中国科学院等一批高校/科研院所以及歌尔声学等创新应用的企业。

通过对智能传感器中消费电子的专利申请状况和技术发展路线的梳理，有助于相关行业人员了解该技术主题下专利技术的研究热点和未来发展方向，明晰消费电子智能传感器的市场需求，根据需求进行阶段研发。对于工业电子传感器的脉络梳理，确定了工业电子传感器当前发展状况，对工业电子智能传感器行业人员开展研究具有一定的参考价值。

参考文献

[1] 殷毅. 智能传感器技术发展综述 [J]. 微电子学，2018，48（4）：504-506.

[2] 孙小春. 智能传感器技术综述 [J]. 杨凌职业技术学院学报，2015，14（3）：15-17.

智能机器人感知技术专利技术综述[*]

李欢欢　孙　旭[**]　宋海荣[**]　张媛媛[**]　李邵飞[**]　崔芳婷

摘　要　当前，随着人工智能技术的发展，智能机器人感知技术成为各国和各大企业发展的重点。本文从中国以及全球的视角，分别从视觉、听觉、触觉三个方面出发，对全球和中国的智能机器人感知专利进行了挖掘和对比，对智能机器人感知技术进行了较为全面的专利分析，反映了各自整体的发展趋势以及重点技术布局态势。此外，本文还对智能机器人感知技术进行了技术分支划分，对各分支的技术内容进行了详细的梳理，找出了技术发展的脉络。最后，本文对重点创新主体的专利技术进行挖掘，分析了各个创新主体的技术研究特点，探索了智能机器人感知技术未来发展的方向。

关键词　智能机器人　感知技术　视觉　听觉　触觉

一、概述

(一) 智能机器人发展简介[1]

当前，人工智能产业是各国重点关注与竞相布局的重点领域。智能机器人无疑是人工智能关键技术最典型的应用。根据机器人的智能程度，大致可以将机器人分为工业机器人、初级智能机器人、智能陪护机器人、高级智能机器人。

工业机器人，也就是目前产业上已经使用的机器人，只能按照规定的程序工作，不论外界条件如何变化，都不能对所做的工作作出相应的调整。

初级智能机器人，区别于工业机器人，具有像人那样感受、识别、推理和逻辑判断的能力，可以根据外界条件的变化，在一定范围内对所做的工作作出相应的调整。但是，这些调整的规则是人预先定义的。这种初级智能机器人虽然还没有自行规划能力，但是已拥有一定的智能，目前也开始走向成熟，达到实用水平。

智能陪护机器人，应用于养老院或社区服务站，具有生理信号检测、语音交互、远

---

[*]　作者单位：国家知识产权局专利审查协作河南中心。

[**]　等同于第一作者。

程医疗、智能聊天、自主避障漫游等功能，紧急情况下可及时报警或通知亲人。智能陪护机器人为人口老龄化带来的重大社会问题提供了解决方案。智能陪护机器人相比初级智能机器人所执行的工作更加复杂，但是又不具备自主学习能力，因此，智能陪护机器人智能程度处于初级智能机器人和高级智能机器人之间。目前，智能陪护机器人也已经开始商用。

高级智能机器人，与初级智能机器人一样，具有感知外界条件变化，并根据外界条件变化来修改程序的能力，但是不一样的是，高级智能机器人修改程序的原则不是由人规定的，而是机器人自己通过学习，总结经验来获得修改程序的原则。这种机器人不需要人的干涉，可以完全独立地工作。这种机器人也开始走向实用。

（二）智能机器人感知关键技术

从前面的描述可知，机器人的智能程度与机器人感知外界条件变化的能力和根据外界条件进行自主规划的能力有关。因此，本文对智能机器人感知外界条件变化的能力进行分析，来寻找机器人感知技术的发展脉络和专利布局情况，为该技术领域的相关企业提供技术发展方向和专利布局方面的借鉴。

智能机器人感知技术可以使智能机器人对环境细微的改变作出相应的反应。传感器是智能机器人感知技术的核心装置，它们将智能机器人通过视觉、听觉、触觉等捕获到的信息转换成电信号，再输送到智能机器人的"大脑"，完成对外界条件变化的感知。

常见的传感器功能可以类比于人类的五大感知器官：光敏传感器，如同人类的视觉器官；声敏传感器，如同人类的听觉器官；气敏传感器，如同人类的嗅觉器官；化学传感器，如同人类的味觉器官；压敏、温度、流体传感器，如同人类的触觉器官。其中，视觉、听觉、触觉传感器是最常用的机器人感知系统，因此，本文中选取了视觉、听觉和触觉三种感知系统进行分析。表1对智能机器人感知技术进行了技术分解。对于智能机器人的每种感知系统，我们都从数据采集和数据识别两方面出发进行分析。

表1 智能机器人感知技术技术分解

一级分支	二级分支
视觉感知	视觉数据采集
	视觉数据识别
听觉感知	听觉数据采集
	听觉数据识别
触觉感知	触觉数据采集
	触觉数据识别

二、专利申请总体情况

（一）数据来源及检索要素

本文采用中国专利文摘数据库（CNABS）、德温特世界专利索引数据库（DWPI）和世界专利文摘数据库（SIPOABS）。其中，CNABS 用于中文专利检索；DWPI 和 SIPOABS 两者的结合用于英文专利的检索。数据检索截止日期为 2019 年 7 月 31 日，共检索到 5650 项专利申请。

本文的数据检索采用关键词与分类号相结合的方式。关键词为机器人、robot+、视觉、vision、传感、sensor、摄像、camera、图像、image、手势、gestur+、表情、情绪、expression+、emotion+、smile+，使用 IPC 分类号为 B25J 11/00、B25J 13/08、B25J 19/02。

（二）专利申请态势

图 1 示出了机器人感知技术在视觉、听觉、触觉三个技术分支的专利申请态势。

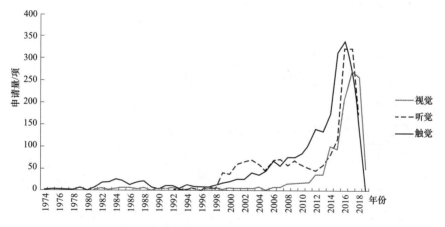

图 1　智能机器人感知技术专利申请态势

最早出现的感知技术为触觉感知技术。1974 年，日立提出的专利申请是在自动焊接机器人的手臂上安装触觉装置来感测工件的姿态。这些早期的机器人感知技术研究集中于工业机器人的触觉（力觉、滑动觉），用以辅助机器人完成工业任务，在 1983 年达到一波小高峰。然而，受限于触觉传感器技术的发展，在经历了 20 世纪 80 年代的小高峰后，机器人触觉感知技术专利申请进入低迷时期。1990~1997 年，机器人触觉感知技术专利申请量均未超过 20 项。1998~2009 年，机器人触觉感知技术进入了快速发展时期，这与传感器技术的发展推动有关。2010~2016 年机器人触觉感知技术专利申请进入高速发展时期，这个阶段专利申请量的提高，与传感器技术的突破，以及人工智能技术的发展有关。

其次出现的感知技术为视觉感知技术，出现在 1984 年，比触觉感知技术晚了近 10 年。这是因为工业机器人主要通过设定程序完成工业任务，并不需要视觉相关的操作，而且受限于图像处理相关技术的发展速度，早期计算机无法对摄像头获取的图像进行有价值的处理。因此，虽然 1984 年出现了视觉相关的机器人，但是多用于监控，很长时间内该技术发展缓慢。直到 2014 年，该技术进入了高速发展时期，专利申请量迅猛增长，这是由于计算机图像技术的发展，计算机能够对采集的图像进行有意义的解读，从而可以进行相关的控制操作。

听觉感知技术的出现时间晚于触觉感知技术和视觉感知技术。在 1992 年出现了听觉感知相关的专利申请，比触觉技术晚了近 20 年，比视觉技术晚了近 10 年，这主要是由于听觉感知在工业机器人上的作用不大。但是采集的声音数据相对比较容易处理，经过 1992～1998 年的萌芽期，听觉相关技术进入了第一个平稳发展期。并在 2014 年开始，借助人工智能的东风迅猛发展。

三、智能机器人的视觉感知

（一）专利申请态势分析

图 2 为智能机器人视觉感知技术全球专利申请态势。从图 2 可以看出，智能机器人视觉感知技术专利申请的发展历程大致分为三个阶段：2009 年以前的萌芽阶段、2010～2013 年的缓慢发展阶段、2014 年以后的快速发展阶段。

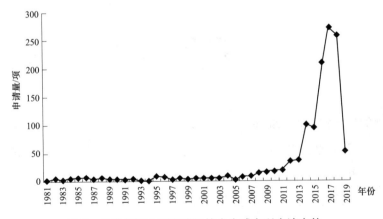

图 2　智能机器人视觉感知技术全球专利申请态势

在萌芽阶段，机器人视觉感知技术的专利申请量较少。这个时间段获取图像所需的视觉传感器以及图像数据处理所需的处理器的性能还不能满足其大量计算的需求，企业和研究机构对其研发的热度不高，尚处于技术萌芽阶段。

在缓慢发展阶段，机器人视觉感知技术的专利申请量开始呈现一定的增长趋势。从2010年到2013年，伴随着计算机硬件技术，尤其是CPU、GPU等产品性能的发展，智能机器人视觉感知技术不断成熟，但受限于移动通信网络带宽的限制，仍无法达到大规模商业应用水平。

在快速发展阶段，自2014年以后，3G、4G、5G等移动通信技术的快速发展为智能机器人视觉感知技术创造了良好的数据传输环境，智能机器人产业也逐渐引起了各国的重视，各国政府纷纷制定了促进智能机器人产业发展的目标和计划，进一步加速了智能机器人视觉感知技术的发展。

（二）专利申请布局分析

图3为智能机器人视觉感知主要国家/地区全球专利申请量分布。从图3可以看出，智能机器人视觉感知的全球专利申请主要集中在中国、美国、日本、韩国，这四个国家的申请量占全球申请量的90%以上。其中，日本、韩国、美国在机器人领域和智能制造领域已经深耕多年，属于传统强国。而随着机器人逐渐向智能化方向发展，美国、中国等在人工智能领域所具有的优势逐步显现。

（三）主要申请人分析

图4为智能机器人视觉感知技术领域全球主要申请人排名。从全球专利申请量排名前十位的申请人来看，主要来自日本、韩国、中国和美国。其中日本企业占据4个席位，韩国企业占有2个席位，中国和美国分别占有3个和1个席位。在前

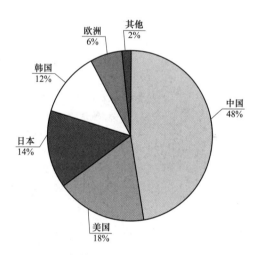

图3 智能机器人视觉感知主要国家/地区全球专利申请量分布

十位的申请人中，发那科、LG、三星、东芝、日立、索尼等是知名的跨国公司。中国申请人对于视觉感知技术也非常重视。在中国申请人中，国家电网为集团性企业，包含了各个地方电网公司的申请量，而华南理工大学为高校，北京光年无限科技有限公司从事了大量的机器人感知技术研究。

图5示出了智能机器人视觉感知技术领域中国主要专利申请人排名。与全球主要申请人相比，中国主要申请人在申请量上具有一定的差距，申请量相对较少。并且，在中国排名前十的申请人中，高校和研究院所占据较多的席位。可见，在机器人视觉感知技术领域，国内仍然处于实验研发阶段，大规模的商业应用还需加强。

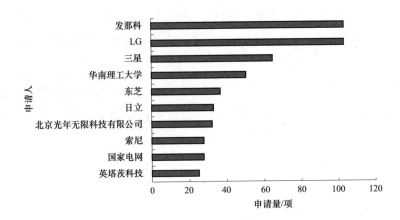

图4　智能机器人视觉感知全球主要申请人申请量排序

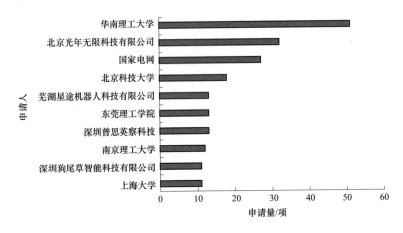

图5　智能机器人视觉感知中国专利主要申请人申请量排序

（四）技术路线分析

1. 视觉数据采集

目前机器人主要采用视觉传感器进行视觉数据采集。根据镜头数量、特性及获取图像信息数量的不同，视觉传感器可分为单目摄像头、双目摄像头及全景摄像头。

单目摄像头即具有一个镜头的摄像头。它无法直接获得目标的三维坐标，只能提取目标物体的特征，得到目标物体在二维平面内的相对位置。单目摄像头广泛应用于工业机器人、足球机器人、移动机器人、特种机器人等领域。

双目摄像头具有两个镜头，可理解为两个单目摄像头的结合，主要应用于提取出目标的三维坐标。这些信息可以直接调整机器人在运动中的运动参数。但是传统的三维坐标提取首先需要知道摄像头的准确焦距信息，针对该摄像头的畸变参数进行图像校正，然后对左、右摄像头分别采集到的图像中的目标特征点进行匹配，最后利用其相互关系推算出目标点的深度信息。双目立体视觉摄像头可广泛应用于机器视觉、自动检测、双目测距、运动采集及分析、医学影像、生物图像、非接触测量及其他科学和工业领域。

无论是单目摄像头还是双目摄像头，都无法同时覆盖机器人四周的环境，无法实时做到360°全方位监视，并且机械旋转部件在机器人运动时会产生抖动，造成图像质量下降、图像处理难度增加。全景摄像头是一种具有特殊光学系统的摄像头。它的感光元件部分与普通摄像头没有什么区别，但是配备了一个特殊的镜头，因此可以得到镜头四周360°的环形图像。

2D视觉传感器也就是传统的摄像头，其能够获取物体的颜色信息，但是对于深度信息，即物体到摄像头的距离，却无法直接获取。而3D视觉传感器通过红外摄像头投射点阵，投射的点满足一定规律，再用一个普通的CMOS传感器捕捉这个点阵，投射的点阵中的一些模式会在整个图像中反复出现。当场景的深度发生变化时，摄像头的点阵也会发生变化，通过分析点阵中模式变化的情况就可以推断出深度信息。投射结构光以后，整个空间即被编码，将一个物体放置在这个空间，通过分析物体表面的散斑图案，就可以计算出物体在空间的位置。

从图6可知，单目摄像头技术出现最早。单目摄像头技术的研发一直是日本企业关注的重点，例如日本企业发那科、精工爱普生等提出了专利申请JP2004292829、JP2011047863、JP2015158363。与单目摄像头相比，双目摄像头和全景摄像头技术在机器人领域应用得相对较晚，例如在申请号为JP2008177680、KR20070130351、CN201210156371的专利申请中，提出了涉及双目摄像头和全景摄像头的技术，这些专利申请都出现在2010年左右。另外，2D视觉传感器、3D视觉传感器在单目摄像头、双目摄像头和全景摄像头中都有所应用。但无论是在单目摄像头中，还是双目摄像头和全景摄像头中，2D传感器技术都先于3D传感器技术的应用，这一方面与传感器技术的发展以及处理器的处理能力的提升有关，另一方面与机器人的应用领域及所面临的场景相关。例如，早期智能机器人的研发主要是在智能制造等工业机器人领域，而在这些领域，场景信息是有限的，因此2D单目摄像头已经足够获取应用场景中的图像信息。随着智能机器人逐渐进入智能驾驶、智能家庭、智能医疗等领域，面临的场景日趋复杂，为了实现对复杂场景的识别以及在复杂场景下的决策，智能机器人就需要获取更多维度的图像信息并需要大数据、云计算等人工智能技术的支撑，而这也是3D视觉传感器最先出现于美国、中国等人工智能技术较为先进的国家的原因，而多传感器、多维度信息获取技术也成为智能机器人视觉感知技术的研发重点。

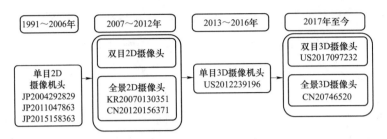

图6　视觉传感技术专利发展路线

2. 视觉数据识别

采集到环境中的视觉数据后，通过对视觉数据进行分析识别来实现视觉信息的获取。通常机器人的视觉识别包括物体分类、路径识别、手势识别、表情识别、人脸识别等多种。目前研究最热的是手势识别和表情识别，下面选取手势识别和表情识别进行分析。

（1）手势识别

图7为手势识别技术专利发展路线。视觉传感器采集的图像包括二维图像和三维图像，手势识别包括基于二维图像的手势识别和基于三维图像的手势识别。早期基于视觉的手势识别是基于二维图像的识别技术，即摄像头采集二维静态图像后，通过计算机算法进行图像内容的识别。例如，申请号为JP2002049175的专利申请，提出了确定低分辨率图像的每个像素的浓度差值，通过对每个像素的浓度差值的时间序列执行傅里叶变换来获取特征值，通过特征匹配进行手势检测。在申请号为US20000607820的专利申请中，提出了一种识别手势的系统和方法，在获取图像数据后，通过缩放变形产生手部正面视图，之后执行背景减法，基于手臂方向估计出手部姿态，最后通过图像分类获取手势类别。

图7　手势识别技术专利发展路线

随着摄像头和传感器技术的发展，包含丰富深度和几何拓扑信息的三维图像被用于手势识别的图像采集中，提高了手势识别的精确性和鲁棒性。微软公司在专利申请US20080074443中，提出了使用融合深度信息进行手势识别，使用如形状、位置、取向、速度等中的至少一个因素来识别用户的一部分的姿势。申请号为CN201080066519的专利申请，提出了通过两个摄像机进行动作识别的方法和装置。根据进行所述动作的物体与摄像机之间的距离和所述物体在两个摄像机成像面中的移动轨迹的特征确定所述动作是"推"或者"拉"。

动态手势识别是近年来的研究热点。它能够追踪手势的运动，进而将手势识别和手部运动结合在一起，从而获得更加丰富的视觉内容。申请号为 CN201410531669 的专利申请，提出了一种手势识别方法，由摄像头读入包含用户手势的视频流，采用 Camshift 算法和卡尔曼滤波算法进行手势跟踪，采用人工神经网络算法进行手势匹配。申请号为 CN201210331153 的专利申请，提出了一种手势识别的方法，通过对手势图像视频流进行手势分割，将手势图像视频转化为相应的图像帧，根据相应的图像帧建立手势模板，利用 HSV 直方图的粒子滤波算法得到手势的运动轨迹和预测方向，最后根据相应的算法软件提取出手势的形状、特征以及位置信息，通过预先建立相应的手势模板对手势进行识别。

（2）表情识别

众所周知，人类相互之间的沟通与交流是自然而富有感情的，计算机没有情绪感知能力，很难指望它具有类似人一样的智能。因此，人类希望赋予计算机类似于人一样的观察、理解和生成各种情感特征的能力。它是通过各种传感器获取由人的情感所引起的表情及其生理变化信号，利用"情感模型"对这些信号进行识别，从而理解人的情感并作出适当的响应。

图 8 为表情识别技术专利发展路线。2006 年之前，智能机器人表情识别技术主要通过分类的方式进行人类的表情识别。申请号为 CN200610117046 的专利申请提出了将人脸图像分成一些基于不同姿态或表情的类，通过分类的方式进行人脸表情识别。在申请号为 JP2004219124 的专利申请公开了一种面部表情识别设备，可获取用户面部原始图像数据，然后通过脸部检测部提取原始图像数据中包括的用户的脸部区域，并通过脸部器官提取部提取构成用户脸部的至少一个脸部器官的轮廓位置。面部表情估计部基于多个图像的散布或弯曲的程度，在多个帧上提取所获取的面部器官的上端和下端的轮廓，以估计用户的表情。

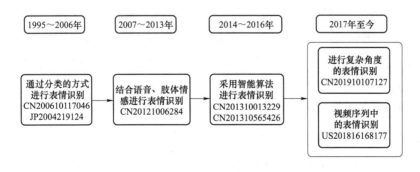

图 8 表情识别技术专利发展路线

2007~2013 年，表情识别的研究主要集中于通过多种方式配合实现表情识别，以及通过智能算法进行表情识别。申请号为 CN201210062824 的专利申请公开了将声音表情、情感表情和手势表情进行融合，获得复合表情指令。面部表情机器人根据复合表情指令从语音输出库中选择语音流数据进行输出，面部表情机器人根据复合表情指令从表情输出库中选择表情动作指令进行面部表情表达。申请号为 CN201310013229 的专利申请公开了通过主分量分析算法提取人脸图像的主分量，用欧氏距离对比训练人脸库中人脸和双目摄取到人脸的主分量，以距离最小者作为表情识别结果。申请号为 CN201310565426 的专利申请公开了采集人脸表情图像，Gabor 小波变换构造人脸表情图像的特征向量，利用特征选择算法 MFCS 选择特征，最后采用局部稀疏表示的分类器识别情感类别。

2017 年后，随着图像识别领域技术发展的逐渐成熟，对于表情识别的研究侧重于复杂角度下或视频序列中的表情识别。申请号为 US201816168177 的专利申请公开了一种表情识别的方法。该方法获取用户面部输入图像，从输入图像中提取面部特征，然后基于面部特征确定面部表情的表情强度，从而估计输入图像的表情和情感表达。申请号为 CN201910107127 的专利申请公开了一种基于视觉的侧脸姿态解算方法及情绪感知自主服务机器人。采集模块预置有侧脸姿态解算方法；导航模块根据采集模块得到的人脸姿态角，控制机器人运动到正对人脸的地方采集人脸的正脸图像，从而实现对侧脸图像的表情识别。

（五）重点申请人分析

从图 4 可以知道，发那科是智能机器人视觉感知技术领域专利申请量最大的企业。在国内申请人方面，华南理工大学和北京光年无限科技有限公司是国内申请量最大的高校和企业。因此，选取发那科、华南理工大学和北京光年无限科技有限公司作为重点申请人进行分析。

1. 发那科

发那科是日本一家专门研究数控系统的公司，成立于 1956 年。它是世界上最大的专业数控系统生产厂家，占据了全球 70% 的市场份额。自 1974 年，发那科首台机器人问世以来，发那科致力于机器人技术创新，是世界上唯一提供集成视觉系统的机器人企业，也是世界上唯一一家既提供智能机器人又提供智能机器的公司。

图 9 为发那科在智能机器人视觉感知技术领域的专利申请态势，可见其最近几年专利申请比较活跃。发那科的智能机器人视觉感知技术专利申请对 2D 视觉传感器和 3D 视觉传感器都有所涉及。在 2D 视觉传感器方面，申请号为 JP2004292829 的专利申请提出了一种具有视觉传感器的机器人技术。在申请号为 JP2016196434 的专利申请中提出了一种固定于可移动的台车上的机器人技术，机器人系统具备照相机和配置于操作处的标记，能判定机器人是否配置在预先决定的判定范围内的位置，在判定部判断机器人的位置脱离了判定范围的情况下，显示器显示要移动台车的方向和移动量。

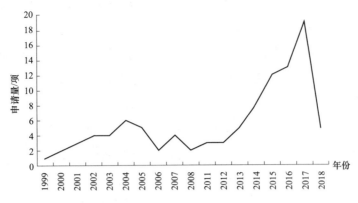

图9 发那科在智能机器人视觉感知技术领域的专利申请态势

在3D视觉传感器方面，申请号为JP2004220251的专利申请提出了机器人系统的三维视觉传感器的再校准技术。在再校准过程中，利用保存的校准参数，以及视觉传感器的常规操作期间和再校准过程中获取的特征量信息，可以计算位置信息，并且基于计算结果可以更新校准参数。申请号为JP2015158363的专利申请提出了一种具备视觉传感器以及多个机器人的机器人技术，该机器人系统基于从控制装置取得的工件的位置，计算与工件相对于机械手的位置偏移相关的机器人修正量。申请号为JP2014199428的专利申请提出了一种提供检测对象物的三维位置的检测技术，其使用与各图像对应的机器人的位置姿态信息和对象物的位置信息分别计算出机器人坐标系中的对象物的视线信息。

2. 华南理工大学

图10为华南理工大学在智能机器人视觉感知技术领域的专利申请态势，可见其近年申请比较活跃。华南理工大学对智能机器人视觉感知技术领域的视觉数据采集和视觉数据识别都有研究。其中，在视觉数据采集方面，华南理工大学主要有杨辰光团队、张智军团队进行不同方面的研发。

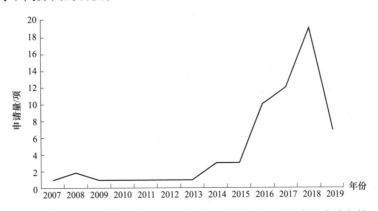

图10 华南理工大学在智能机器人视觉感知技术领域的专利申请态势

杨辰光团队的研发集中在双目摄像头和全景摄像头方面，例如申请号为CN201410810610的专利申请提出了一种基于多信息融合的人机技能传递技术。用户通过肌电信号采集仪采集自身的肌电信号，提取其中的阻抗信息，通过体感传感器提取自身的运动信息，经过人机技能传递调整接口对上述信息进行评估，然后通过机器人运动控制界面传输给机器人，完成人的技能向机器人传递。双目视觉传感器作为反馈环节，实时使用户掌控机器人运行状态，确保服务的准确性和安全性。申请号为CN201610355833的专利申请提出了一种三自由度的机器人视觉伺服技术。采用了基于模糊逻辑理论的对象跟踪算法，就能使得机器人在不同环境中，通过图像处理技术和顶部装置三个自由度的运动，以较少的计算时间和运动时间去跟踪移动的物体。申请号为CN201610834879的专利申请提出了一种移动式的远程临场机器人技术。通过计算机的模拟，用户可以根据个人喜好以及社交场合自由选择投射在机器人面部的角色形象，包括自由定义角色的肤色、自由选择角色的五官形状和分布等。张智军团队的研发集中在双目3D视觉传感器方面。例如申请号为CN201710830786和CN201710830727的专利申请提出了一种电动轮椅机械臂技术，结合轮椅的地面移动能力、电极帽的信号采集能力、放大器的信号放大能力、激光雷达定位能力、3D体感摄影机的识别能力以及机械臂的空间运动和执行能力，协助老人、残疾人完成日常生活动作，改善其生活质量。

华南理工大学还在智能机器人视觉感知技术领域的视觉数据识别方面进行了大量研究。

华南理工大学申请号为CN200710032511的专利申请，提出了将手势识别和表情识别用于智能机器人，并结合语音识别，实现了会话机器人的教育、聊天、会话、咨询等。

华南理工大学在手势识别方面的研究同样包含三维手势识别。申请号为CN201110277206的专利申请公开了提取手势图像中人手的特征点；对特征点进行三维重建，得到人手特征点在三维空间的位置关系；利用人手在机器人基坐标系下的位姿关系进行反解计算，得到机器人的关节角度；利用计算得到的关节角度驱动机器人运动。申请号为CN201610459875的专利申请提出了一种基于移动跟踪的三维手势识别方法，使用非接触式的基于视觉的人机接口，获取操作者手部的位置和姿态，实时驱动机器人来跟踪识别操作者的移动手势。为了更准确地进行手势动作的识别，申请号为CN201810127757的专利申请提出了融合操作者手臂的表面肌电信号进行手势识别。

3. 北京光年无限科技有限公司

图11为北京光年无限科技有限公司在智能机器人视觉感知技术领域的专利申请态

势，可见其申请集中在近几年。北京光年无限科技有限公司是一家成立于 2010 年的专门从事智能机器人研究的公司。其早期专利申请集中于研究移动终端软件系统。该公司于 2014 年 11 月发布图灵机器人，并于 2015 年开始提交大量的智能机器人专利申请。其专利申请主要涉及智能机器人视觉感知技术领域的表情识别。

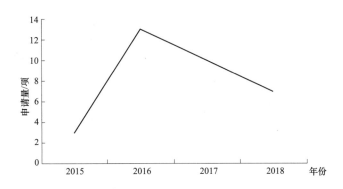

图 11　北京光年无限科技有限公司在智能机器人视觉感知技术领域的专利申请态势

申请号为 CN201510857591 的专利申请公开了通过采集分析人脸表情，使机器人输出与用户面部情绪相关联的表情。申请号为 CN201610537523 的专利申请公开了通过分析和比较图像中人脸的表情情绪值来获取人脸情绪的变化节点，当识别得到人脸面部表情变化的节点时实现相机的自动抓拍功能。申请号为 CN201710034767 的专利申请公开了实时获取并解析用户的表情图像，根据用户的人脸三角形模型和该表情图像的解析结果，在待显示无表情面部图像的人脸三角形模型上进行映射，能够使智能机器人生动地模仿用户表情。申请号为 CN201710454559 的专利申请公开了将所述语音切分数据、所述嘴型应答数据、所述表情应答数据以及肢体动作应答数据融合，实现虚拟形象的动画实现语音与嘴型、表情以及肢体动作自然融合。申请号为 CN201610597245 的专利申请公开了一种面向智能机器人的通信方法，采集拨打电话用户的动作、语音及表情等多模态信息并通过对接听端机器人进行该动作、语音及表情等信息的多模态表达，从而促进多模态的电话交流。

四、智能机器人听觉感知

（一）专利申请态势分析

从图 12 可以看出，智能机器人听觉感知技术专利申请的发展历程大致可以分为三个阶段：1998 年以前的萌芽阶段、1999～2015 年的快速增长阶段、2016 年至今的快速发展阶段。

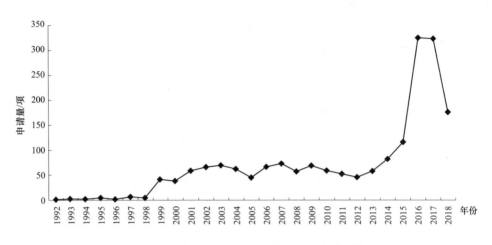

图 12　智能机器人听觉感知技术专利申请态势

在萌芽阶段，智能机器人听觉感知的专利申请量较少。虽然机器人的概念已经提出几十年了，但是机器人语音识别技术还不成熟，音频数据处理所需的 CPU 还不能满足其大量计算的需求，企业和研究机构研发热度不高，因此这段时间尚处于技术萌芽阶段。

在快速增长阶段，智能机器人听觉感知专利申请量开始呈现一定的增长趋势。1999~2015 年，伴随着计算机硬件技术尤其是 Intel 和 NVDIA 两家公司的 CPU 产品性能的发展，以及机器人相关硬件如麦克风等快速发展，智能机器人听觉感知技术不断成熟，年专利申请量迅速增长了好几倍。但由于成本因素以及实际效果难以达到消费者满意的程度，仍旧无法达到大规模商业应用。

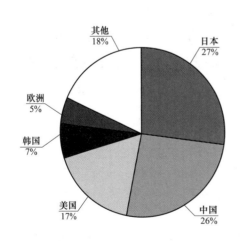

图 13　听觉感知技术主要国家/地区
专利申请量分布

在快速增长阶段，计算机技术和处理器技术快速发展，市场对于智能机器人听觉感知的需求迅速增加，各类企业纷纷开始在该领域进行大量专利布局，以期在后续的市场竞争中抢占先机。

（二）专利申请布局分析

图 13 为听觉感知技术主要国家/地区专利申请量分布。从图 13 可以看出，智能机器人听觉感知全球专利申请量前五位分别为日本、中国、美国、韩国和欧洲，这五个国家/地区的申请量占全球申请量的 82%，其他国家/地区的申请量仅占全球申请量的 18%，可见该领

域的专利申请较为集中。日本、中国、美国、韩国和欧洲工业较为发达，有着先进的科学技术作为支撑，并且有市场需求驱动。因此这些国家/地区对机器人听觉感知技术的专利申请和布局占据了绝大部分比例。

（三）主要申请人分析

图 14 为听觉感知技术全球主要申请人申请量排序，从全球专利申请量排名前十位的申请人来看，主要来自日本、中国和韩国。其中日本企业占据 7 个席位，中国和韩国分别占有 2 个和 1 个席位。可见虽然中国在智能机器人听觉感知技术领域的专利申请量与日本差不多，但仅有北京光年无限一家企业的专利申请量排在全球第二位，可见中国申请人的专利申请较为分散。

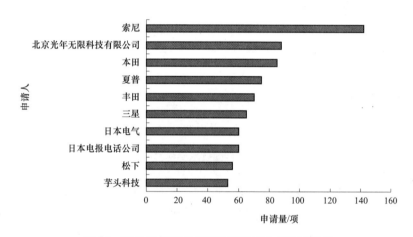

图 14 听觉感知技术全球主要申请人申请量排序

图 15 示出了听觉感知技术中国主要申请人在机器人听觉感知技术领域申请专利的情况。与全球主要申请人相比，中国主要申请人在申请量上具有一定的差距，申请量相对较少。

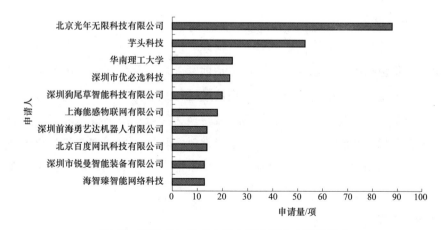

图 15 听觉感知技术中国主要申请人申请量排序

（四）技术路线分析

1. 听觉数据采集

图 16 为听觉传感技术专利发展路线。目前机器人主要采用麦克风进行听觉数据采集。麦克风（又称"微音器"和"话筒"，正式的中文名是传声器）是一种将声音转换成电子信号的换能器。20 世纪，麦克风由最初通过电阻转换声电发展为电感、电容式转换，大量新的麦克风技术逐渐发展起来，其中包括铝带、动圈等麦克风，以及当前广泛使用的电容麦克风、驻极体麦克风、ECM 麦克风和 MEMS 麦克风。申请号为CN201110117084 的专利申请，提出了一种压电驻极体薄膜型传声器阵列，其针对传统的驻极体电容传声器结构复杂、体积无法减小的问题，使用多孔聚合物薄膜制作的压电驻极体作为传声器单元的薄膜传声器阵列，减小了零件数目及器件的体积，使得薄膜型传声器阵列的声电转换性能稳定。

图 16　听觉传感技术专利发展路线

MEMS 传感器因其相比传统的传感器具有体积小、重量轻、成本低、功耗低、可靠性高、适用批量生产、易于集成和实现智能化等特点，在机器人听觉感知中得到了广泛应用。申请号为 KR20110108981 的专利申请，采用 MEMS 麦克风将集成电路与具有压电特性的纳米线组合以最大化压电效应。申请号为 US201815938665 的专利申请，基于现有的 MEMS 组件之间存在的差异会导致各个部件的电容发生变化的问题，提出能够确定电容的 MEMS 换能器系统，其中所确定的电容可用于校准 MEMS 换能器电路，以实现给定输入压力或声波的给定输出信号。

2. 听觉数据识别

采集环境中的听觉数据后，通过对听觉数据进行分析识别实现听觉信息的获取。听觉数据识别主要包括语音识别。语音识别包括前端处理、特征提取、声学模型、语言学模型和解码几个模块。前端处理包括对高频信号进行预加重，将语音信号分帧，对语音信号做初步处理；特征提取将声音信号从时域转换为频域；声学模型以特征向量作为输入，对应到语音到音节的概率；语言学模型根据语言特性，对应到音节到字的概率；解码器结合声学模型和语言学模型及词典信息输出可能性最大的词序列。其中，声学模型和语言学模型是语音识别中比较重要的环节。

（1）声学模型

图 17 为声学模型技术专利发展路线。在机器人听觉数据识别中，目前最常用也最

有效的几种声学识别模型包括动态时间规整模型（DTW）、隐马尔可夫模型（HMM）、神经网络模型（ANN）等。

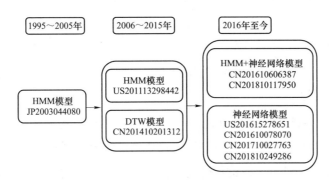

图 17　声学模型技术专利发展路线

1）动态时间规整（DTW）

时间规整的语音识别方法最早由来自 RCA 实验室的 Martin 在 20 世纪 60 年代提出，其解决了语音时长不统一的归一化打分机制。后来，来自苏联的 Vintsyuk 提出了采用动态规划实现动态时间规整的方法。在应用 DTW 算法进行语音识别时，就是将已经预处理和分帧过的语音测试信号和参考语音模板进行比较以获取它们之间的相似度，按照某种距离测度得出两模板间的相似程度并选择最佳路径。

动态时间规整算法是非特定人语音识别中一种简单有效的方法，该算法基于动态规划的思想，解决了发音长短不一的模板匹配问题，是语音识别技术中出现较早、较常用的一种算法，在小词汇量、孤立词语音识别中获得了良好效果，但因其不适合连续语音、大词汇量语音识别系统，目前已逐渐被 HMM 和 ANN 模型替代。

不过，DTW 仍然在机器人语音识别中得到应用。申请号为 CN201410201312 的专利申请，提出冰雪机器人的语音控制方法，采用数字语音命令 DTW 识别算法得到识别的语音数字命令。申请号为 CN201810087480 的专利申请，提出一种基于自然语言理解的机器人控制方法，获取语音信号并转化为相应数字信号，而后通过动态时间规整算法将数字信号转换为相应的文本信息。

2）隐马尔科夫链（HMM）

20 世纪 70 年代，隐马尔可夫法（HMM）被应用于语音识别的研究中，该方法的应用使得语音识别技术取得了重大进展。隐马尔可夫模型是传统语音识别的主流模型，其是由短时间内看作平稳变化的声学信号模型串联构成的马尔可夫链组成的，表示了一个双重随机过程，一个是用具有有限状态数的马尔可夫链来模拟语音信号统计特性变化的隐含的随机过程，另一个是与马尔可夫链的每一个状态相关联的观测序列的随机过程。

索尼申请号为 JP2011047594 的专利申请，最早将 HMM 模型应用于机器人语音识别中。HMM 很好地模拟了人的语言过程，目前应用十分广泛，出现了很多以改进隐含马尔可夫链为基础的机器人语音识别专利申请。申请号为 US201113298442 的专利申请，使用隐马尔可夫模型（HMM）、最大后验概率（MAP）、最大似然线性回归（MLLR）的声学模型对接收到的语音信号执行机器人语音识别。由于神经网络在语音识别中表现突出，将神经网络与 HMM 结合使用成为研究热点，如申请号为 CN201610606387 的专利申请，可基于 HMM-DNN 的声学模型进行语音识别。

3）神经网络模型

人工神经网络（ANN）是 20 世纪 80 年代末期提出的一种新的语音识别方法。ANN 以数学模型模拟神经元活动，将人工神经网络中大量神经元并行分布运算的原理、高效的学习算法以及对人的认知系统的模仿能力充分运用到语音识别领域。

2011 年，微软以深度神经网络替代多层感知机，形成混合模型系统，大大提高了语音识别的准确率。由于神经网络在语音识别中表现突出，后来人们又将卷积神经网络（CNN）、循环神经网络（RNN）以及深度神经网络（DNN）应用在了语音识别中。

在机器人语音识别中，申请号为 US201615278651 的专利申请，采用基于深度神经网络的声学模型进行语音识别。申请号为 CN201610078070 的专利申请，基于 DNN-UBM 模型（深层神经网络和通用背景模型）建立身体状态对应的声学模板。申请号为 CN201710027763 的专利申请，采用卷积神经网络进行语音识别。申请号为 CN201611265802 的专利申请，基于深度全序列卷积神经网络进行语音识别。

在 RNN 基础之上进一步提出的长短时记忆循环神经网络（LSTM），解决了 RNN 中引进了时间维度信息而可能出现的梯度消失问题。目前最好的语音识别系统采用双向长短时记忆网络（LSTM），这种网络能够对语音的长时相关性进行建模，但是这一系统存在训练复杂度高、解码时延高的问题，在工业界的实时识别系统中很难应用。申请号为 CN201810249286 的专利申请，采用 LSTM 深度神经网络编码器进行语音识别，引入了 attention 模型和语言模型共同处理 LSTM 神经网络处理后的固定长度向量，保证了聊天过程中答复信息的准确性，使对话更加真实。

（2）语言模型

图 18 是语言模型技术专利发展路线。语言模型是对一段文本的概率进行估计即针对文本 X，计算 $P(X)$ 的概率，语言模型在整个语音识别过程中的作用非常重要，其性能直接影响到了整个语音识别系统的使用范围和识别效率。

语言模型的建模方法分为两类，一种是基于语法规则的语言模型，其是以 Chomsky 的形式语言为基础发展而来，侧重语言中的语法语义信息分析。申请号为 US19970254242 的专利申请，提出了语言模型应被理解为单词序列或单词列表的语法模型，或者在所谓的 N-gram 分析意义上的统计模型。索尼申请号为 US20000623440、JP34046699、JP34047299

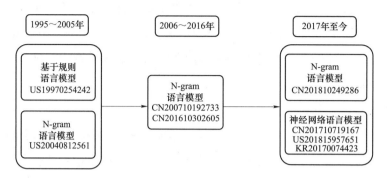

图18　语言模型技术专利发展路线

的专利申请，提出了语法存储器保存有登记在数据控制单元中的每一句话是如何链接的语法规则，并基于语法规则进行语言处理。但基于语法规则的语言模型在处理实际问题时受到很大的限制。另一种是基于统计的语言模型，其采用大规模的训练语料对模型的参数进行自动的学习，鲁棒性更强，成为目前主流的研究方向。常用的统计语言模型有N-gram 模型、神经网络语言模型（NNLM）等。

1）N-gram 语言模型

N-gram 模型也称为"n−1 阶马尔科夫模型"，它有一个有限历史假设：当前词的出现概率仅仅与前面 n−1 个词相关，即 N-gram 语言模型通常包括参数估计和数据平滑等过程。其中，N-gram 语言模型的参数估计一般采用最大似然估计（MLE）方法，N-gram 模型的数据平滑可以采用加法平滑、Good-Turing 平滑、Katz 平滑、插值平滑等。N-gram 因其简单有效被广泛应用。申请号为 US20040812561 的专利申请，采用了N-gram 统计语言模型。申请号为 CN200710192733 的专利申请，在自然语言运行时采用统计语言模型，以确定来自任意形式输入的可应用字段。申请号为 CN201610212575、CN201610302605、CN201611242027 的专利申请，均通过隐马尔科夫模型进行声学模型建模，均采用 N-gram 统计语言模型。

2）神经网络语言模型

神经网络语言模型的提出解决了 N-gram 模型当 n 较大时会发生数据稀疏的问题。与 N-gram 语言模型相同，神经网络语言模型也是对 n 元语言模型进行建模。与统计语言模型不同的是，神经网络语言模型不通过计数的方法对 n 元条件概率进行估计，而是直接通过一个神经网络对其建模求解。随着深度学习的不断发展，神经网络语言模型得到了众多关注。在机器人语音识别中，申请号为 CN201710719167 的专利申请，将神经网络语言模型应用于聊天机器人中。申请号为 US201815957651 的专利申请，使用基于深度神经网络的语言模型来学习如何映射自然语言命令。相比全连接网络，循环神经网络（RNN）同一层各个节点间也是有连接的，当前节点的输出与前面节点的输出有关。

因此循环神经网络语言模型（RNNLM）可以获得很长的历史信息，解决了句子的长距离依赖问题。相比 N-gram 模型，RNNLM 模型的效果有很大的提升。比如申请号为 KR20170074423 的专利申请，使用基于循环神经网络的语言模型，生成并输出与由自然语言处理生成的自然语言对应的会话语句。

（五）重点申请人分析

通过图 14 可以知道，索尼是智能机器人听觉感知技术领域专利申请量最大的企业。在国内申请人方面，北京光年无限科技有限公司是国内申请量最大的企业。因此，选取索尼和北京光年无限科技有限公司作为重点申请人进行分析。

1. 索尼

索尼是一家业务涉及电子、娱乐、金融等行业的跨国企业，经营范围包括智能家居、电子游戏、通信产品和信息技术等，其产品销售总量在全球名列前茅。其历年专利申请量如图 19 所示。

从图 19 可以看出，索尼紧随全球智能机器人听觉感知技术发展的步伐，从 1997 年开始在机器人听觉感知技术领域进行研究，但是限于语音识别技术还不成熟，音频数据处理所需的 CPU 还不能满足其大量计算的需求，1997～2011 年索尼在相关的专利申请还是比较少。2012 年开始索尼机器人听觉感知技术专利申请量呈现一定的增长趋势。伴随着计算机硬件技术尤其是 Intel 和 NVDIA 两家公司 CPU 产品性能的发展，以及机器人相关硬件如传感器、摄像头等的快速发展，机器人听觉感知技术不断成熟，再加上市场对于机器人听觉感知技术的需求增加，索尼开始在该领域进行大量专利布局，以期在后续的市场竞争中抢占先机。因 2017 年以后专利公开延迟，专利申请统计不完全。

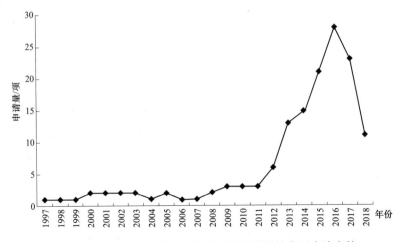

图 19　索尼在智能机器人听觉感知技术领域的专利申请态势

索尼的专利申请主要涉及语音识别、语音合成和语音采集（其中语音识别占62%，语音合成占35%，语音采集占3%）。比如申请号为JP9810094、JP34046699的专利申请技术方案都是通过传感器信号处理器识别出外界声音，设定声音识别结果和机器人装置动作之间的关系，并将这些关系登记在行为关系表存储器的行为关系表中，行为决定单元根据行为关系表来决定机器所做出的动作。又如，申请号为JP2001103855的专利申请技术方案公开了一种机器人，它包括语音识别单元，该语音识别单元检测在触摸传感器的触摸检测的同时或者之前或之后供应的信息；还包括关联存储器/检索存储器，相互关联地存储相应于触摸所做出的动作和语音识别单元检测的输入信息（语音信号）；和动作生成器，根据新近获得的输入信息（语音信号）控制机器人作出关联存储器/检索存储器所检索的动作。而申请号为JP37378099A的专利申请技术方案中公开了一种用于机器人的语音合成装置，该语音合成装置根据机器人行为状态和情绪状态的改变来合成语音信息。

2. 北京光年无限科技有限公司

北京光年无限科技有限公司成立于2010年，2014年11月其发布了图灵机器人，是中文语境下智能度最高的机器人大脑，已为超过20万家企业和开发者提供服务，广泛应用于机器人、智能家居、智能车载、智能客服和可穿戴设备等众多场景。

从图20可以看出，由于北京光年无限科技有限公司成立晚，早些年没有相关的专利申请。其开始布局专利的时候已经是机器人听觉感知技术专利申请量呈现快速增长的阶段。但是经过几年的努力研发，其专利申请量从2016年开始获得了突飞猛进的增长。其推出的Turing OS是中国首个人工智能级机器人操作系统。

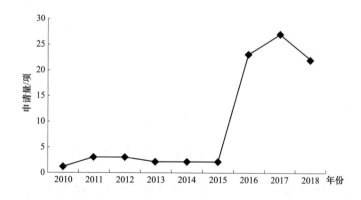

图20　北京光年无限科技有限公司在智能机器人听觉感知技术领域的专利申请态势

北京光年无限科技有限公司的专利申请主要涉及语音识别、语音合成和语音采集，其中语音识别占79%、语音合成占20%和语音采集占1%。因为北京光年无限科技有限公司发展起来的时候语音采集技术已经发展得比较成熟，其研究多集中在语音识别方面。比如专利申请 CN105425648 提供了一种便携机器人及其数据处理方法，包括控制模块获取用户输入的语音控制信息，通过对语音信息进行语义解析，得到用于指示待开启的目标功能模块的开启意图。控制模块根据开启意图生成开启指令，并利用开启指令来开启目标功能模块。而申请号为 CN201610028052.9 专利申请公开了一种面向智能机器人的音频处理方法和装置，该音频处理方法包括音频信息采集步骤，采集用户输入的音频信息；音频信息处理步骤，对音频信息进行预处理，得到录音时间数据，录音时间数据包括平均单字时间 t_3 和最大单字时间 t_4；自然语言理解步骤，解析音频信息中的文字，得到自然语言理解结果；录音时间判断步骤，对平均单字时间 t_3、最大单字时间 t_4、零音量持续时间 t_5 和自然语言理解结果进行判断。

五、智能机器人的触觉感知

（一）专利申请态势分析

从图 21 可以看出，智能机器人触觉感知技术专利申请的发展历程大致可以分为三个阶段：1999 年以前的萌芽阶段、2000~2010 年的快速增长阶段、2011 年至今的快速发展阶段。

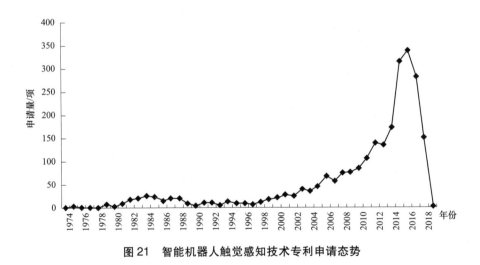

图 21　智能机器人触觉感知技术专利申请态势

在萌芽阶段，智能机器人触觉感知的专利申请量较少，触觉传感器技术不成熟，企业和研究机构研发热度不高，每年专利申请量均未超过 20 件，因此这段时间尚处于技术萌芽阶段。

在快速增长阶段，伴随着智能机器人相关技术的发展，智能机器人触觉感知技术的年专利申请量迅速增长了 3 倍，进入快速增长阶段。

在急速增长阶段，伴随着智能机器人的广泛应用和精密加工技术的快速发展，各国各类企业开始在该领域开展研发并着手进行专利布局，以期在后续的市场竞争中抢占先机，智能机器人触觉感知技术进入了急速增长阶段。

（二）专利申请布局分析

由图 22 可以看出，美国、中国、日本、欧洲、韩国关于智能机器人触觉感知技术的申请量居前五位，其中，美国、中国、日本的专利申请量占了总申请量的 71%。美国、中国是专利申请量最多的国家，均占申请总量的 28%；其次是欧洲的专利申请，占申请总量的 16%；再次是日本提交的专利申请，占申请总量的 15%。可见，美国、中国、欧洲和日本在智能机器人触觉感知技术领域投入的研究较多。

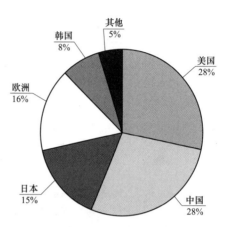

图 22　智能机器人触觉感知技术主要国家/地区专利申请量分布

（三）主要申请人分析

如图 23 所示，全球专利申请量排名前 20 位的申请人主要来自日本、中国和美国。其中日本占据 7 个席位，中国占据 5 个席位，美国占据 3 个席位。其中，日本的全球申请量位居第一，包括精工爱普生、发那科、松下、佳能、川崎重工业、索尼，并且精工爱普生的在华申请量位列第一，发那科紧随其后，位居第二。

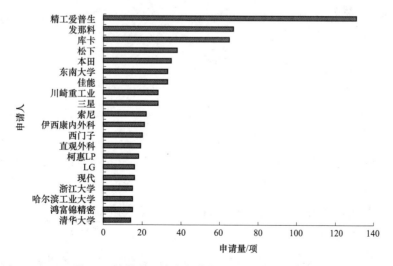

图 23　触觉感知技术全球主要申请人申请量排序

中国申请人主要为高校和科研机构，如东南大学、哈尔滨工业大学、浙江大学、清华大学等，高校和科研机构的申请量占比较高，而企业仅占据 1 个席位，为鸿富锦精密；美国申请人企业包括伊西康内外科、直观外科手术、柯惠 LP，主要为医疗器械制造企业。

图 24 示出了国内申请人在智能机器人触觉感知技术领域专利申请的情况。与全球主要申请人相比，国内主要申请人在申请量上存在一定的差距，申请量相对较少。其排名前十的国内申请人中，高校和科研机构占据 7 个席位，且申请量占比具有绝对优势，而企业仅占 3 个席位，申请量占比也较低。值得注意的是，东南大学在智能机器人触觉感知技术领域申请量位居第一，是位列第二的哈尔滨工业大学的申请量的两倍之多；东南大学的申请多来自发明人为宋爱国的团队，其在科研学术方面的成果也主要集中在智能机器人触觉感知。

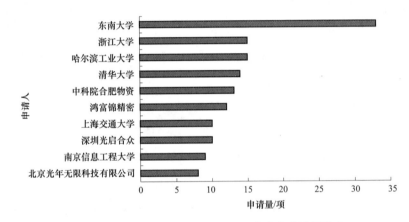

图 24　触觉感知技术中国专利主要申请人申请量排序

（四）技术路线分析

1. 触觉数据采集

机器人研究起源于人类希望机器人能够代替人类完成某些重复性、危险性或者不希望从事的工作。比如，车间中进行焊接时产生的气体对健康有害，因此通过使用工业机器人将自动操作引入焊接领域。然而，机器人由于没有感知系统，即使在焊接变形使得焊缝发生偏转的情况下，机器人也无法感知焊接位置的改变，从而造成事故。图 25 为触觉传感技术专利发展路线。日立申请号为 JP9453075 的专利申请提出了将触觉装置安装在焊接机器人的臂上来检测相对位置的改变，从而实现自动焊接，提高了机器人的效率。研究者开始对各种触觉传感器进行研究，机器人触觉传感器不可能实现人体全部的触觉功能，人类对机器人触觉的研究只能集中在扩展机器人能力所必须的触觉功能，如接触、压力、滑觉、力觉、滑动觉、接近觉等，以丰富机器人的触觉感知系统。

然而触觉传感器表面不单受到垂直方向的作用力，而且受到任意方向的力。使用多种传感器组合的方式进行触觉信息的检测，不仅传感器数量增多，容易造成故障，也增加了对触觉传感信息组合的计算量。因此，中国科学院合肥智能机械研究所申请号为 CN98111392 的专利申请提出了一种传感器，该传感器将触觉、压觉、力觉、滑觉等多种感觉集于一身，可以获取综合的触觉信息，其功能超过目前大量研究的单一功能的触觉传感器，可望广泛用于空间机器人、精密装配机器人。

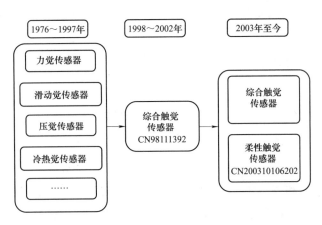

图 25　触觉传感技术专利发展路线

传感器的材料一般是刚性材料，机械手抓取物体时有可能对物体的表面产生破坏，如抓取鸡蛋、玻璃瓶等不具有弹性表面的物体。因此，人们也希望机器人的触觉传感器具有一定的柔性，借此通过变形自适应目标物体的表面形状，增大接触面，这样一方面有利于更加牢固可靠地抓握目标物体，另一方面可以获取较多的触觉信息。中国科学院合肥智能机械研究所申请号为 CN200310106202 的专利申请提出了一种柔性触觉传感器及触觉信息检测方法，通过神经网络技术标定出磁敏阵列中各磁敏单元的输出电流与磁性橡胶变形量之间的定量关系，可以获取传感器与未知物体发生"软接触"时的接触位置、接触力的空间分布以及目标物体的局部形状等触觉信息。该传感器研制成功后可直接用于机器人技术领域，能安装在机器人手指的指面或机械手夹持器表面，提高抓取和传送等过程的可靠性，也可安装在移动式机器人的身体周围用于避障。

2. 触觉数据识别

图 26 为触觉识别技术专利发展路线。最开始的触觉数据识别主要集中于力觉识别，通过力觉和滑动觉的识别来引导机器人完成特定任务。

随着传感器触觉测量种类的增多，研究者将多种不同类型的传感器组合或者使用集多种触觉功能于一身的传感器，来得到更加全面的触觉信息。如申请号为 CN89109336 的专利申请提供了一种三感觉机械手，具有接触觉、接近觉、滑动觉三种传感器。

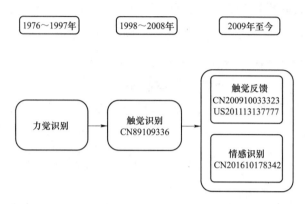

图26　触觉识别技术专利发展路线

随着虚拟现实技术在外科手术仿真、遥操作机器人控制、虚拟制造等领域的应用，力触觉信息的反馈对于虚拟操作的重要性日益凸显。在虚拟现实系统中，通过力触觉再现装置，将物体表面的纹理特性反馈给操作者，能增强操作者的沉浸感，有助于提高对虚拟对象的感知和操纵能力。申请号为 CN200910033323 的专利申请针对图像纹理的力触觉再现问题，提出了一种基于图像灰度恢复形状技术的纹理力触觉再现方法，能较为真实地恢复纹理表面的微观轮廓，使操作者得到对纹理图像较为真实的触感；利用通用的力反馈装置即能模拟虚拟手滑过纹理表面所表达的触感。申请号为 US201113137777 的专利申请提出了一种手术机器人，能够通过手术工具和触觉传感器产生和再现的接触信号，提供触觉反馈，可以防止组织损伤，并且可以由用户容易地控制施加到手术区域组织的力，因此可以检测到肉眼不可见的异常组织。

随着智能机器人智能化程度的不断提高，智能机器人开始应用于家庭领域，例如给人带来欢笑的宠物机器人，照顾家庭成员的护理机器人，这些都要求智能机器人不仅能接收到外部信息，还能够进行一定的处理，给予反馈。申请号为 CN201610178342 的专利申请提出了用在智能机器人上的触觉感知方法以及触觉感知装置，将外部压力信号转换为数字信号；计算外部压力信号持续的时间值，计算出数字信号变化率；将数字信号变化率与预设的变化阈值进行比较，从而确定外部压力信号的类型；确定压力产生位置，生成与压力产生位置及外部压力信号的类型相对应的情绪表达控制信号，从而触发相应的情绪表达，使智能机器人具有根据受力部位和受力大小感知不同情绪的能力，使智能机器人更加拟人化。

（五）重点申请人分析

通过上述分析可以知道，精工爱普生是智能机器人触觉感知技术领域专利申请量最大的企业。在国内申请人方面，东南大学是国内申请量最大的高校。因此，选取精工爱普生和东南大学作为重点申请人进行分析。此外，由于发那科在智能机器人视觉感知的专利申请量排名第一，在智能机器人听觉感知技术领域的专利申请量排名第一，尽管其在智能机器人触觉感知技术领域的专利申请量排名第二，我们仍然将发那科作为智能机器人触觉感知技术领域的重点申请人进行分析。

1. 精工爱普生

精工爱普生公司（Seiko Epson Corporation）成立于 1942 年，总部位于日本，主要致力于资讯设备、电子设备和精密仪器领域，其中精工爱普生还提供机器人和集成选件，精工爱普生工业机器人易于使用、可靠、性能较高并具有较高的整体价值。

从图 27 可以看出，精工爱普生最早于 2009 年开始机器人触觉传感专利申请，之后申请量逐渐上升，2012~2015 年申请量减少，之后又开始迅速回升。但是近两年的专利布局较为消极。

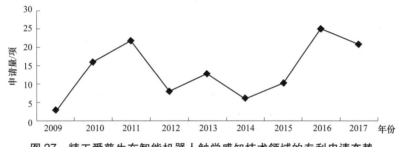

图 27　精工爱普生在智能机器人触觉感知技术领域的专利申请态势

精工爱普生在机器人触觉方面主要致力于力觉传感技术和利用力觉反馈对机器人进行控制的研究，其通过对力觉检测装置的改进，从不同方面提高了力觉传感的精度，并应用到机器人中，通过压力传感器去感知力的反馈，根据力的反馈来调整机器人的姿态或位置。

用于检测剪切力的结构体与用于检测按压力的结构体形成在不同的区域内，导致传感器的尺寸比较大，不适合小型触觉传感器。为此，精工爱普生在 2010 年申请号为 JP2010027325 的专利申请提出一种包括触觉传感器的机械手，其通过触觉传感器能够快速精确地检测外压的有无，将应力检测元件排列成阵列状，并将其设置在传感器表面从而达到同时检测剪切力和按压力的效果，从而准确判断对象是出于抓持滑落状态或抓持状态。

针对无法对元件施加充分的增压，存在力检测的精度降低之类的问题，申请号为 JP2013-124419 的专利申请提供了一种用于机械手的力学检测装置，其电路基板设置于第一和第二基板之间，并通过在第一和第二基板上设置凸部，从而使能够通过凸部与第一/第二基板不经由电路基板而夹持元件，从而能够防止电路基板成为缓冲部件而使施加于基板上元件的力分散，因此能够对元件充分地施加增压，同时能够使力检测的精度提高。

从力觉传感器的外周部引出布线，在臂动作时，在布线产生拽拉、挠曲、扭曲等，从而对力觉传感器施加多余的力，存在相对于本来想要检测的力产生误差从而检测精度降低的问题。为此，申请号为 JP2015-022921 的专利申请提供了一种应用于机器人的力学检测装置，其通过设置指定部件的热膨胀比的大小关系，来缩小部件由膨胀引起的变形量，从而能够抑制不需要的力施加于压电元件；同时通过设置指定部件的耐力比大小，提高部件的强度抑制部件变形，从而能够提高力检测装置的检测精度。

从第二振子输出的信号中，难以表现出对应于按压力的微小变化的微小振幅的变化，难以发挥高的力检测特性。为此，申请号为 JP2016-211178 的专利申请提供了一种应用于机器人的力学检测传感器，其通过在机体不同的面上设置梳齿电极，来检测基体表面弹性表面波的频率变化，根据频率变化来检测受到的力，能够以高的精度检测微小的力变化，从而提供能够发挥高的力检测特性的力检测传感器。

2. 发那科

从图 28 可以看出，发那科最早于 1994 年开始机器人触觉传感专利申请，其在 2013 年前申请量较少，在 2014 年后申请量迅速上升。

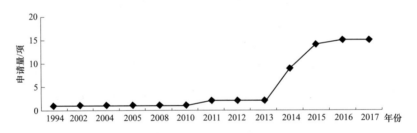

图 28 发那科在智能机器人触觉感知技术领域的专利申请态势

发那科在机器人触觉方面主要致力于利用力觉传感技术对机器人进行控制，根据力的反馈控制机器人的姿势或动作。

为了进行生产中的部件或产品的次品检查，使用具备力测定部的机器人测定工件的质量。申请号为 CN201210328610 的专利申请公开了一种具有工件质量测定功能的机器人，其根据机器人移动时由力传感器测定的一方向以上的力和由姿势获取部获取的姿势，通过质量推断部推断机器人把持的工件的质量。

机器人的各个关节的角度不同会导致机器人的姿势不同。机器人臂拉伸线条体的力的大小、这些力的方向相互不同。在这种情况下，若仅对应机器人臂的前端部的位置来决定力修正量，则不能对上述力的大小的差异以及力的方向的差异进行修正。申请号为 JP2014048971 的专利申请提供了机器人控制装置，其中包括力修正量决定部，该决定部根据存储部确定力修正量，接触力算出部从力传感器当前的输出减去由内力推定部推定的内力和力修正量，算出接触力，从而控制机器人臂与外部环境接触的接触力。

金属制的力传感器主体的体积有因机器人周围的温度变化而变化的情况。该情况下，因温度变化而引起的力传感器主体的体积变化量被追加至因作用于机器人臂的力而引起的力传感器主体的形变量。从而，有力传感器无法检测人与机器人已接触的情况的担忧，产生机器人对人产生危害的危险变高的问题。申请号为 CN201610210539 的专利申请提供了一种人机协作机器人系统，其负载检测装置内置有至少一个检测温度的温度检测元件，机器人控制装置基于从温度检测元件输出的检测温度是否超过阈值来判定是否使机器人的动作停止，从而确保机器人对人产生危害的危险抑制为最小限度，保证人的安全。

3. 东南大学

从图 29 可以看出，东南大学从 2003 年开始在触觉感知领域进行专利申请，每年的申请量都不超过 5 项，其中在 2009 年的申请量达到 5 项，为申请量的峰值。

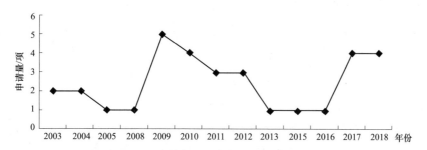

图 29　东南大学在智能机器人触觉感知技术领域的专利申请态势

国内申请人关于机器人触觉感知的研究主要集中于高校和科研机构，其中，东南大学在智能机器人触觉感知技术领域申请量位居第一，其主要是以宋爱国为代表的团队，主要致力于触觉感知、触觉再现方面的研究。但是东南大学申请主要是集中在中国，并未重视对国外市场的布局，在专利布局方面较国外申请人还存在较大差距。

东南大学在机器人触觉感知方面的第一件专利申请为 CN03131767，其公开了一种装置，操作者通过该装置可以触摸虚拟环境中的虚拟物体，真实地感知虚拟物体的柔性、刚度、表面纹理等触觉特性。

申请号为 CN200910033323 的专利申请提供了一种纹理力触觉再现的方法，通过从图像灰度信息中提取真实纹理的微观三维轮廓信息，绘制成虚拟表面；对虚拟表面的纹理通过力触觉模型进行渲染，计算出的力由通用手控器输出到操作者，其可以应用于机器人控制、外科人手术仿真或提供给盲人操作等。

对触觉的研究都集中于力触觉，也有力触觉再现装置的出现，但是，触觉是人类感知外部世界的重要手段，温度触觉作为触觉的一种，在人的整个感知系统中发挥着重要作用，人手触摸不同热属性的物体时有着不同的温度感觉，据此人可以判断出物体的热属性。在虚拟现实技术中加入温度触觉可以增强人的临场感和沉浸感。申请号为 CN201010104011 的专利申请提供了一种温度触觉再现装置，能对远程或虚拟环境传感手所接触到的热容量进行温度触觉再现。

六、总结

智能机器人作为人工智能关键技术最典型的应用，成为各国关注与竞相布局的重点领域。智能机器人感知技术是实现智能机器人智能化的关键技术。本文选取了视觉感知、听觉感知和触觉感知这三种最常使用的智能机器人感知技术进行分析，来寻找智能机器人感知技术的发展脉络和专利布局情况。

通过数据分析可知，触觉感知技术出现最早。然而，由于触觉感知技术的复杂性，其技术发展程度落后于视觉感知技术和听觉感知技术。

智能机器人感知技术的发展依赖于传感器技术的改进。目前传感器改进方面的专利申请集中于日本、韩国等传统机器人传感技术强国的企业，如发那科、LG、三星、东芝、日立、索尼等。我国也积极进行智能机器人感知技术领域的专利布局，我国的专利申请集中在高校和科研院所，如华南理工大学、东南大学等。我国申请人在智能机器人三大感知系统的专利申请主要集中在对感知数据的分析，对于传感器的研究较少。

在视觉方面，智能机器人使用摄像头进行视觉感知，最早出现摄像头是单目 2D 摄像头。随着技术的发展，双目 2D 摄像头、全景 2D 摄像头、单目 3D 摄像头、双目 3D 摄像头、全景 3D 摄像头等逐步出现，使智能机器人能够获得更多的视觉信息，相应的视觉识别技术也从二维目标识别发展到三维目标识别，再发展到复杂背景下的动态目标识别。

在听觉方面，智能机器人使用麦克风进行听觉感知，当前广泛使用的麦克风为电容麦克风和驻极体麦克风、ECM 麦克风、MEMS 麦克风。采集获取环境中的语音信息后，通过对语音进行分析识别处理实现听觉信息的获取。声学模型和语言模型是语音识别中比较重要的环节，目前最常用也最有效的几种声学识别模型包括动态时间规整模型（DTW）、隐马尔可夫模型（HMM）、神经网络模型等；基于统计的语言模型鲁棒性更强，成为目前主流的研究方向，常用的统计语言模型有 N-gram 模型、神经网络语言模型等。

在触觉方面，智能机器人使用触觉传感器进行触觉感知，当前主要的研究方向在柔性类肤传感器，以打造机器人的皮肤。最开始的触觉分析主要集中于力觉分析，通过力觉和滑动觉的分析来引导机器人完成特定任务。随着虚拟现实技术在外科手术仿真、遥操作机器人控制、虚拟制造等领域的应用，力触觉信息的反馈对于虚拟操作的重要性日益显著。随着智能机器人智能化的提高，通过受力部位和受力大小表达不同情绪，使智能机器人更加拟人化。

目前的智能机器人视觉感知技术已经可以让智能机器人感知自然环境的变化，然而，如何让机器人能够从复杂的自然环境中通过自主学习获知更多的自然环境信息，是未来高智能化机器人视觉感知技术分支的发展方向；智能机器人已经可以实现在自然环境中的听觉数据采集和听觉数据识别，然而，仍然存在智能机器人听觉感知不精确，不能感知听觉数据中包含的丰富的情感信息的缺陷，这将成为未来智能机器人听觉感知技术分支的发展方向；而虽然目前看来智能机器人触觉感知技术已经出现了类似于人的皮肤的柔性材料的类肤型触觉传感器，但是从采集触觉数据的精确度和全面度来说，都还不能与人类皮肤相媲美。因此，触觉传感器新材料和新触觉数据采集技术仍然有待于进一步的发展。

参考文献

[1] 智能机器人 [EB/OL]. [2019-09-31]. http://www.baike.baidu.com.

[2] 张永强. 基于专利文献分析的 MEMS 麦克风技术发展趋势 [J]. 科技展望，2016：254-258.

[3] 刘豫军，夏聪. 计算机语音合成技术研究及发展方向 [J]. 网络安全技术与应用，2014：22-24.

[4] 张丹烽，李冠宇，赵英娣. 语音合成技术发展综述与研究现状 [J]. 科技风，2017，328 (22)：72.

[5] 张斌，全昌勤，任福继. 语音合成方法和发展综述 [J]. 小型微型计算机系统，2016，37 (1)：186-192.

[6] 李雪林. 基于人机互动的语音识别技术综述 [J]. 电子世界，2018 (21)：105.

[7] 赵英娣，李冠宇，张丹煌. 语音识别声学模型发展现状综述 [J]. 科技风，2017 (22)：76.

[8] 邢铭生，朱浩，王宏斌. 语音识别技术综述 [J]. 科协论坛，2010 (03)：62-63.

[9] 惠益龙，张太红，吕莲花，等. 语音识别中的统计语言模型研究 [J]. 信息技术，2017：44-46.

[10] 王慧健，刘铮，李云，等. 基于神经网络语言模型的时间序列趋势预测 [J]. 计算机工程，2018：1-8.

[11] 刘少强，黄惟一，王爱民，等. 机器人触觉传感技术研发的历史现状与趋势 [J]. 机器人，2002 (4)：362-366.

[12] 马天旗. 专利分析方法、图表解读与情报挖掘 [M]. 北京：知识产权出版社，2015.

[13] 杨铁军. 专利分析实务手册 [M]. 北京：知识产权出版社，2015.

[14] 温昕，谢亮. 基于语音识别的机器人研究 [J]. 科技广场，2017 (07)：190-192.